"十三五"职业教育国家规划教材

江苏高校品牌专业建设工程资助项目(TAPP)
(课题编号: PPZY2015B187)

典型冷冲模设计

(第二版)

新世纪高职高专教材编审委员会 组编

主　编　崔柏伟

副主编　赵　威

主　审　胡兆国

U0245355

大连理工大学出版社

图书在版编目(CIP)数据

典型冷冲模设计 / 崔柏伟主编. -- 2 版. -- 大连：
大连理工大学出版社，2019.6(2021.5 重印)
ISBN 978-7-5685-1783-6

Ⅰ. ①典… Ⅱ. ①崔… Ⅲ. ①冷冲压－冲模－设计－
高等职业教育－教材 Ⅳ. ①TG385.2

中国版本图书馆 CIP 数据核字(2018)第 281317 号

大连理工大学出版社出版

地址：大连市软件园路 80 号　邮政编码：116023
发行：0411-84708842　邮购：0411-84708943　传真：0411-84701466
E-mail：dutp@dutp.cn　URL：http://dutp.dlut.edu.cn
大连永盛印业有限公司印刷　　　　大连理工大学出版社发行

幅面尺寸：185mm×260mm　　　印张：16.75　　　字数：405 千字
2013 年 8 月第 1 版　　　　　　　　　　　2019 年 6 月第 2 版
2021 年 5 月第 2 次印刷

责任编辑：刘　芸　　　　　　　　　　责任校对：吴媛媛
封面设计：张　莹

ISBN 978-7-5685-1783-6　　　　　　　定　价：45.00 元

本书如有印装质量问题，请与我社发行部联系更换。

前　言 ◀◀◀◀◀

　　《典型冷冲模设计》(第二版)是"十三五"职业教育国家规划教材及"十二五"职业教育国家规划教材,也是新世纪高职高专教材编审委员会组编的模具设计与制造类课程规划教材之一,同时还是江苏高校品牌专业建设工程资助项目(TAPP)(课题编号:PPZY2015B187)的成果之一。

　　本教材以"理论够用、重点实用、联系实际、服务制造"为原则,突出应用能力和综合素质的培养,反映高职高专特色,旨在为学生从事冷冲压模具设计与制造奠定良好的基础。

　　本教材结构新颖,采用项目形式组织内容,打破了传统的学科知识体系。全书从工程应用出发,以企业生产的典型冲压件的模具设计为主线,深入浅出地讲解了几种典型冷冲压模具的设计过程。每个项目都先提出了明确的学习目标和工作任务,学生在了解了相关实践知识和理论知识后,通过完成具体的工作任务来达到实践训练和学习的目的,最后辅以思考与练习来完善知识体系。

　　此次我们在调研高职教学资源需求的基础上,结合"互联网＋"的发展趋势及现代信息技术与教育教学的融合情况,对教材进行了修订。四个项目下的每个任务都至少对应一个微课视频,每个项目所涉及的模具都有相应的动画展示,通过扫描二维码即可观看相关内容的教学视频及模具动画。由此一来,克服了以往教材形式的单一性,提高了教材的适用性,且满足现代学习者个性化、自主性和实践性的要求,促进了优秀教学资源的有机整合与合理运用。

　　为方便教师教学和学生自学,本教材还配有教案、课件、素材库、习题库等数字资源,可登录出版社的职教数字化服务平台进行下载。

　　本教材可作为高职高专及成人院校模具设计与制造专业的教学用书,也可供从事冷冲模设计与制造工作的技术人员参考使用。

　　本教材由常州机电职业技术学院崔柏伟任主编,常州机电职业技术学院赵威任副主编,常州机电职业技术学院郎荣兴、重庆工业职业技术学院韦光珍及江苏省模具行业协会邓卫国参与了部分内容的编写。具体编写分工如下：崔柏伟编写项目一；郎荣兴编写项目二的任务一、二；韦光珍编写项目二的任务三～六；赵威编写项目三；邓卫国编写项目四。常州机电职业技术学院曹勇为本教材的编写提供了部分参考资料。全书由崔柏伟负责统稿和定稿。四川工程职业技术学院胡兆国审阅了全书并提出了许多宝贵的意见和建议，在此深表感谢！

在编写本教材的过程中，我们参考、引用和改编了国内外出版物中的相关资料以及网络资源，在此对这些资料的作者表示诚挚的谢意！请相关著作权人看到本教材后与出版社联系，出版社将按照相关法律的规定支付稿酬。

尽管我们在探索教材特色的建设方面做出了许多努力，但由于编者水平有限，教材中仍可能存在一些错误和不足，恳请各教学单位和读者在使用本教材时多提宝贵意见，以便下次修订时改进。

编　者
2019 年 7 月

所有意见和建议请发往：dutpgz@163.com

欢迎访问职教数字化服务平台：http://sve.dutpbook.com

联系电话：0411-84707424　84706676

目 录 ‹‹‹‹‹‹

本书配套微课资源

本书配套动画资源

序号	动画名称	扫描位置
1	六角铜片单工序冲裁模	13 页
2	冲裁加工	23 页
3	正装式复合模	100 页
4	变压器铁芯冲压件复合模	129 页
5	典型 V 形件弯曲模	146 页
6	V 形件精弯模	166 页
7	两次弯曲复合的 ⌐⌐ 形件弯曲模	168 页
8	带摆块的 ⌐⌐ 形件弯曲模	168 页
9	Z 形件弯曲模	169 页
10	小圆弯曲模	170 页
11	带摆动凹模的一次弯曲成形模	171 页
12	铰链件弯曲模	171 页
13	滚轴式弯曲模	172 页
14	带摆动凸模的弯曲模	172 页
15	带摆动凹模的弯曲模	172 页
16	弹簧吊耳弯曲模	188 页
17	首次拉深模（有压料装置）	209 页
18	以后各次拉深模（无压料装置）	210 页
19	双动压力机用拉深模	237 页
20	落料拉深复合模	250 页

项目一

六角铜片单工序冲裁模设计

学习目标

通过本项目的学习，能熟练地运用冷冲模设计的基本原理和方法设计简单的单工序冲裁模。具体目标如下：

(1) 能根据冲裁件零件图及生产批量合理确定冲压成形工艺方案及模具总体结构形式。

(2) 能合理选用冲压设备的规格型号。

(3) 能合理设计工作零件。

(4) 能合理设计定位零件。

(5) 能合理设计压、卸料零件。

(6) 能合理选择标准模架以及其他标准件。

(7) 能合理设计其他支承零件。

(8) 能正确绘制模具装配图和非标准件零件图。

工作任务

根据图 1-1 所示的六角铜片冲裁件零件图完成以下任务：

(1) 制订完整的冲压成形工艺方案。

(2) 绘制模具二维装配图。

(3) 绘制工作零件等主要零件的二维工程图。

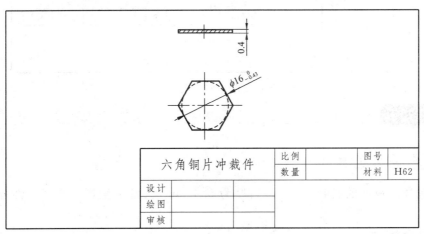

六角铜片冲裁件		比例		图号	
		数量		材料	H62
设计					
绘图					
审核					

图 1-1　六角铜片冲裁件零件图

任务一   总体方案确定

学习目标

（1）能初步分析冲裁件的结构特点和技术要求。

（2）能合理选择冲裁件的冲压成形工艺方案。

（3）能合理确定模具的总体结构形式。

工作任务

1. 教师演示任务

根据图 1-1 所示的冲裁件零件图，分析冲裁件的结构特点和技术要求，选择合理的成形方案和模具总体结构。

2. 学生训练任务

根据图 1-2 所示的冲裁件零件图，分析冲裁件的结构特点和技术要求，选择合理的成形方案和模具总体结构。

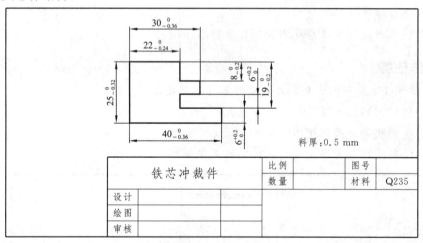

料厚：0.5 mm

铁芯冲裁件		比例		图号	
		数量		材料	Q235
设计					
绘图					
审核					

图 1-2   铁芯冲裁件零件图

相关实践知识

一、零件工艺性分析

六角铜片冲裁件的材料为 H62，料厚为 0.4 mm，大批量生产。其工艺性分析内容如下：

1. 材料分析

H62 是黄铜，塑性很高，具有良好的冲压成形性能。H62（半硬态）的机械性能：$\tau = 294$ MPa，$\sigma_b = 373$ MPa，$\sigma_s = 196$ MPa，$\delta_{10} = 20\%$。Q235 是常用的具有良好冲压性能的碳素结构钢，

其机械性能: $\tau = 304 \sim 373$ MPa, $\sigma_b = 432 \sim 461$ MPa, $\sigma_s = 235$ MPa, $\delta_{10} = 21\% \sim 25\%$。对比这两种材料的机械性能,可以看出差别不大。

2. 结构分析

该零件的形状为 $\phi 16$ mm 的圆所外切的正六边形,厚度为 0.4 mm,结构简单且左右对称,受力均匀,对冲裁较为有利。

3. 精度分析

根据图 1-1 所示零件的尺寸公差 $\phi 16_{-0.43}^{0}$ mm,可知其精度为 IT14 级,精度较低。普通冲裁的精度为 IT13 级以上,因此普通冲裁就可以满足该零件的精度要求,无须采用其他工艺措施。

二、工艺方案的确定

该零件为一落料件,只有一道工序,生产批量为大批量,所用工艺方案为采用一套单工序落料模生产该零件。

三、模具结构形式的确定

因制件厚度为 0.4 mm,较薄,冲压时易弯曲,故为保证制件的平整,须采用弹压(橡胶)卸料装置,而不能采用刚性卸料装置。为方便操作和取件,选用双柱可倾机械压力机,纵向送料,制件下出料。

根据上述分析,采用弹压卸料纵向送料典型组合结构形式,后侧双导柱滑动导向模架。模具结构如图 1-3 所示。

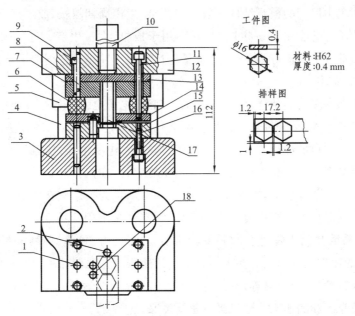

图 1-3　六角铜片单工序冲裁模

1—销钉;2—挡料销;3—下模座;4—导柱;5—导套;6—橡胶;7—凸模固定板;8—销钉;9—内六角螺钉;10—模柄;
11—卸料螺钉;12—上模座;13—垫板;14—卸料板;15—凹模;16—内六角螺钉;17—凸模;18—导料销

如采用自动送料装置,则可以不设置挡料销,送料长度(步距)由送料机构控制。

相关理论知识

一、冷冲压概述

1. 冷冲压的特点和应用

（1）冷冲压的概念

冷冲压是在常温下利用冲模在压力机上对材料施加压力，使其产生分离或变形，来获得一定形状、尺寸和性能的零件的加工方法。它是压力加工的一种，是机械制造中先进的加工方法之一。

微课1

冷冲压工艺概述

在冷冲压加工中，冲模就是加工中所用的工艺装备。没有先进的冷冲模技术，就无法实现先进的冷冲压工艺。

（2）冷冲压的特点

冷冲压与其他加工方法相比，具有如下特点：

①用冷冲压加工方法可以加工出形状复杂、用其他加工方法难以加工的零件，如薄壳零件等。

②冲压件的尺寸精度是由模具保证的，因此其尺寸稳定、互换性好。

③材料利用率高，工件质量轻、刚性好、强度高，冲压过程耗能少，因此工件的成本较低。

④操作简单，劳动强度低，易于实现机械化和自动化，生产率高。

⑤冷冲压加工中所用的模具结构一般比较复杂，生产周期较长，成本高，因此单件、小批量生产采用冷冲压工艺会受到一定限制，它多用于成批、大量生产。近年来发展的简易冲模、组合冲模、锌基合金冲模等为单件、小批量生产采用冷冲压工艺创造了条件。

（3）冷冲压的应用

由于冷冲压有许多突出的优点，因此在机械制造、电子电器等各行各业中都得到了广泛应用。大到汽车覆盖件，小到钟表及仪器仪表元件，大多是采用冷冲压方法制成的。目前，采用冷冲压工艺所获得的冲压制品在现代汽车、拖拉机、电机电器、仪器仪表、电子产品领域和人们日常生活中都占有十分重要的地位。据粗略统计，在汽车制造业中有 $60\%\sim70\%$ 的零件是采用冷冲压工艺制成的，冷冲压生产所占的劳动量为整个汽车工业劳动量的 $25\%\sim30\%$。在机电及仪器仪表生产中有 $60\%\sim70\%$ 的零件是采用冷冲压工艺制成的。在电子产品中，冲压件的数量约占零件总数的 85% 以上。在飞机、导弹、各种枪弹与炮弹的生产中，冲压件所占的比例也相当大。在人们日常生活所用的金属制品中，冲压件所占的比例更大，如铝锅、不锈钢餐具、搪瓷盆等，都是冷冲压制品。因此，学习、研究和发展冷冲压技术，对发展我国国民经济和加速工业建设具有重要意义。

2. 冷冲压工艺和模具的发展方向

近代工业的发展，对冷冲压提出了越来越高的要求，因而也促进了冷冲压技术的迅速发展。

（1）冷冲压工艺方面

提高劳动生产率及产品质量，降低成本和扩大应用范围的各种冷冲压新工艺，是研究和推广的大方向。

精密冲裁是提高冲裁件质量的有效方法，它可以扩大冷冲压加工范围。目前，精冲技术已用于大型、厚、硬材料的加工。精密冲裁件的厚度已达 25 mm，一部分过去用切削加工方法生产的零件现在已改为用精密冲裁方法制造。

用液体、橡胶、聚氨酯等做柔软性凸模或凹模来代替刚性凸模或凹模，对板料进行冲压加工，在特定的生产条件下具有显著的效果。用这种方法能加工用普通冷冲压方法难以加工的材料和形状复杂的零件，因而在生产中受到人们的重视。

（2）冲模方面

冲模是实现冷冲压生产的基本条件。目前冲模的设计和制造正朝着两方面发展。一方面，为了满足高速、自动、精密、安全等大批量现代化生产的需要，冲模正向高效率、高精度、高寿命、自动化方向发展。在我国，工位数达 37 甚至更多的级进模，寿命达千万次甚至上亿次的硬质合金模，以及精度和自动化程度相当高的冲模都已被应用在生产中。另一方面，为适应这种变化，随着计算机技术和制造技术的迅速发展，冷冲压模具设计与制造技术正由手工设计、依靠人工经验和常规机械加工技术向以计算机辅助设计（CAD）、数控切削加工、数控电加工为核心的计算机辅助设计与制造（CAD/CAM）技术转变。

在模具材料及热处理、模具表面处理等方面，国内外都进行了不少研究工作，并取得了很好的实际效果，如美国钒合金钢公司的 8CrMo2V2Si、日本大同特殊钢公司的 DC53（Cr8Mo2Si）。

模具的标准化和专业化生产已得到模具行业及其他行业的广泛重视。这表现在模具标准件（如标准的模架、弹簧、斜滑块等）已在各模具企业的生产中被广泛使用，很多企业所需的模具不再由自己生产，而是外协到专业模具企业生产。

3. 冷冲压基本工序的分类

由于冷冲压加工的零件形状、尺寸、精度要求、批量大小、原材料性能等的不同，故冲压方法也多种多样，概括起来可分为分离工序和变形工序两大类。分离工序是将冲裁件或毛坯沿一定的轮廓相互分离；变形工序是在材料不产生破坏的前提下使毛坯发生塑性变形，生产出所需形状及尺寸的制件。

冷冲压可分为四个基本工序：

（1）冲裁：使板料实现分离。

（2）弯曲：将金属材料沿弯曲线弯成一定的角度和形状。

（3）拉深：将平面板料变成各种开口空心件，或者对空心件的尺寸做进一步的改变。

（4）变形：用各种不同性质的局部变形来改变毛坯的形状。

每一种基本工序又有多种不同的加工方法（见表 1-1），以满足各种冷冲压加工的要求。

表 1-1　　　　　　　　　　　　　　　　　冷冲压工序的分类

工序名称		简图	特点及应用范围
冲裁工序	落料		用冲模沿封闭轮廓线冲切,冲下的部分是零件,或作为其他工序的制造毛坯
	冲孔		用冲模沿封闭轮廓线冲切,冲下的部分是废料
	切边		将成形零件的边缘修切整齐或切成一定形状
	切断		用剪刀或冲模沿不封闭线切断,多用于加工形状简单的平板零件
	剖切		将冷冲压加工形成的半成品切开,成为两个或多个零件,多用于零件的成双或成组冲压成形之后
变形工序	弯曲		将板料沿直线弯成各种形状,可以加工形状复杂的零件
	卷圆		将板料端部卷成接近封闭的圆头,用于加工类似铰链的零件
	拉深		将板料毛坯拉成各种空心零件,可以加工汽车覆盖件
	翻边		将零件的孔边缘或外边缘翻出竖立成一定角度的直边

二、冷冲压变形基础

1.塑性、变形抗力及其影响因素

关于金属的结晶构造、塑性变形机理等在金属学中已有介绍,此处不再赘述。本部分只讨论金属的塑性、变形抗力及其影响因素。

(1)基本概念

在冷冲压技术中,经常见到塑性变形、塑性、变形抗力、柔软性等术语,它们的含义分别是:物体在外力作用下会产生变形,如果外力被取消后,物体不能恢复到原始的形状和尺寸,这样的变形就称为塑性变形;物体具有塑性变形的能力称为塑性;在一定的加载条件和一定的变形温度、速度条件下,引起塑性变形的单位变形力称为变形抗力;柔软性可理解为金属对变形的抵抗能力,变形抗力越小,柔软性越好。

塑性和柔软性是有严格区别的两个概念,变形抗力小的软金属可能塑性不好,而柔软性不好的硬金属可能具有很好的塑性。例如,奥氏体不锈钢的塑性好而柔软性却差。

塑性不仅取决于变形物体的种类,还与变形方式(应力应变状态)和变形条件(变形温度和变形速度)有关。例如,铅通常具有很好的塑性,但在三向等拉应力作用下却像脆性材料一样破裂,没有塑性变形。又如,极脆的大理石在三向压应力作用下却能产生较大的塑性变形。这两个例子充分说明,材料的塑性并非某种物质不变的性质,而是与物质种类、变形方式以及变形条件有关。

塑性的大小可以用塑性指标来评定,而塑性指标可以通过各种试验方法求得。

(2)影响金属塑性和变形抗力的因素

能否充分利用金属的塑性并在最小变形抗力的情况下获得所需的工件,是冷冲压加工中的一个重要问题。影响金属的塑性和变形抗力的因素很多,这里只讨论物理方面的因素。关于应力应变状态对塑性和变形抗力的影响将在下一部分中介绍。

①金属组织

组成金属的晶格类型、杂质的性质、数量及分布情况,以及晶粒的大小、形状及晶界强度等不同,金属的塑性就不同。一般来说,组成金属的化学成分越复杂,对金属的塑性及变形抗力的影响越大。例如,纯铁比碳钢的塑性好、变形抗力小。

②变形温度

在冷冲压工艺中,有时也采用加热成形的方法。加热的目的是:提高塑性,增加材料在一次成形中所能达到的变形程度;降低材料的变形抗力;提高工件的成形准确度。此外,在某些工序中(如差温拉深),还可采用局部冷却的方法来提高板料危险断面的强度,以增加板料在一次成形中所能达到的变形程度。

在弹性范围内,温度增加可使金属的弹性模量下降;在塑性范围内,温度增加主要影响金属的软化作用并使金属发生物理化学变化。

2. 应力状态

金属在塑性变形时应力状态非常复杂,为了研究变形金属各部位的应力状态,在变形物体中取一个微小的单元六面体,在六面体上画出所受的应力和方向,这种图称为应力状态图。如果六面体上只有正应力而无切应力,则此应力状态图称为主应力图。根据主应力方向及组合不同,主应力图共有九种,如图1-4所示。

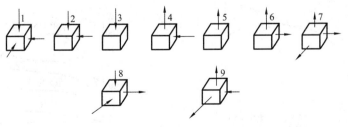

图1-4 主应力图

应力状态对塑性的影响很大。主应力图中压应力的个数越多，数值越大，塑性越好。如图1-4中，第1种塑性最好，第7种塑性最差。大理石在几千大气压的侧压作用下进行压缩，可以获得78%的变形量，进行拉伸可以得到25%的伸长率，并出现缩颈；对填满混凝土的钢管进行压缩，直到钢管失稳，去除钢管外壳，发现混凝土并没有开裂，且形状变成与失稳钢管内形一样，说明由于钢管对混凝土的侧压力作用，使处于三向压应力状态下的混凝土产生了塑性变形。

三个主应力的大小都相等的状态称为球应力状态，深水中的微小体所处的就是这样一种应力状态。习惯上常将三向等压应力称为静水压。在静水压作用下的金属，其塑性将提高，静水压越大，塑性提高越多，这种现象称为静水压效应。静水压效应对塑性加工很有利，应尽量利用它。

3. 硬化规律

冷冲压生产一般都在常温下进行。对金属材料来说，在这种条件下进行塑性变形会引起材料性能的变化。随着变形程度的增加，所有强度指标均增加，硬度也增加，同时塑性指标降低，这种现象称为加工硬化。材料不同，变形条件不同，其加工硬化的程度也就不同。材料加工硬化对冲压成形的影响既有有利的一面，又有不利的一面。有利的是板材的硬化能够减小过大的局部集中变形，使变形趋向均匀，增大成形极限，尤其对伸长类变形有利；不利的是变形抗力的增加使变形变得困难，对后续变形工序不利，有时不得不增加中间退火工序以消除硬化。因此应了解材料的硬化现象及其规律，并在实际生产中加以利用。

表示变形抗力随变形程度的增加而变化的曲线叫作硬化曲线，也称实际应力曲线或真实应力曲线，它可以通过拉伸等试验方法求得。硬化曲线与材料力学中的工程应力曲线（也称假想应力曲线）是有区别的。工程应力曲线的应力指标是采用假想应力来表示的，即应力是按照各加载瞬间的载荷 F 除以变形前试样的原始截面积 A 来计算的，没有考虑变形过程中试样截面积的变化，显然是不准确的。而硬化曲线的应力指标是采用真实应力来表示的，即应力是按照各加载瞬间的载荷 F 除以该瞬间试样的截面积 A 来计算的。硬化曲线与工程应力曲线如图1-5所示。从图中可以看出，硬化曲线能真实反映变形材料的加工硬化现象。

图1-6所示为用试验方法求得的几种金属在室温下的硬化曲线。从曲线的变化规律来看，几乎所有的硬化曲线都具有一个共同特点，即在塑性变形的开始阶段，随着变形程度的增加，实际应力急剧增加。当变形达到某一程度后，变形的增加不再引起实际应力的显著增加。这种变化规律可近似用指数曲线表示，其函数关系如下：

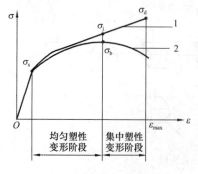

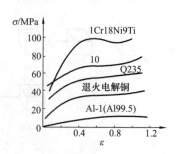

图1-5　金属的应力应变图
1—硬化曲线；2—工程应力曲线

图1-6　材料的硬化曲线

$$\sigma = A\varepsilon^n$$

式中　σ——实际应力，MPa；

　　　A——材料系数，MPa；

　　　ε——应变；

　　　n—硬化指数。

A 和 n 取决于材料的种类和性能，可通过拉伸试验求得。不同材料的 A 和 n 值列于表 1-2 中。

表 1-2　　　　　　　　　　　不同材料的 A 和 n 值

材料	A/MPa	n	材料	A/MPa	n
软钢	710～750	0.19～0.22	铜	420～460	0.27～0.34
黄铜	760～820	0.39～0.44	硬铝	320～460	0.12～0.13
磷青铜	1 100	0.28	铝	160～210	0.25～0.27
银	470	0.31			

注：表中数据均为退火材料在室温和低变形速度下通过试验求得的。

硬化指数是表明材料冷变形硬化的重要参数，对板料的冲压成形性能以及制件的质量都有重要的影响。n 值大表明在冷冲压变形过程中，材料的变形抗力随变形程度的增加而迅速增大，材料均匀变形能力强。

三、冲压材料及其冲压成形性能

1. 冲压常用材料

（1）冲压常用材料的基本要求

冲压材料的基本要求主要有以下两方面：

①冲压件的功能要求

冲压件必须具有一定的强度。有的冲压件还有一些特殊要求，例如电磁性、防腐性、传热性和耐热性等。

②冲压工艺性能的要求

冲压材料必须具有良好的冲压工艺性能。一般来说，伸长率大、屈强比小、弹性模量大、硬化指数高和厚向异性系数大有利于各种冲压成形。其次，材料的化学成分对冲压工艺性能的影响也很大。如果钢中的碳、硅、锰、磷、硫等元素的含量增加，就会使材料的塑性降低、脆性增加，导致材料的冲压工艺性能变差。此外，良好的表面质量、均匀的金相组织和较小的材料厚度公差对冲压成形都有好处。

（2）冲压常用材料及其力学性能

冲压加工常用的材料包括金属材料和非金属材料，金属材料又分为黑色金属和有色金属两类。

常用的黑色金属材料有：普通碳素钢钢板，如 Q195、Q235 等；优质碳素结构钢钢板，如 08、08F、10、20 等；低合金结构钢钢板，如 Q345（16Mn）、Q295（09Mn2）等；电工硅钢钢板，如 DT1、DT2 等；不锈钢钢板，如 1Cr18Ni9Ti、1Cr13 等。

常用的有色金属有铜及铜合金，牌号有 T1、T2、H62、H68 等，其塑性、导电性与导热性均很好；还有铝及铝合金，常用的牌号有 1060、1050A、3A21、2A12 等，有较好的塑性，变形抗力小且质量轻。

非金属材料有胶木板、橡胶、塑料板等。

冲压材料中最常用的是板料,常见规格有 710 mm×1 420 mm 和 1 000 mm×2 000 mm 等。大量生产可采用专门规格的带料(卷料),特殊情况下可采用块料,它适用于单件小批生产和价格昂贵的有色金属的冲压。

板料按表面质量可分为Ⅰ(高质量表面)、Ⅱ(较高质量表面)、Ⅲ(一般质量表面)三种。

用于拉深复杂零件的铝镇静钢板,其拉深性能可分为 ZF(最复杂)、HF(很复杂)、F(复杂)三种;一般深拉深低碳薄钢板可分为 ZS(最深拉深)、S(深拉深)、P(普通拉深)三种;板料供应状态可分为 M(退火状态)、C(淬火状态)、Y(硬态)、Y_2(半硬、1/2 硬)等;板料有冷轧和热轧两种轧制状态。

部分常用金属板料的力学性能见表 1-3。

表 1-3　　　　　部分常用金属板料的力学性能

材料名称	牌号	材料状态	抗剪强度 τ/MPa	抗拉强度 R_m/MPa	断后伸长率 $A_{11.3}$/%	屈服强度 R_{eL}/MPa
电工用纯铁 (w_C<0.025%)	DT1、DT2、DT3	已退火	180	230	26	—
普通碳素钢	Q195	未退火	260～320	320～400	28～33	200
	Q235		310～380	380～470	21～25	240
	Q275		400～500	500～620	15～19	280
优质碳素结构钢	08F	已退火	220～310	280～390	32	180
	08		260～360	330～450	32	200
	10		260～340	300～440	29	210
	20		280～400	360～510	25	250
	45		440～560	550～700	16	360
	65Mn	已退火	600	750	12	400
不锈钢	1Cr13	已退火	320～380	400～470	21	—
	1Cr18Ni9Ti	热处理退火	430～550	540～700	40	200
纯铝	1060、1050A、1200	已退火	80	75～110	25	50～80
		冷作硬化	100	120～150	4	—
铝锰合金	3A21	已退火	70～110	110～145	19	50
硬铝合金	2A12	已退火	105～150	150～215	12	—
		淬硬后冷作硬化	280～320	400～600	10	340
纯铜	T1、T2、T3	软态	160	200	30	7
		硬态	240	300	3	—
黄铜	H62	软态	260	300	35	—
		半硬态	300	380	—	200
	H68	软态	240	300	40	100
		半硬态	280	350	25	—

2. 板料的冲压成形性能

板料的冲压成形性能是指板料对各种冲压方法的适应能力。要测定板料的成形性能非常困难,因为板料的成形方式多种多样,每一种成形方式的应力状态、变形特点等情况均不同,很难用一个指标来衡量其成形性能的好坏。长期以来,都是通过在板料拉伸试验中测得的一些力学性能数据来定性地分析材料的成形性能,现将其中重要的几项分述如下:

(1)屈服强度 R_{eL}

屈服强度 R_{eL} 小,材料容易屈服,则变形抗力小,所需变形力小,且在压缩类变形时,因易于变形而不易起皱,弯曲变形后回弹也小,即贴模性与定形性较好。

(2)屈强比 R_{eL}/R_m

屈强比对冲压成形性能的影响较大。屈强比小,说明 R_{eL} 小而 R_m 大,允许的塑性变形区间大,即易于产生塑性变形而不易破裂。尤其对拉深变形而言,屈强比小,变形区易变形而不易起皱,传力区又不易拉裂,有利于提高拉深变形程度。凸缘加热拉深就是利用凸缘和筒底的温差来减小屈强比,从而提高其变形程度的。

(3)伸长率

拉伸试验中,试样拉断时的伸长率称为总伸长率,或简称为伸长率 δ。而试样开始产生局部集中变形(缩颈)时的伸长率称为均匀伸长率 δ_u。

δ_u 表示材料产生均匀的或稳定的塑性变形的能力,它直接决定材料在伸长类变形中的冲压成形性能。从试验中得到验证,大多数材料的翻孔变形程度都与均匀伸长率成正比,故可以得出结论:伸长率是影响翻孔或扩孔成形性能的最主要参数。

(4)硬化指数 n 和弹性模量 E

硬化指数表示材料在塑性变形中的硬化程度。n 值大,材料在变形中加工硬化严重,真实应力增大。在伸长类变形中,n 值大,变形抗力增大,从而使变形趋于均匀,变薄程度减小,厚度分布均匀,表面质量好,成形极限增大,制件不易产生裂纹,冲压成形性能好。

弹性模量 E 值越大,材料抗压失稳能力越强,卸载后回弹越小,冲压件质量越高。

(5)厚向异性系数 γ

由于钢锭结晶和板材轧制时出现纤维组织等因素,板料的塑性会因方向不同而出现差异,这种现象称为板料的塑性各向异性。厚度方向的各向异性用厚向异性系数 γ 表示,其表达式为

$$\gamma = \varepsilon_b / \varepsilon_t$$

式中,ε_b、ε_t 分别为宽度和厚度方向的应变。

由上式可知,当 $\gamma > 1$ 时,板料宽度方向较厚度方向容易产生变形,即板料不易变薄或增厚。在拉深变形工序中,加大 γ 值,毛坯宽度方向易变形,切向易收缩而不易起皱,有利于提高变形程度和保证产品质量,故 γ 值大,材料的拉深性能好。

(6)板平面各向异性系数 $\Delta\gamma$

板料轧制后,在板平面内也会出现各向异性,因此沿不同方向,其力学性能和物理性能均不同。拉深件拉深后口部不齐,出现"凸耳",就是由板平面的各向异性引起的。

板平面各向异性系数 $\Delta\gamma$ 可用厚向异性系数 γ 在沿轧制纹向的纵向、横向和 $45°$ 方向上的系数 γ_0、γ_{90}、γ_{45} 的平均差来表示：

$$\Delta\gamma = \frac{\gamma_0 + \gamma_{90} - 2\gamma_{45}}{2}$$

由于 $\Delta\gamma$ 大会增加冲压工序(切边工序)和材料的消耗,影响冲压件质量,因此生产中应尽量降低 $\Delta\gamma$ 值。

四、冲裁模的分类及典型结构

1. 冲裁模的分类

冲裁模结构的合理性和先进性,与冲裁件的质量与精度、冲裁加工的生产率与经济效益、模具的使用寿命与操作安全等都有着密切的联系。

微课2

冲裁模的分类及
典型结构

冲裁模的结构类型很多,一般可按下列不同特征进行分类：

(1)按工序性质不同,可分为落料模、冲孔模、切断模、切口模、切边模等。

(2)按工序组合程度不同,可分为单工序模、复合模、级进模等。单工序模又称为简单冲裁模,是指在压力机的一次行程内只完成一种冲裁工序的模具。复合模是指在压力机的一次行程中,在模具的同一个工位上同时完成两道以上不同冲裁工序的冲裁模。级进模又称连续模,是指在压力机的一次行程中,依次在同一模具的不同工位上同时完成多道工序的冲裁模。

(3)按模具导向方式不同,可分为开式模、导板模、导柱模等。

(4)按模具专业化程度不同,可分为通用模、专用模、自动模、组合模、简易模等。

(5)按模具工作零件所用材料不同,可分为钢质冲裁模、硬质合金冲裁模、锌基合金冲裁模、橡胶冲裁模、钢带冲裁模等。

(6)按模具结构尺寸不同,可分为大型冲裁模和中小型冲裁模等。

2. 冲裁模零件的分类

根据冲裁模零件的不同作用,可将其分成两大类：

(1)工艺零件

这类零件直接参与完成冲压工艺过程并和坯料直接发生作用。工艺零件包括工作零件(直接对毛坯进行加工的成形零件)、定位零件(用来确定加工中毛坯正确位置的零件)以及压、卸料零件。

(2)结构零件

这类零件不直接参与完成工艺过程,也不和坯料直接发生作用,只对模具完成工艺过程起保证作用或对模具的功能起完善作用。结构零件包括导向零件(保证上、下模之间的正确相对位置)、支承零件(用来承装模具零件或将模具安装固定到压力机上)、紧固零件及其他零件。

冲裁模零件的分类如图 1-7 所示。

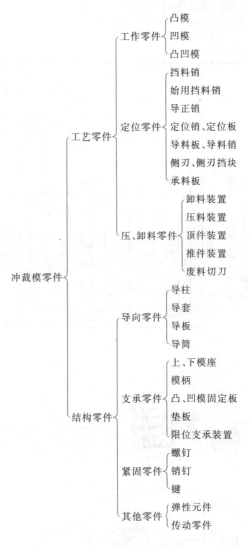

图 1-7　冲裁模零件的分类

3. 冲裁模的典型结构

（1）单工序模

单工序模分为落料模、冲孔模、切断模、切口模、切边模等。

①导柱式单工序落料模

如图 1-8 所示，这种冲裁模的上、下模的正确位置是利用导柱和导套的导向来保证的。凸、凹模在进行冲裁之前，导柱已经进入导套，从而保证了冲裁过程中凸模和凹模之间间隙的均匀性。

上、下模座和导套、导柱装配组成的部件称为模架。凹模用内六角螺钉和销钉与下模座紧固并定位。凸模用凸模固定板、内六角螺钉、销钉与上模座紧固并定位，凸模背面垫上垫板。将旋入式模柄装入上模座。

动画1

六角铜片单工序
冲裁模

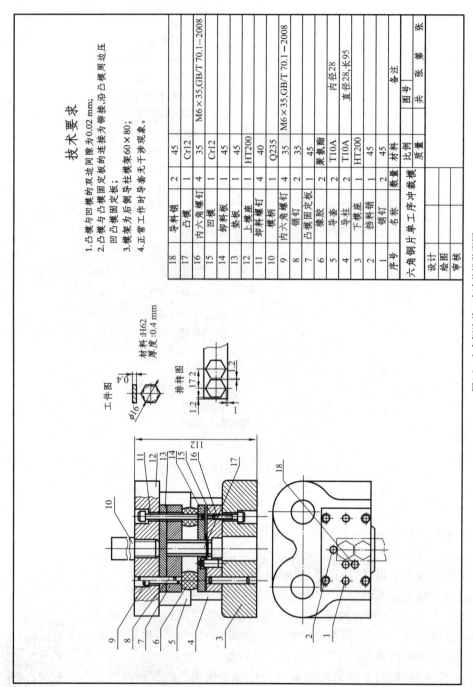

技术要求

1. 凸模与凹模的双边间隙为0.02 mm；
2. 凸模与凸模固定板的连接为铆接，沿凸模周边压凹凸模固定板；
3. 模架为后侧导柱模架为60×80；
4. 正常工作时导套无干涉现象。

工件图

排样图

材料：H62
厚度：0.4 mm

序号	名称	数量	材料	备注
18	导料销	2	45	
17	凸模	1	Cr12	
16	内六角螺钉	4	35	M6×35,GB/T 70.1—2008
15	凹模	1	Cr12	
14	卸料板	1	45	
13	垫板	1	45	
12	上模座	1	HT200	
11	卸料螺钉	4	40	
10	模柄	1	Q235	
9	内六角螺钉	4	35	M6×35,GB/T 70.1—2008
8	销钉	2	35	
7	凸模固定板	1	45	
6	橡胶	1	聚氨酯	
5	导套	2	T10A	内径28
4	导柱	2	T10A	直径28,长95
3	下模座	1	HT200	
2	挡料销	1	45	
1	销钉	1	45	
序号	名称	数量	材料	备注

六角铜片单工序冲裁模			比例	质量	图号	共　张　第　张
设计						
绘图						
审核						

图1-8　六角铜片单工序冲裁模装配图

条料沿导料销送至挡料销定位后进行落料。箍在凸模上的边料靠弹性卸料装置进行卸料，弹性卸料装置由卸料板、卸料螺钉和橡胶组成。在凸、凹模进行冲裁工作之前，由于橡胶力的作用，卸料板先压住条料，上模继续下压时进行冲裁分离，此时橡胶被压缩。上模回程时，橡胶回复推动卸料板，把箍在凸模上的边料卸下。

导柱式冲裁模的导向可靠，精度高，寿命长，安装、使用方便，但轮廓尺寸较大，模具较重，制造工艺复杂，成本较高。它广泛用于生产批量大、精度要求高的冲裁件。

②导柱式冲孔模

冲孔模的结构与一般落料模相似，但有其特点：冲孔模的对象是已经落料或冷冲压加工后的半成品，所以冲孔模要解决半成品在模具上如何定位、如何使半成品放进模具以及冲好后取出既方便又安全的问题；冲小孔模具时，必须考虑凸模的强度和刚度以及快速更换凸模的结构；成形零件上侧壁孔冲压时，必须考虑凸模水平运动方向的转换机构等。

图1-9所示为导柱式冲孔模，它是多凸模的单工序模，冲裁件上的所有孔被一次全部冲出。由于工序件是经过拉深的空心件，而且孔边与侧壁距离较近，因此将工序件口部朝上，用定位圈进行外形定位，以保证凹模有足够的强度。因增加了凸模长度，故设计时必须注意凸模的强度和稳定性。如果孔边与侧壁距离大，则可将工序件口部朝下，利用凹模进行内形定位。该模具采用弹性卸料装置，该装置除卸料作用外，还可保证冲孔零件的平整，提高零件的质量。

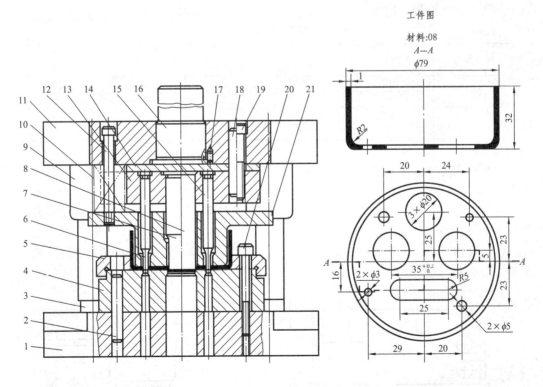

图1-9 导柱式冲孔模

1—下模座；2、18—圆柱销；3—导柱；4—凹模；5—定位圈；6、7、8、15—凸模；9—导套；10—弹簧；11—上模座；
12—卸料螺钉；13—凸模固定板；14—垫板；16—模柄；17—止动销；19、20—内六角螺钉；21—卸料板

（2）复合模

详见本书项目二。

（3）级进模

详见有关参考资料。

五、冲裁工艺设计

冲裁工艺设计包括冲裁件的工艺性分析和冲裁工艺方案的确定。良好的工艺性和合理的工艺方案,可以保证用最少的材料、工序数和工时使得模具结构简单且寿命长,以便稳定地获得合格的冲裁件,所以劳动量和冲裁件的成本是衡量冲裁工艺设计合理性的主要指标。

1. 冲裁件的工艺性分析

冲裁件的工艺性是指冲裁件对冲裁工艺的适应性。所谓冲裁件的工艺性好是指能用普通冲裁方法,在模具寿命较长、生产率较高、成本较低的条件下得到质量合格的冲裁件。因此,冲裁件的结构形状、尺寸、精度等级、材料及厚度等是否符合冲裁工艺要求,对冲裁件质量、模具寿命和生产率有很大影响。

（1）冲裁件的结构工艺性

①冲裁件的形状应力求简单、对称,以利于材料的合理利用。

②冲裁件内形及外形的转角处要尽量避免尖角,应以圆弧过渡,如图 1-10 所示,以便于模具加工,减轻热处理开裂以及冲裁时尖角处的崩刃和过快磨损。圆角半径 R 的最小值参照表 1-4 选取。

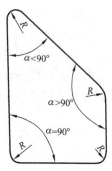

图 1-10　冲裁件的圆角

表 1-4　　　　　　　　　　　　**冲裁最小圆角半径 R**

零件种类	交角	t/mm	R/mm		
			黄铜、铝	合金钢	软钢
落料	$\geq 90°$	>0.25	$0.18t$	$0.35t$	$0.25t$
	$<90°$	>0.5	$0.35t$	$0.70t$	$0.5t$
冲孔	$\geq 90°$	>0.3	$0.2t$	$0.45t$	$0.3t$
	$<90°$	>0.6	$0.4t$	$0.9t$	$0.6t$

注：t 为板料厚度,下表同。

③尽量避免冲裁件上过长的凸出悬臂和凹槽。悬臂和凹槽的宽度不宜过小,其许可值如图 1-11(a)所示。

④为避免工件变形和保证模具强度,冲裁件的孔边距和孔间距不能过小,其最小许可值如图 1-11(a)所示。

⑤在弯曲件或拉深件上冲孔时,孔边与直壁之间应保持一定距离,以免冲孔时凸模受水平推力而折断,如图 1-11(b)所示。

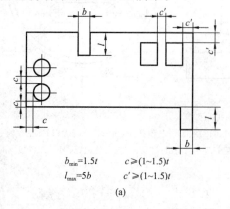

$b_{min}=1.5t$　　　$c \geq (1\sim1.5)t$

$l_{max}=5b$　　　$c' \geq (1\sim1.5)t$

(a)

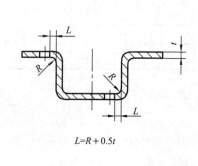

$L=R+0.5t$

(b)

图 1-11　冲裁件的结构工艺性

⑥冲孔时,因受凸模强度的限制,孔的尺寸不应太小,否则凸模易折断或压弯。用无导向凸模和有导向凸模冲孔的最小尺寸分别见表1-5和表1-6。

表1-5　　　　　　　　　　　用无导向凸模冲孔的最小尺寸

材料		尺寸/mm			
钢	$\tau>685$ MPa	$d \geqslant 1.5t$	$b \geqslant 1.35t$	$b \geqslant 1.2t$	$b \geqslant 1.1t$
	$\tau \approx 390 \sim 685$ MPa	$d \geqslant 1.3t$	$b \geqslant 1.2t$	$b \geqslant 1.0t$	$b \geqslant 0.9t$
	$\tau<390$ MPa	$d \geqslant 1.0t$	$b \geqslant 0.9t$	$b \geqslant 0.8t$	$b \geqslant 0.7t$
黄铜		$d \geqslant 0.9t$	$b \geqslant 0.8t$	$b \geqslant 0.7t$	$b \geqslant 0.6t$
铝、锌		$d \geqslant 0.8t$	$b \geqslant 0.7t$	$b \geqslant 0.6t$	$b \geqslant 0.5t$

注:τ为抗剪强度。

表1-6　　　　　　　　　　　用有导向凸模冲孔的最小尺寸　　　　　　　　　　　mm

材料	圆形(直径 d)	矩形(孔宽 b)
硬钢	$0.5t$	$0.4t$
软钢及黄铜	$0.35t$	$0.3t$
铝、锌	$0.3t$	$0.28t$

(2)冲裁件的尺寸精度和断面粗糙度

①冲裁件的尺寸精度

冲裁件的尺寸精度一般可分为精密级与经济级两类。精密级是指冷冲压工艺在技术上所允许的最高精度;经济级是达到最大许可磨损时,其所完成的冷冲压加工在技术上可以实现而在经济上又最合理的精度,即所谓经济精度。为降低冲压成本,获得最佳的技术经济效益,在不影响冲裁件使用要求的前提下,应尽可能采用经济精度。

冲裁件的经济公差等级不高于IT11级,一般要求落料件的公差等级最好低于IT10级,冲孔件的公差等级最好低于IT9级。

冲裁得到的工件公差见表1-7和表1-8。如果工件要求的公差值小于表中值,则冲裁后需整修或采用精密冲裁。

表1-7　　　　　　　　　　　冲裁件的外形与内孔尺寸公差　　　　　　　　　　　mm

板料厚度 t	冲裁件的外形与内孔尺寸公差							
	一般精度的工件尺寸				较高精度的工件尺寸			
	<10	10~50	50~150	150~300	<10	10~50	50~150	150~300
0.2~0.5	$\dfrac{0.08}{0.05}$	$\dfrac{0.10}{0.08}$	$\dfrac{0.14}{0.12}$	0.2	$\dfrac{0.025}{0.02}$	$\dfrac{0.03}{0.04}$	$\dfrac{0.05}{0.08}$	0.08
0.5~1	$\dfrac{0.12}{0.05}$	$\dfrac{0.16}{0.08}$	$\dfrac{0.22}{0.12}$	0.3	$\dfrac{0.03}{0.02}$	$\dfrac{0.04}{0.04}$	$\dfrac{0.06}{0.08}$	0.10
1~2	$\dfrac{0.18}{0.06}$	$\dfrac{0.22}{0.10}$	$\dfrac{0.30}{0.16}$	0.5	$\dfrac{0.03}{0.03}$	$\dfrac{0.06}{0.06}$	$\dfrac{0.08}{0.10}$	0.12
2~4	$\dfrac{0.24}{0.08}$	$\dfrac{0.28}{0.12}$	$\dfrac{0.04}{0.20}$	0.7	$\dfrac{0.06}{0.04}$	$\dfrac{0.08}{0.08}$	$\dfrac{0.10}{0.12}$	0.15
4~6	$\dfrac{0.30}{0.10}$	$\dfrac{0.31}{0.15}$	$\dfrac{0.50}{0.25}$	1.0	$\dfrac{0.08}{0.05}$	$\dfrac{0.12}{0.10}$	$\dfrac{0.15}{0.15}$	0.20

注:①分子为外形尺寸公差,分母为内孔尺寸公差。

　　②一般精度的工件采用IT7或IT8级精度的普通冲裁模,较高精度的工件采用IT6或IT7级精度的高级冲裁模。

②冲裁件的断面粗糙度

冲裁件的断面粗糙度与材料塑性、板料厚度、冲裁模间隙、刃口锐钝以及冲模结构等有关。冲裁厚度为 2 mm 以下的金属板料,其断面粗糙度 Ra 值一般可达 $3.2\sim12.5\ \mu m$。

（3）冲裁件的尺寸标注

冲裁件的尺寸基准应尽可能与其冲压时的定位基准重合,并选在冲裁过程中基本上下不变动的面或线上。如图 1-12(a)所示的尺寸标注,对孔距要求较高的冲裁件是不合理的,这是因为当两孔中心距要求较高时,尺寸 B 和 C 标注的公差等级高,而模具(同时冲孔与落料)的磨损使尺寸 B 和 C 的精度难以达到要求。改用图 1-12(b)所示的标注方法就比较合理,这时孔的中心距尺寸不再受模具磨损的影响。冲裁件两孔中心距所能达到的公差见表 1-8。

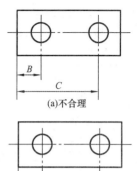

图 1-12 冲裁件的尺寸标注

表 1-8 冲裁件两孔中心距的公差 mm

板料厚度 t	冲裁件两孔中心距的公差					
	普通冲裁的孔距尺寸			高级冲裁的孔距尺寸		
	<50	50~150	150~300	<50	50~150	150~300
<1	±0.10	±0.15	±0.20	±0.03	±0.05	±0.08
1~2	±0.12	±0.20	±0.30	±0.04	±0.06	±0.10
2~4	±0.15	±0.25	±0.35	±0.06	±0.08	±0.12
4~6	±0.20	±0.30	±0.40	±0.08	±0.10	±0.15

2. 冲裁工艺方案的确定

在冲裁件工艺性分析的基础上,根据冲裁件的特点来确定冲裁工艺方案。确定冲裁工艺方案首先要考虑的问题是确定冲裁的工序数、冲裁工序的组合以及冲裁工序的顺序安排。冲裁的工序数一般容易确定,关键是确定冲裁工序的组合及顺序。

冲裁工序的组合方式可分为单工序冲裁、复合冲裁和级进冲裁,所使用的模具对应为单工序模、复合模和级进模。

一般组合工序比单工序冲裁生产率高,加工的精度等级高。

冲裁工序的组合方式可根据下列因素确定：

（1）根据生产批量来确定

一般来说,小批量和试制生产采用单工序模,中、大批量生产采用复合模或级进模。生产批量与模具类型的关系见表 1-9。

表 1-9 生产批量与模具类型的关系

项目		生产批量				
		单件	小批	中批	大批	大量
工件类型	大型件	<1	1~2	2~20	20~300	>300
	中型件		1~5	5~50	50~100	>1 000
	小型件		1~10	10~100	100~500	>5 000
模具类型		单工序模、组合模、简易模	单工序模、组合模、简易模	单工序模、级进模、复合模、半自动模	单工序模、级进模、复合模、自动模	硬质合金级进模、复合模、自动模

注:表中数字为每年班产量,单位为千件。

（2）根据冲裁件尺寸和精度等级来确定

复合冲裁得到的冲裁件尺寸精度等级高，避免了多次单工序冲裁的定位误差，并且在冲裁过程中可以进行压料，冲裁件较平整。级进冲裁比复合冲裁精度等级低。

（3）根据对冲裁件尺寸形状的适应性来确定

冲裁件的尺寸较小时，考虑到单工序送料不方便和生产率低，常采用复合冲裁或级进冲裁。对于尺寸中等的冲裁件，由于制造多副单工序模的费用比复合模高，故采用复合冲裁；若冲裁件上的孔与孔之间或孔与边缘之间的距离过小，则不宜采用复合冲裁或单工序冲裁，可采用级进冲裁。所以级进冲裁可以加工形状复杂、宽度很小的异形冲裁件，且可冲裁的板料厚度比复合冲裁大。但级进冲裁受压力机工作台面尺寸与工序数的限制，冲裁件尺寸不宜太大。各种冲裁模的对比见表1-10。

表1-10　　　　　　　　　　　　　　各种冲裁模的对比

比较项目	单工序模		级进模	复合模
	无导向	有导向		
零件公差等级	低	一般	可达 IT10～IT13 级	可达 IT8～IT10 级
零件特点	尺寸不限，厚度不限	中小型尺寸，厚度较大	小型件，$t=0.2\sim6$ mm。可加工复杂零件，如宽度极小的异形件、特殊形状零件等	形状与尺寸受模具结构与强度的限制，尺寸可以较大，厚度可达 3 mm
零件平面度	差	一般	中小型件不平直，高质量工件需校平	由于压料冲裁的同时得到了校平，故工件平直且有较好的剪切断面
生产率	低	较低	工序间自动送料，可以自动排除冲裁件，生产率高	冲裁件被顶到模具工作面上必须用手工或机械排除，生产率稍低
使用高速自动冲床的可能性	不能使用	可以使用	可以在行程次数为每分钟400次或更多的高速压力机上工作	操作时出件困难，可能损坏弹簧缓冲机构，不做推荐
安全性	不安全，需采取安全措施	比较安全		不安全，需采取安全措施
多排冲压法的应用	广泛用于尺寸较小的工件			很少采用
模具制作工作量和成本	低	比无导向的稍高	冲裁较简单的工件时，比复合模低	冲裁复杂工件时，比级进模低

（4）根据模具制造、安装、调整的难易程度和成本的高低来确定

对形状复杂的冲裁件来说，采用复合冲裁比级进冲裁合适，因为模具制造、安装、调整比较容易，且成本较低。

（5）根据操作是否方便与安全来确定

复合冲裁出件或清除废料较困难，工作安全性较差；级进冲裁较安全。

综上所述，对于一个冲裁件，可以制订多种工艺方案，制订完后必须对这些工艺方案进行比较，在保证冲裁件质量与生产率的前提下，选择模具制造成本较低、模具寿命较高、操作较方便与安全的工艺方案。

练 习

1.解释下列名词：

塑性　加工硬化　伸长率

2.回答下列问题：

(1)影响金属塑性和变形抗力的因素有哪些？

(2)材料的冲压成形性能有哪些？

(3)冲裁模零件有哪些类型？

3.分析图1-2所示冲裁件的结构特点和技术要求,确定冲压成形工艺方案及模具总体结构形式。

任务二　冲压工艺计算

学习目标

(1)能确定冲裁模的冲裁间隙。

(2)能计算工作零件的刃口尺寸。

(3)能计算冲压力、卸料力、压料力等。

(4)能设计排样图,计算材料利用率。

(5)能计算压力中心。

(6)能计算弹性元件的相关值。

工作任务

1.教师演示任务

根据图1-1所示的冲裁件零件图以及总体结构方案,计算该模具的冲裁间隙、刃口尺寸、冲压力、卸料力、压料力、压力中心、弹性元件尺寸等并设计排样图。

2.学生训练任务

根据图1-2所示的冲裁件零件图以及总体结构方案,计算该模具的冲裁间隙、刃口尺寸、冲压力、卸料力、压料力、压力中心、弹性元件尺寸等并设计排样图。

相关实践知识

1.计算冲裁间隙和刃口尺寸

由于冲裁模在使用过程中凸模和凹模会被磨损,使得间隙慢慢增大,故在设计和制造模具时应采用最小合理间隙。

查表 1-13,得凸、凹模初始双面间隙为$(0.05\sim0.07)t$,板料厚度$t=0.4$ mm,所以$Z_{min}=0.02$ mm,$Z_{max}=0.028$ mm。

刃口尺寸采用配作法来求。因模具为落料模,故应以凹模为基准来配作凸模。根据零件图磨损后尺寸变大,查表 1-16 得$x=0.5$,$\delta_A=\Delta/4=0.43/4\approx0.1$,故

$$A_A=(A_{max}-x\Delta)^{+\delta_A}_0=(16-0.5\times0.43)^{+0.1}_0=15.785^{+0.1}_0 \text{ mm}$$

2. 计算冲压力及压力中心

(1)计算冲压力

①冲裁力为

$$F=KLt\tau_0$$

式中　K——系数,取 1.3;

　　　L——冲裁周边长度,$L=6\times2\times8\times\sin 30°=48$ mm;

　　　t——冲裁件的厚度,$t=0.4$ mm;

　　　τ_0——冲裁件材料的抗剪强度,$\tau_0=294$ MPa。

于是

$$F=KLt\tau_0=1.3\times48\times0.4\times294=7\ 338.2 \text{ N}$$

②卸料力为

$$F_x=K_xF$$

式中　K_x——卸料系数,取 0.05;

　　　F——冲裁力,$F=7\ 338.2$ N。

于是

$$F_x=K_xF=0.05\times7\ 338.2=366.9 \text{ N}$$

③推件力为

$$F_t=nK_tF$$

式中　n——条料件数,取 1;

　　　K_t——推件系数,取 0.063;

　　　F——冲裁力,$F=7\ 338.2$ N。

于是

$$F_t=nK_tF=1\times0.063\times7\ 338.2=462.3 \text{ N}$$

④冲压力为

$$F_z=F+F_x+F_t=7\ 338.2+366.9+462.3=8\ 167.4 \text{ N}$$

(2)计算压力中心

因为正六边形为规则形状,故压力中心为其几何中心,即内切圆圆心。

3. 设计排样图并计算材料利用率

(1)设计排样图

设a为冲裁件与条料侧边之间的搭边,a_1为冲裁件之间的搭边。

查表得$a=1$,$a_1=1.2$,于是得到图 1-8 所示的排样图。

(2)计算材料利用率

材料利用率为

$$\eta=\frac{A}{BS}$$

式中 A——冲裁件的面积,mm^2;

B——条料的宽度,mm;

S——冲压步距,mm。

于是

$$\eta=\frac{A}{BS}=\frac{8\times4.6\times6/2}{(1.2+14)\times18.4}\times100\%=39\%$$

4. 计算弹性元件(橡胶)尺寸

设 H_0 为橡胶的自由高度,A 为橡胶的横截面面积。

(1)计算橡胶的自由高度

$$H_0=(3.5\sim4)H_工$$

其中,$H_工$ 是卸料板的工作行程与凸模刃口修磨量之和,卸料板的工作行程是板料厚度加上1 mm,凸模刃口修磨量取 6 mm。

于是

$$H_0=(3.5\sim4)H_工=4\times(0.4+1+6)=29.6\ mm$$

(2)计算橡胶的横截面面积

$$A=F_x/p$$

式中 F_x——卸料力,N;

p——橡胶所产生的单位面积压力,MPa,取 0.5。

于是

$$A=F_x/p=366.9/0.5=733.8\ mm^2$$

考虑到橡胶加工和安装的因素,采用两块 35 mm×30 mm×15 mm(长×宽×高)的橡胶,其横截面面积为 $2\times35\times30=2\ 100\ mm^2>A=733.8\ mm^2$,故所用橡胶的弹压力足以将箍在凸模上的条料卸下。

相关理论知识

一、冲裁工艺基础

冲裁是利用冲模使板料的一部分沿一定的轮廓形状与另一部分分离的工序。经过冲裁后,板料被分成带孔部分和冲落部分。若冲裁的目的在于获得一定形状和尺寸的内孔,则这种冲裁称为冲孔;若冲裁的目的在于获得具有一定外形轮廓和尺寸的零件,则这种冲裁称为落料。如图 1-13 所示,冲制一个垫圈需要经过外形轮廓冲裁(落料)和内孔冲裁(冲孔)两道工序才能完成。

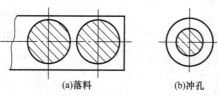

(a)落料   (b)冲孔

图 1-13   垫圈的落料与冲孔

1. 冲裁变形过程

如图 1-14 所示,凸模通过模柄固定在压力机的滑块上,凹模则固定在压力机工作台上。凸模与凹模组成上、下刃口,将板料放在凸模与凹模中间。开动压力机时,凸模随滑块向下运动,给板料施加压力,使板料发生弹、塑性变形,最后凸模穿过板料进入凹模,使其分离从而完成冲裁工作。

图 1-14　冲裁加工示意图
1—工作台;2—凹模;3—板料;4—凸模;5—滑块

冲裁变形过程是在瞬间完成的。为了控制冲裁件的质量并研究冲裁的变形机理,需要分析冲裁时板料分离的实际过程。图 1-15 所示为金属板料的冲裁变形过程。当模具间隙正常时,这个过程大致可分为三个变形阶段:

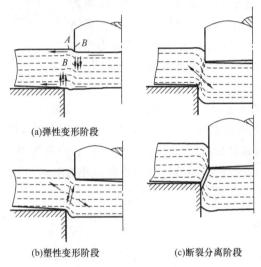

(a)弹性变形阶段

(b)塑性变形阶段　　(c)断裂分离阶段

图 1-15　冲裁变形过程

（1）弹性变形阶段

当凸模在滑块带动下接触板料后,凸模开始对板料加压,板料发生弹性压缩、弯曲、拉伸等复杂的变形。凸模继续下压,板料底面相应部分材料略挤入凹模洞口内,此时凸模下的材料略有弯曲,凹模上的材料则向上翘,间隙越大,弯曲和上翘越严重。凸模继续压入,当板料内的应力达到弹性极限时,该阶段即结束。

（2）塑性变形阶段

当凸模继续下降时,对板料的压力增加,使板料内的应力超过了屈服极限,板料的压缩和弯曲变形加剧,部分板料被挤入凹模洞口内,产生塑剪变形,形成光亮的剪切断面。同时,因凸、凹模之间存在间隙,故在塑剪变形的同时,还伴有板料的弯曲与拉伸变形。随着凸模的不断压入,板料内的应力不断增大,直到凸、凹模刃口附近产生应力集中,微小裂纹产生,板料开始被破坏时,塑性变形趋于结束。此时,板料内的应力达到了最大值,相当于板料的抗剪强度。

（3）断裂分离阶段

随着凸模继续下压，板料在凸、凹模刃口处已形成的上、下裂纹将逐步扩大，并向内部发展，当上、下裂纹重合时（在间隙合理的情况下），板料被拉断分离，整个冲裁工作完成。拉断的结果使得断面上形成一个粗糙的区域，此阶段称为断裂分离阶段。

2. 冲裁断面分析

由于冲裁变形的特点，不仅使冲出的制件（或孔）带有毛刺，还使其断面具有三个特征区，即圆角带、光亮带与断裂带，如图 1-16 所示。圆角带是冲裁过程中由于纤维的弯曲与拉伸而形成的，软材料比硬材料的圆角大。光亮带是塑剪变形时，在毛坯一部分相对于另一部分移动的过程中，凸、凹模侧压力将毛坯压平而形成的光亮垂直的断面。通常光亮带占全断面的 $1/3 \sim 1/2$。材料塑性越好，光亮带所占的比例越大；间隙越大，光亮带所占的比例越小。断裂带是由刃口处的微裂纹在拉应力作用下不断扩展而形成的撕裂面，使冲裁断面粗糙不光滑，且有斜度。圆角带、光亮带、断裂带、毛刺四个部分在冲裁

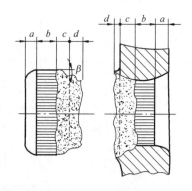

图 1-16　冲裁断面状态
a—圆角带；b—光亮带；c—断裂带；d—毛刺

件整个断面上所占的比例不是固定的，是随材料的力学性能和凸、凹模间隙以及模具结构等的不同而变化的。增加光亮带高度的关键是延长塑性变形阶段，推迟裂纹的产生。可通过减小凸、凹模间隙以及增加对材料的约束力（如增加压料力和反顶力）等措施来减小拉应力成分而增大压应力成分，以增加变形金属的塑性并减小模具刃口附近的应力集中，即可延长塑性变形阶段，推迟裂纹的产生。

二、冲裁模间隙

冲裁模间隙是指凹模与凸模刃口尺寸的差值，通常用 Z 表示。其值可为正，也可为负，但在普通冲裁模中均为正值。通过分析冲裁过程可知，冲裁模间隙对冲裁件的断面质量有重要的影响。此外，冲裁模间隙对冲裁件的尺寸公差、模具寿命、冲裁力、卸料力和推件力也有较大的影响。因此，冲裁模间隙是一个非常重要的工艺参数。

1. 冲裁模间隙对冲裁件断面质量和模具寿命的影响

当冲裁模间隙过小时，如图 1-17（a）所示，上、下裂纹互不重合，两裂纹之间的材料随着冲裁的进行将被第二次剪切，在断面上形成第二光亮带，产生潜伏裂纹（夹层）。因间隙太小，凸、凹模受到的金属挤压作用增大，从而加重了材料对凸、凹模的摩擦和磨损，降低了模具寿命（冲硬质材料更为突出）。但是，在相同条件下，小间隙会使应力状态中的拉应力成分减小，压作用增大，使材料的塑性得到充分的发挥，裂纹的产生受到抑制而推迟。所以，光亮带的宽度增加，圆角、毛刺、斜度、翘曲、穿弯等缺陷都会有所减少，制件质量较高。

当冲裁模间隙过大时，如图 1-17（c）所示，上、下裂纹仍不重合，因应力状态中的拉应力成分增大，故材料容易产生裂纹，使塑性变形较早结束。所以，光亮带变窄，断裂带、圆角带增宽，毛刺和斜度较大，穿弯、翘曲现象显著。对于厚材料，圆角带增宽更为突出；对于薄材料，又有拉断凹模的危险，一旦拉断，所形成的拉断毛刺更长。但是，当间隙为 $(14\% \sim 24\%)t$ 时，毛刺高度较小，变化不大，称为毛刺稳定区，可供选择间隙时参考。

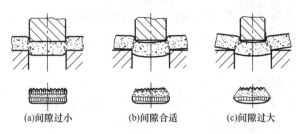

图 1-17 冲裁模间隙对冲裁件断面质量的影响

由于材料在冲裁时受拉伸变形较大,所以制件从材料中分离出来后,因弹性回复而使外尺寸缩小,内尺寸增大,推料力与卸料力大为减小,甚至为零,材料对凸、凹模的摩擦作用也大大减弱,所以模具寿命较长。因此,对于批量较大而公差又无特殊要求的冲裁件,可以采用较大间隙冲制,以保证较长的模具寿命。同时,在模具结构中要采取防止制件或废料上升至下模上表面的措施。

2. 冲裁模间隙对冲裁件尺寸精度的影响

冲裁件的尺寸精度是指冲裁件的实际尺寸与公称尺寸的差值,差值越小,精度越高。这个差值包括两方面的偏差,一是冲裁件相对于凸模或凹模尺寸的偏差,一是模具本身的制造偏差。

冲裁件相对于凸、凹模尺寸的偏差,主要是制件从凹模推出(落料)或从凸模上卸下(冲孔)时,因材料的挤压变形、纤维伸长、穿弯等产生弹性回复而造成的。偏差值可能是正的,也可能是负的。影响这个偏差值的因素有冲裁模间隙、材料性质、工件形状与尺寸等,其中主要因素是冲裁模间隙。

当冲裁模间隙较大时,材料所受的拉伸作用增大,冲裁完成后,因材料的弹性回复使落料尺寸小于凹模尺寸,冲孔孔径大于凸模直径(图 1-18)。此时穿弯的弹性回复方向与其相反,故薄板冲裁时制件的尺寸偏差减小。当冲裁模间隙较小时,由于材料受凸、凹模的挤压力大,故冲裁完成后,材料的弹性回复使落料件尺寸增大,冲孔孔径变小。尺寸变化量的大小与材料性质、厚度、轧制方向等因素有关。材料性质直接决定了材料在冲裁过程中的弹性变形量。软钢的弹性变形量较小,冲裁后的弹性回复就小;硬钢的弹性回复较大。图 1-18 中曲线与 $\delta=0$ 的横轴的交点表明制件尺寸与模具尺寸完全相同,交点右边表示制件与模具之间的松动量。若采用右边较大的间隙值,则制件与模具之间的摩擦力小,但当间隙大到一定值时,由于穿弯引起的弹性回复最大,故摩擦力减小得不显著。

上述因素的影响是在一定的模具制造精度的前提下讨论的。若模具刃口制造精度低,

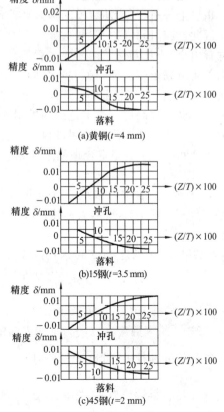

图 1-18 间隙对冲裁件尺寸精度的影响

则冲裁出的制件精度无法保证,所以凸、凹模刃口的制造公差一定要按照工件的尺寸要求来确定。此外,模具的结构形式及定位方式对孔的定位尺寸精度也有较大的影响,这将在模具结构中阐述。冲模制造精度与冲裁件精度的关系见表1-11。

3. 冲裁模间隙对冲裁力的影响

试验证明,随着间隙的增大,冲裁力有一定程度的减小,但当单面间隙在板料厚度的5%~20%范围内时,冲裁力的减小幅度不超过5%~10%。因此,在正常情况下,冲裁模间隙对冲裁力的影响不是很大。

冲裁模间隙对卸料力、推件力的影响比较显著。随着间隙的增大,卸料力和推件力都将减小。一般当单面间隙增大到板料厚度的15%~20%时,卸料力几乎降到零。

表 1-11 　　　　　　　　　　冲模制造精度与冲裁件精度的关系

冲模制造精度	冲裁件精度								
	板料厚度 t/mm								
	0.5	0.8	1.0	1.5	2	3	4	5	6~12
IT6、IT7	IT8	IT8	IT9	IT10	IT10	—	—		
IT7、IT8	—	IT9	IT10	IT10	IT12	IT12	IT12		
IT9	—	—	—	1T12	1T12	1T12	1T12	1T12	1T14

4. 冲裁模间隙值的确定

由以上分析可见,冲裁模间隙对冲裁件的断面质量、冲裁力、模具寿命等都有很大的影响。因此,设计模具时一定要选择一个合理的冲裁模间隙,以保证冲裁件的断面质量好、所需冲裁力小、模具寿命长。需要注意的是,分别根据冲裁件的断面质量、冲裁力、模具寿命等方面的要求确定的合理间隙并不是同一个数值,只是彼此接近,考虑到模具制造中的偏差及使用中的磨损,生产中通常只选择一个适当的范围作为合理间隙,只要间隙在这个范围内,就可冲出良好的制件。这个范围内的最小值称为最小合理间隙 $Z_{\min}$,最大值称为最大合理间隙 $Z_{\max}$。考虑到模具在使用过程中的磨损会使间隙增大,故设计与制造新模具时要采用最小合理间隙 $Z_{\min}$。确定合理间隙的方法有理论确定法与经验确定法。

(1)理论确定法

理论确定法的主要依据是保证裂纹重合,以便获得良好的断面。图1-19所示为冲裁过程中产生裂纹的瞬时状态。

从图1-19中的△ABC可求得间隙 Z 为

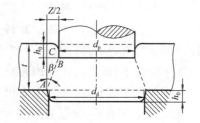

$$Z=2(t-h_0)\tan\beta=2t(1-\frac{h_0}{t})\tan\beta \qquad (1\text{-}1)$$

式中　h_0——凸模切入深度,mm;

　　　β——最大剪应力方向与垂线方向的夹角,(°)。

图 1-19　冲裁过程中产生裂纹的瞬时状态

从上式可以看出,间隙 Z 与板料厚度 t,相对切入深度 $\frac{h_0}{t}$ 以及裂纹方向角度 β 有关。而 h_0 与 β 又与材料性质有关,材料越硬,$\frac{h_0}{t}$ 越小。因此,影响间隙值的主要因素是材料性质和板料厚度。材料越硬、越厚，所需合理间隙值越大。表 1-12 列出了常用冲压材料 $\frac{h_0}{t}$ 与 β 的近似值。由于计算方法在生产中使用不方便，故目前广泛使用的是经验公式与图表。

表 1-12　　　　　　　　　　常用冲压材料 $\frac{h_0}{t}$ 与 $\boldsymbol{\beta}$ 的近似值

材料	$\frac{h_0}{t}$		β	
	退火	硬化	退火	硬化
软钢、紫铜、软黄铜	0.5	0.35	6°	5°
中硬钢、硬黄铜	0.3	0.2	5°	4°
硬钢、硬青铜	0.2	0.1	4°	4°

（2）经验确定法

我国过去采用的间隙值是以尺寸精度为主要依据选用的，经使用证明一般偏小。按这种间隙值制造的模具，冲出的制件断面出现双光亮带，且有毛刺。又因模具与材料之间的摩擦大，发热严重，使材料粘连，故加速了刃口磨损，降低了模具寿命。根据近年来的研究与使用经验，在确定间隙值时要按使用要求分类选用。对于尺寸精度、断面垂直度要求高的制件，应选用较小的间隙值，即图 1-18 中 $\delta=0$ 附近的间隙值，见表 1-13。

表 1-13　　　　　　　　　　凸、凹模初始双面间隙值　　　　　　　　　　mm

材料	凸、凹模初始双面间隙值					
	$t<1$	$t\geqslant1\sim2$	$t\geqslant2\sim3$	$t\geqslant3\sim5$	$t\geqslant5\sim7$	$t\geqslant7\sim10$
纸胶板、布胶板	$(0.03\sim0.05)t$	$(0.04\sim0.06)t$		—	—	—
软钢	$(0.04\sim0.06)t$	$(0.05\sim0.07)t$	$(0.06\sim0.08)t$	$(0.07\sim0.09)t$	$(0.08\sim0.10)t$	$(0.09\sim0.11)t$
紫铜、软黄铜、硅钢片、软钢（含碳量 0.08%~0.2%）	$(0.05\sim0.07)t$	$(0.06\sim0.08)t$	$(0.07\sim0.09)t$	$(0.08\sim0.10)t$	$(0.09\sim0.11)t$	$(0.10\sim0.12)t$
硬铝、硬黄铜、硬青铜、中硬钢（含碳量 0.3%~0.4%）	$(0.06\sim0.08)t$	$(0.07\sim0.09)t$	$(0.08\sim0.10)t$	$(0.09\sim0.11)t$	$(0.10\sim0.12)t$	$(0.11\sim0.13)t$
硬钢（含碳量 0.5%~0.7%）	$(0.07\sim0.08)t$	$(0.08\sim0.10)t$	$(0.09\sim0.10)t$	$(0.10\sim0.12)t$	$(0.11\sim0.13)t$	$(0.12\sim0.14)t$

注：①表中下限为最小合理间隙 $Z_{\min}$，相当于公称间隙，即设计间隙。

②表中上限为最大合理间隙 $Z_{\max}$，这是考虑到凸、凹模制造公差所增加的数值。

③在使用过程中，由于凸、凹模的磨损，间隙将有所增加，因而会超过表中数值。

④表中 t 为板料厚度。

对于断面垂直度与尺寸精度要求不高的制件，应以降低冲裁力、提高模具寿命为主，可采用较大的间隙值。需要注意的是，为了保证制件平整，一定要有压料与顶件装置；一定要有防止废料或制件回升到凹模面的措施。

表 1-14 列出了汽车拖拉机行业常用的间隙值。

表 1-14　　　　　　　　　冲裁模初始双面间隙值（汽车拖拉机行业用）　　　　　　　　mm

板料厚度 t	冲裁模初始双面间隙值							
	08、10、35、09Mn、Q235		16Mn		40、50		65Mn	
	Z_{min}	Z_{max}	Z_{min}	Z_{max}	Z_{min}	Z_{max}	Z_{min}	Z_{max}
<0.5	极小间隙							
0.5	0.040	0.060	0.040	0.060	0.040	0.060	0.040	0.060
0.6	0.048	0.072	0.048	0.072	0.048	0.072	0.048	0.072
0.7	0.064	0.092	0.064	0.092	0.064	0.092	0.064	0.092
0.8	0.072	0.104	0.072	0.104	0.072	0.104	0.064	0.092
0.9	0.090	0.126	0.090	0.126	0.090	0.126	0.090	0.126
1.0	0.100	0.140	0.100	0.140	0.100	0.140	0.090	0.126
1.2	0.126	0.180	0.132	0.180	0.132	0.180		
1.5	0.132	0.240	0.170	0.240	0.170	0.230		
1.75	0.220	0.320	0.220	0.320	0.220	0.320		
2.0	0.246	0.360	0.260	0.380	0.260	0.380		
2.1	0.260	0.380	0.280	0.400	0.280	0.400		
2.5	0.360	0.500	0.380	0.540	0.380	0.540		
2.75	0.400	0.560	0.420	0.600	0.420	0.600		
3.0	0.460	0.640	0.480	0.660	0.480	0.660		
3.5	0.540	0.740	0.580	0.780	0.580	0.780		
4.0	0.640	0.880	0.680	0.920	0.680	0.920		
4.5	0.720	1.000	0.680	0.960	0.780	1.040		
5.5	0.940	1.280	0.780	1.100	0.980	1.320		
6.0	1.080	1.400	0.840	1.200	1.140	1.500		
6.5			0.940	1.300				
8.0			1.200	1.680				

■ 三、凸、凹模刃口尺寸的确定

冲裁工作中，冲裁件的尺寸精度主要取决于凸、凹模工作部分（刃口部分）的尺寸精度，合理的间隙值也是靠凸、凹模刃口尺寸来实现和保证的。因此，正确地计算出凸、凹模刃口尺寸及其公差，在设计和制造模具时是很重要的。

1. 凸、凹模刃口尺寸计算的依据和原则

由于凸、凹模之间存在间隙，所以冲裁件的断面都带有锥度。在测量和装配中，都以光面的尺寸为基准。落料件的光面是由凹模刃口挤切材料产生的，而孔的光面是由凸模刃口挤切材料产生的。落料件的大端（光面）尺寸等于凹模尺寸，冲孔件的小端（光面）尺寸等于凸模尺寸。冲裁过程中，凸、凹模要与冲裁件或废料发生摩擦，凸模尺寸越磨越小，凹模尺寸越磨越大，结果使间隙越来越大。因此，在确定凸、凹模刃口尺寸时必须遵循下述原则：

（1）设计落料模时先确定凹模刃口尺寸，以凹模为基准，间隙取在凸模上，冲裁间隙通过减小凸模刃口尺寸来取得；设计冲孔模时先确定凸模刃口尺寸，以凸模为基准，间隙取在凹模上，冲裁间隙通过增大凹模刃口尺寸来取得。

（2）根据冲模在使用过程中的磨损规律，设计落料模时，凹模公称尺寸应取接近或等于

微课3

凸凹模刃口尺寸的确定（一）

零件的最小极限尺寸;设计冲孔模时,凸模公称尺寸则取接近或等于冲孔件孔的最大极限尺寸。这样,凸、凹模在磨损到一定程度时,仍能冲出合格的零件。

(3)选择模具刃口制造公差时,要考虑零件精度与模具精度的关系,既要保证零件的精度要求,又要保证合理间隙值。一般冲模精度比零件精度高3～4级。对于形状简单的圆形、方形刃口尺寸,其制造偏差值可按IT6或IT7级来选取,或查表1-15;对于形状复杂的刃口尺寸,其制造偏差值可按零件相应部位公差值的1/4来选取;对于磨损后无变化的刃口尺寸,其制造偏差值可取冲裁件相应部位公差值的1/8并加"±";若零件没有标注公差,则可按IT14级取值。

(4)零件尺寸公差与冲模刃口尺寸的制造偏差原则上都应按"入体"原则标注为单向公差。所谓"入体"原则是指标注零件尺寸公差时应向材料实体方向单向标注,即落料件上极限偏差为零,只标注下极限偏差;冲孔件下极限偏差为零,只标注上极限偏差。如果零件公差是按照双向偏差标注的,则应换算成单向标注。磨损后无变化的尺寸除外。

凹模(内表面)刃口尺寸的制造偏差取正值($+\delta_d$);凸模(外表面)刃口尺寸的制造偏差取负值($-\delta_p$);对于磨损后无变化的刃口尺寸,其制造偏差取双向偏差($+\delta_d$、$-\delta_p$)。

2. 凸、凹模刃口尺寸的计算方法

凸、凹模刃口尺寸的计算与加工方法有关,基本上可分为两类:

(1)凸、凹模分别加工

凸、凹模分别加工是指凸模与凹模分别按各自图样上标注的尺寸及其公差进行加工,冲裁间隙由凸、凹模刃口尺寸及其公差保证。这种方法要求分别计算出凸模和凹模的刃口尺寸及其公差,并标注在凸、凹模设计图样上。其优点是凸、凹模具有互换性,便于成批制造。目前,由于较高精度电火花线切割机床的大量应用,企业普遍采用分别加工法来确定模具的刃口尺寸。

微课4

凸凹模刃口尺寸的确定(二)

设落料外形尺寸为$D_{-\Delta}^{0}$,冲孔内形尺寸为$d_{0}^{+\Delta}$,根据刃口尺寸计算原则,可得:

①落料时

凹模磨损后变大的尺寸为

$$D_d = (D_{\max} - x\Delta)_{0}^{+\delta_d} \tag{1-2}$$

$$D_p = (D_d - Z_{\min})_{-\delta_p}^{0} = (D_{\max} - x\Delta - Z_{\min})_{-\delta_p}^{0} \tag{1-3}$$

凹模磨损后变小的尺寸为

$$D_d = (D_{\min} + x\Delta)_{-\delta_d}^{0} \tag{1-4}$$

$$D_p = (D_d + Z_{\min})_{0}^{+\delta_p} = (D_{\min} + x\Delta + Z_{\min})_{0}^{+\delta_p} \tag{1-5}$$

凹模磨损后不变的尺寸为

$$D_d = (D_{\min} \pm 0.5\Delta) \pm 0.5\delta_d \tag{1-6}$$

$$D_p = (D_d - Z_{\min}) \pm 0.5\delta_p = (D_{\min} \pm 0.5\Delta - Z_{\min}) \pm 0.5\delta_p \tag{1-7}$$

②冲孔时

参照落料时的计算公式计算。

③孔心距

当需一次冲出零件上孔距为$L \pm \Delta/2$的孔时,凹模型孔中心距L_d按下式确定:

$$L_d = L \pm \Delta/8 \tag{1-8}$$

式中　D_d、D_p——落料凹、凸模刃口尺寸,mm;

　　　D_{max}——落料件的最大极限尺寸,mm;

　　　D_{min}——落料件的最小极限尺寸,mm;

　　　Δ——冲裁件的制造公差,mm;

　　　Z_{min}——最小合理间隙,mm;

　　　δ_p、δ_d——凸、凹模制造公差,mm,按"入体"原则标注,即凸模按单向负偏差标注,凹模按单向正偏差标注。δ_p、δ_d可分别按 IT6 和 IT7 确定,也可查表 1-15,或取 $(1/6 \sim 1/4)\Delta$;

　　　x——磨损系数,其值在 0.5～1 范围内,它与冲裁件精度有关,可查表 1-16 或按下列关系选取:当冲裁件精度为 IT10 以上时,$x=1$;当冲裁件精度为 IT11～IT13 时,$x=0.75$;当冲裁件精度为 IT14 以下时,$x=0.5$;

　　　L、L_d——冲裁件孔心距和凹模孔心距的公称尺寸,mm。

表 1-15　　　　　规则形状(圆形、方形)件冲裁时凸、凹模的制造公差　　　　　　mm

公称尺寸	凸模偏差 δ_p	凹模偏差 δ_d	公称尺寸	凸模偏差 δ_p	凹模偏差 δ_d
＜18	0.020	0.020	180～260	0.030	0.045
18～30	0.020	0.025	260～360	0.035	0.050
30～80	0.020	0.030	360～500	0.040	0.060
80～120	0.025	0.035	＞500	0.050	0.070
120～180	0.030	0.040			

表 1-16　　　　　　　　　　　磨损系数 x

板料厚度 t/mm	非圆形冲裁件			圆形冲裁件	
	1	0.75	0.5	0.75	0.5
	冲裁件的制造公差 Δ/mm				
＜1	＜0.16	0.17～0.35	≥0.36	＜0.16	≥0.16
1～2	＜0.20	0.21～0.41	≥0.42	＜0.20	≥0.20
2～4	＜0.24	0.25～0.49	≥0.50	＜0.24	≥0.24
＞4	＜0.30	0.31～0.59	≥0.60	＜0.30	≥0.30

注:x 为磨损系数。

根据上述计算公式,可将冲裁件与凸、凹模刃口尺寸及其公差的分配状态用图 1-20 表示。

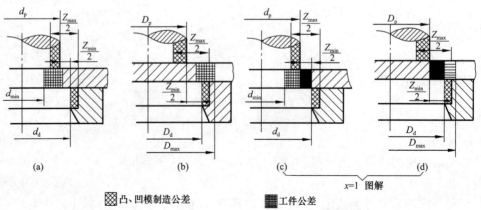

(a)　　　　　　　(b)　　　　　　　(c)　　　　　　　(d)

$x=1$ 图解

▨凸、凹模制造公差　　　　　■工件公差

图 1-20　凸、凹模刃口尺寸及其公差的分配状态

为了保证间隙值,凸、凹模制造公差必须满足下列条件:

$$\delta_p + \delta_d \leqslant Z_{max} - Z_{min} \tag{1-9}$$

当 $\delta_p + \delta_d > Z_{max} - Z_{min}$ 时,可以取 $\delta_p = 0.4(Z_{max} - Z_{min})$,$\delta_d = 0.6(Z_{max} - Z_{min})$;当 $\delta_p + \delta_d \gg Z_{max} - Z_{min}$ 时,可采用更高精度的线切割机床(慢丝),或应用后面介绍的凸、凹模配作方法。

例1-1

冲裁图1-21所示的衬垫零件,材料为 Q235 钢,板料厚度 $t = 1$ mm,试计算凸、凹模刃口尺寸及其公差。

解: 由图可知,该零件属于无特殊要求的一般冲孔、落料件,$\phi 36_{-0.62}^{\ 0}$ mm 由落料获得,$2 \times \phi 6_{0}^{+0.12}$ mm 及 (18 ± 0.09) mm 由冲孔同时获得。查表 1-14,$Z_{min} = 0.10$ mm,$Z_{max} = 0.14$ mm,则 $Z_{max} - Z_{min} = 0.14 - 0.10 = 0.04$ mm。

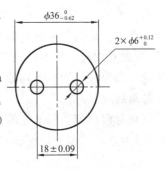

图 1-21　衬垫

① 落料($\phi 36_{-0.62}^{\ 0}$ mm)

$$D_d = (D_{max} - x\Delta)_{\ 0}^{+\delta_d}$$
$$D_p = (D_d - Z_{min})_{-\delta_p}^{\ 0}$$

查表 1-15、表 1-16 得,$\delta_d = 0.03$ mm,$\delta_p = 0.02$ mm,$x = 0.5$。

校核间隙:$\delta_p + \delta_d = 0.02 + 0.03 = 0.05$ mm $> Z_{max} - Z_{min} = 0.04$ mm,说明所取的凸、凹模制造公差不能满足 $\delta_p + \delta_d \leqslant Z_{max} - Z_{min}$ 的条件,但相差不大,故此时可做如下调整:

$$\delta_p = 0.4(Z_{max} - Z_{min}) = 0.4 \times 0.04 = 0.016 \text{ mm}$$
$$\delta_d = 0.6(Z_{max} - Z_{min}) = 0.6 \times 0.04 = 0.024 \text{ mm}$$

将已知和查表的数据代入公式,即得

$$D_d = (36 - 0.5 \times 0.62)_{\ 0}^{+0.024} = 35.69_{\ 0}^{+0.024} \text{ mm}$$
$$D_p = (35.69 - 0.10)_{-0.016}^{\ 0} = 35.59_{-0.016}^{\ 0} \text{ mm}$$

② 冲孔($2 \times \phi 6_{0}^{+0.12}$ mm)

$$d_p = (d_{min} + x\Delta)_{-\delta_p}^{\ 0}$$
$$d_d = (d_p + Z_{min})_{\ 0}^{+\delta_d}$$

查表 1-15、表 1-16 得,$\delta_d = 0.02$ mm,$\delta_p = 0.02$ mm,$x = 0.75$。

校核间隙:$\delta_p + \delta_d = 0.02 + 0.02 = 0.04$ mm $= Z_{max} - Z_{min}$,满足 $\delta_p + \delta_d \leqslant Z_{max} - Z_{min}$ 的条件。

将已知和查表的数据代入公式,即得

$$d_p = (6 + 0.75 \times 0.12)_{-0.02}^{\ 0} = 6.09_{-0.02}^{\ 0} \text{ mm}$$
$$d_d = (6.09 + 0.10)_{\ 0}^{+0.02} = 6.19_{\ 0}^{+0.02} \text{ mm}$$

③ 孔心距((18 ± 0.09) mm)

$$L_d = (L_{min} + 0.5\Delta) \pm \Delta/8 = (17.91 + 0.5 \times 0.18) \pm 0.18/8 = 18 \pm 0.023 \text{ mm}$$

（2）凸、凹模配合加工

凸、凹模配合加工就是先按尺寸和公差制造出凹模或凸模中的一件（一般落料先加工出凹模，冲孔先加工出凸模），然后以此为基准件，按最小合理间隙配作另一件。采用这种方法不仅容易保证冲裁间隙，还可以放大基准件的公差，不必检验 $\delta_p + \delta_d \leqslant Z_{max} - Z_{min}$，同时还能大大简化设计模具的绘图工作。设计时，基准件的刃口尺寸及其公差应详细标注，而另一非基准件上只标注公称尺寸，不标注公差，但要在图样上注明"凸（凹）模刃口按凹（凸）模实际刃口尺寸配作，保证最小双面合理间隙值 Z_{min}"。

由于复杂形状的零件各部分尺寸的性质不同，凸模和凹模的磨损情况也不同。关键问题是，首先要正确判断出模具刃口各个尺寸在磨损过程中是增大、减小还是不变，然后对基准件的刃口尺寸分别按不同的方法进行计算。具体计算方法如下：

①落料

落料时以凹模为基准件配作凸模。设落料件的形状与尺寸如图1-22（a）所示，图1-22（b）所示为落料凹模刃口轮廓，其中双点画线表示凹模磨损后尺寸的变化情况。

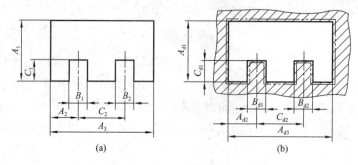

图1-22　落料件与落料凹模刃口轮廓

从图中可以看出，凹模磨损后刃口尺寸的变化有增大、减小和不变三种情况，故凹模刃口尺寸也应分三种情况进行计算：凹模磨损后变大的尺寸（如图1-22中的 A 类尺寸），按一般落料凹模尺寸公式计算；凹模磨损后变小的尺寸（如图1-22中的 B 类尺寸），因它在凹模上相当于冲孔凸模尺寸，故按一般冲孔凸模尺寸公式计算；凹模磨损后不变的尺寸（如图1-22中的 C 类尺寸），可按凹模型孔中心距尺寸公式计算，具体计算公式见表1-17。

表 1-17　　　　　　　　　　　以落料凹模为基准件的刃口尺寸计算

工序性质	落料件尺寸	落料凹模尺寸	落料凸模尺寸
落料	A 类尺寸：$A_{-\Delta}^{0}$	$A_d = (A_{max} - x\Delta)_{0}^{+\Delta/4}$	按凹模实际刃口尺寸配作，保证间隙在 $Z_{min} \sim Z_{max}$ 范围内
	B 类尺寸：$B_{0}^{+\Delta}$	$B_d = (B_{min} + x\Delta)_{-\Delta/4}^{0}$	
	C 类尺寸：$C \pm \Delta/2$	$C_d = (C_{min} + 0.5\Delta) \pm \Delta/8$	

注：A、B、C 为落料件的公称尺寸，A_d、B_d、C_d 为落料凹模刃口尺寸，A_{max}、B_{min}、C_{min} 为落料件的极限尺寸，Δ 为落料件的公差，x 为磨损系数。

②冲孔

冲孔时以凸模为基准件配作凹模。设冲孔件的形状与尺寸如图1-23（a）所示，图1-23（b）所示为冲孔凸模刃口轮廓，图中双点画线表示凸模磨损后尺寸的变化情况。

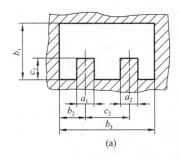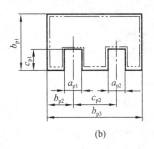

图 1-23　冲孔件与冲孔凸模刃口轮廓

从图中可以看出，冲孔凸模刃口尺寸的计算同样要考虑三种不同的磨损情况：凸模磨损后变大的尺寸（如图 1-23 中的 a 类尺寸），因它在凸模上相当于落料凹模尺寸，故按一般落料凹模尺寸公式计算；凸模磨损后变小的尺寸（如图 1-23 中的 b 类尺寸），按一般冲孔凸模尺寸公式计算；凸模磨损后不变的尺寸（如图 1-23 中的 c 类尺寸），仍按凹模型孔中心距尺寸公式计算。具体计算公式见表 1-18。

表 1-18　　　　　　　　　　　　　以冲孔凸模为基准件的刃口尺寸计算

工序性质	冲孔件尺寸	冲孔凸模尺寸	冲孔凹模尺寸
冲孔	a 类尺寸：$a_{-\Delta}^{0}$	$a_p = (a_{max} - x\Delta)_{0}^{+\Delta/4}$	按凸模实际刃口尺寸配作，保证间隙在 $Z_{min} \sim Z_{max}$ 范围内
	b 类尺寸：$b_{0}^{+\Delta}$	$b_p = (b_{min} + x\Delta)_{-\Delta/4}^{0}$	
	c 类尺寸：$c \pm \Delta/2$	$c_p = (c_{min} + 0.5\Delta) \pm \Delta/8$	

注：a、b、c 为冲孔件的公称尺寸，a_p、b_p、c_p 为冲孔凸模尺寸，a_{max}、b_{min}、c_{min} 为冲孔件的极限尺寸，Δ 为落料件的公差，x 为磨损系数。

当采用电火花加工冲模时，一般先采用成形磨削的方法加工凸模与电极，然后用尺寸与凸模相同或相近的电极（有的甚至直接用凸模作电极）在电火花机床上加工凹模。因此，机械加工的制造公差只适用于凸模，而凹模的尺寸精度主要取决于电极精度和电火花加工间隙的误差。所以，电火花加工实质上也是配作加工，且不论是冲孔还是落料，都以凸模作为基准件。这时，凸模的尺寸可以由前面的公式转换得到。

对于简单形状（圆形、方形）件：

冲孔时　　　　　　　　　　　$d_p = (d_{min} + x\Delta)_{-\Delta/4}^{0}$　　　　　　　　　　　　　　(1-10)

落料时　　　　　　　　　　　$D_p = (D_{max} - x\Delta - Z_{min})_{-\Delta/4}^{0}$　　　　　　　　　　(1-11)

对于复杂形状件：冲孔时凸模刃口尺寸仍按表 1-18 计算；落料时凸模刃口尺寸的计算按同样的原理，考虑凸模磨损后尺寸增大、减小和不变三种情况，同时应注意间隙的取向。

例1-2

　　如图 1-24(a)所示零件，其材料为 10 钢，板料厚度 $t = 2$ mm，按配作加工法计算落料凸、凹模的刃口尺寸及其公差。

　　解：由于该冲裁件为落料件，故以凹模为基准配作凸模。凹模磨损后其尺寸变化有增大、减小和不变三种情况，如图 1-24(b)所示。

　　①凹模磨损后变大的尺寸：$A_1(120_{-0.72}^{0}$ mm)、$A_2(70_{-0.6}^{0}$ mm)、$A_3(160_{-0.8}^{0}$ mm)、$A_4(R60$ mm)

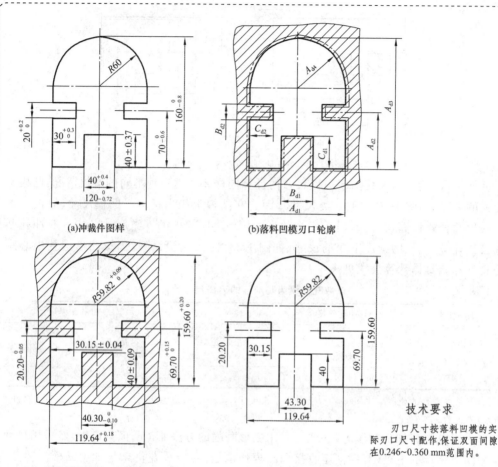

(a)冲裁件图样 　　　　　　　　　(b)落料凹模刃口轮廓

(c)落料凹模刃口尺寸标注 　　　　(d)落料凸模刃口尺寸标注

技术要求

刃口尺寸按落料凹模的实际刃口尺寸配作,保证双面间隙在0.246～0.360 mm范围内。

图 1-24　冲裁件与落料凹、凸模刃口尺寸

刃口尺寸计算公式为

$$A_d = (A_{max} - x\Delta)^{+\Delta/4}_{0}$$

因圆弧 $R60$ mm 与尺寸 $120^{0}_{-0.72}$ mm 相切,故 A_{d4} 不需要采用刃口尺寸计算,而直接取 $A_{d4} = A_{d1}/2$。查表 1-16 得 $x_1 = x_2 = x_3 = 0.5$,所以

$$A_{d1} = (120 - 0.5 \times 0.72)^{+0.72/4}_{0} = 119.64^{+0.18}_{0} \text{ mm}$$

$$A_{d2} = (70 - 0.5 \times 0.6)^{+0.6/4}_{0} = 69.70^{+0.15}_{0} \text{ mm}$$

$$A_{d3} = (160 - 0.5 \times 0.8)^{+0.8/4}_{0} = 159.60^{+0.20}_{0} \text{ mm}$$

$$A_{d4} = A_{d1}/2 = 119.64^{+0.18}_{0}/2 = 59.82^{+0.09}_{0} \text{ mm}$$

②凹模磨损后变小的尺寸:$B_1(40^{+0.4}_{0}$ mm)、$B_2(20^{+0.2}_{0}$ mm)

刃口尺寸计算公式为

$$B_d = (B_{min} + x\Delta)^{0}_{-\Delta/4}$$

查表 1-16 得 $x_1 = 0.75, x_2 = 1$,所以

$$B_{d1} = (40+0.75\times0.4)_{-0.4/4}^{0} = 40.30_{-0.10}^{0} \text{ mm}$$

$$B_{d2} = (20+1\times0.2)_{-0.2/4}^{0} = 20.20_{-0.05}^{0} \text{ mm}$$

③凹模磨损后不变的尺寸：$C_1((40\pm0.37) \text{ mm})$、$C_2(30_{0}^{+0.3} \text{ mm})$

刃口尺寸计算公式为

$$C_d = (C_{min}+0.5\Delta)\pm\Delta/8$$

故

$$C_{d1} = (39.63+0.5\times0.74)\pm0.74/8 = 40\pm0.09 \text{ mm}$$

$$C_{d2} = (30+0.5\times0.3)\pm0.3/8 = 30.15\pm0.04 \text{ mm}$$

查表 1-14 得 $Z_{min} = 0.246$ mm，$Z_{max} = 0.360$ mm，故落料凸模刃口尺寸按凹模实际刃口尺寸配作，保证双面间隙值在 0.246～0.360 mm 范围内。落料凹、凸模刃口尺寸的标注如图 1-24(c)、图 1-24(d)所示。

四、冲裁排样

1. 材料的合理利用

在冲压生产中，零件的材料费用占制造成本的 60% 以上，所以材料的经济利用是非常重要的问题。冲裁件在板料（条料或带料）上的布置方法称为冲裁工作的排样。排样是否合理，直接影响到材料利用率、冲裁件质量、生产率、冲模结构与寿命等。

材料利用率是衡量排样经济性的指标，它是冲裁件的实际面积 S_a 与冲裁零件所用板料面积 S（包括冲裁件的实际面积与废料面积）的百分比，即

$$\eta = (S_a/S)\times100\% \tag{1-12}$$

η 值越大，说明废料越少，材料利用率越高。

从式（1-12）可以看出，若要提高材料利用率，就要减小废料面积。冲裁时产生的废料分为工艺废料与结构废料两种，如图 1-25 所示。搭边和余量属于工艺废料，它取决于排样形式及冲压方式；结构废料是由零件本身的形状特点决定的，一般不能改变。

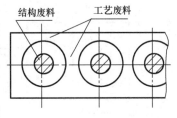

图 1-25　废料的分类

要提高材料利用率，主要应从减少工艺废料着手。合理地排样是减少工艺废料的主要手段。另外，在不影响设计要求的情况下，改善零件结构也可以减少结构废料。采用图 1-26(a)所示的排样方法，材料利用率仅为 50%；采用图 1-26(b)所示的排样方法，材料利用率仅为 60%；采用图 1-26(c)所示的排样方法，材料利用率可提高到 70%；当合理改善零件形状后，采用图 1-26(d)所示的排样方法，材料利用率可提高到 80% 以上。此外，利用废料做小零件的毛坯，也可以使材料利用率大大提高。

2. 排样方法

根据材料的利用情况，可将排样方法分为三种：

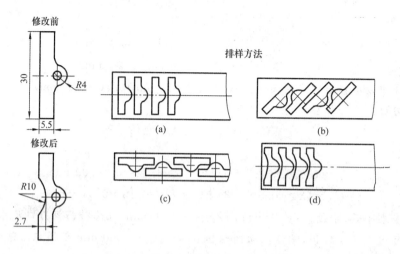

图 1-26　修改零件形状以提高材料利用率

（1）有废料排样

如图 1-27(a)所示，沿冲裁件的全部外形冲裁，冲裁件与冲裁件之间、冲裁件与条料侧边之间都有搭边废料。有废料排样的材料利用率低，冲裁件质量好，模具寿命长，用于冲裁形状复杂、尺寸精度要求较高的冲裁件。

（2）少废料排样

如图 1-27(b)所示，沿冲裁件的部分外形切断或冲裁，只在冲裁件与冲裁件之间或冲裁件与条料侧边之间留有搭边。这种排样方法的材料利用率较高，用于某些尺寸精度要求不高的冲裁件排样。

（3）无废料排样

如图 1-27(c)所示，冲裁件与冲裁件之间或冲裁件与条料侧边之间均无搭边废料，冲裁件与冲裁件之间沿直线或曲线的切断而分开。这种排样方法的材料利用率最高，但对冲裁件的结构形状有要求，设计冲裁件时应考虑这方面的工艺性。

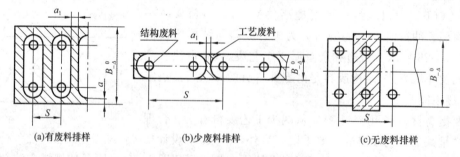

图 1-27　排样方法

采用少、无废料排样方法可以简化冲裁模结构，减小冲裁力。但是，因条料本身的公差以及条料导向与定位所产生的误差的影响，冲裁件公差等级较低。同时，由于模具单面受力（单边切断时），不但会加剧模具磨损、降低模具寿命，而且也会直接影响冲裁件的断面质量。为此，排样时必须统筹兼顾，全面考虑。

对有废料和少、无废料排样还可以进一步按冲裁件在条料上的布置方法加以分类，见表 1-19。

表 1-19　　　　　　　　　　　　　　　排样形式分类

排样形式	有废料排样		少、无废料排样	
	简图	应用	简图	应用
直排		用于具有简单几何形状（正方形、圆形、矩形）的冲裁件		用于矩形或正方形冲裁件
斜排		用于 T 形、L 形、S 形、十字形、椭圆形冲裁件		用于 L 形或其他形状的冲裁件，在外形上允许有少量缺陷
直对排		用于 T 形、Ⅱ 形、山形、梯形、三角形、半圆形冲裁件		用于 T 形、Ⅱ 形、山形、梯形、三角形冲裁件，在外形上允许有少量缺陷
斜对排		用于材料利用率比直对排时高的情况		多用于 T 形冲裁件
混合排		用于材料和厚度都相同的两种以上的冲裁件		用于两个外形互相嵌入的不同冲裁件（铰链等）
多排		用于大批量生产中尺寸不大的圆形、六角形、正方形、矩形冲裁件		用于大批量生产中尺寸不大的正方形、矩形、六角形冲裁件
冲裁搭边		用于大批量生产中小的窄冲裁件（表针及类似的冲裁件）或带料的连续拉深		用于以宽度均匀的条料或带料冲裁长形件

　　排样原则：保证在最低的材料消耗和最高的劳动生产率的条件下得到符合技术条件要求的零件，同时要考虑方便生产操作、冲模结构简单且寿命长以及车间生产条件和原材料供应情况等。

3. 搭边值的确定

　　排样时冲裁件与冲裁件之间以及冲裁件与条料侧边之间留下的余料叫搭边。搭边的作用是补偿定位误差，保持条料有一定的强度和刚度，便于送进，从而保证冲出合格的零件。搭边值要合理确定。从节省材料方面考虑，搭边值越小越好。但搭边值小于一定数值后，对模具寿命和剪切表面质量都不利。搭边值过小，作用在模具侧表面上的法向力沿着落料毛坯周长的分布不均匀，造成模具刃口磨损；同时在冲裁时，搭边被拉断，使零件产生毛刺，有时还会拉入凸模和凹模间隙中，损坏模具刃口，降低模具寿命。搭边值过大，材料利用率低。影响搭边值大小的因素如下：

（1）材料的机械性能：硬材料的搭边值可小些，软材料、脆性材料的搭边值要大些。

（2）板料厚度：厚板料的搭边值应取大些。

（3）零件的形状和尺寸：当零件的形状复杂、有尖突且尺寸大时，搭边值要取大些。

（4）送料及挡料方式：有侧压板导向的手工送料，其搭边值可以小些。

搭边值一般由经验确定，表 1-20 中的数值可供设计时参考。

表 1-20 　　　　　　　　　　　　　　　　　搭边参考值　　　　　　　　　　　　　　　　　　mm

板料厚度 t	圆形或圆角 $r > 2t$ 的工件		矩形件边长 $L < 50$		矩形件边长 $L \geqslant 50$ 或圆角 $r \leqslant 2t$	
	工件间 a_1	侧面 a	工件间 a_1	侧面 a	工件间 a_1	侧面 a
< 0.25	1.8	2.0	2.2	2.5	2.8	3.0
$0.25 \sim 0.5$	1.2	1.5	1.8	2.0	2.2	2.5
$0.5 \sim 0.8$	1.0	1.2	1.5	1.8	1.8	2.0
$0.8 \sim 1.2$	0.8	1.0	1.2	1.5	1.5	1.8
$1.2 \sim 1.6$	1.0	1.2	1.5	1.8	1.8	2.0
$1.6 \sim 2.0$	1.2	1.5	1.8	2.5	2.0	2.2
$2.0 \sim 2.5$	1.5	1.8	2.0	2.2	2.2	2.5
$2.5 \sim 3.0$	1.8	2.2	2.2	2.5	2.5	2.8
$3.0 \sim 3.5$	2.2	2.5	2.5	2.8	2.8	3.2
$3.5 \sim 4.0$	2.5	2.8	2.5	3.2	3.2	3.5
$4.0 \sim 5.0$	3.0	3.5	3.5	4.0	4.0	4.5
$5.0 \sim 12$	$0.6t$	$0.7t$	$0.7t$	$0.8t$	$0.8t$	$0.9t$

4. 条料宽度与导料板间距离的计算

条料宽度的确定原则：最小条料宽度要保证冲裁时零件周边有足够的搭边值；最大条料宽度要保证冲裁时能顺利地在导料板之间送进条料，且条料与导料板之间有一定的间隙。因此，在确定条料宽度时必须考虑模具的结构中是否采用了侧压装置和侧刃，应根据不同结构分别进行计算。

（1）导料板之间有侧压装置（图 1-28(a)）或用手将条料紧贴单边导料板（或两个单边导料销）时，可按下式计算：

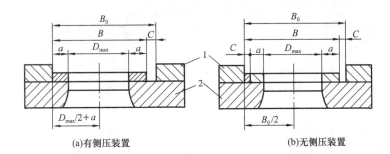

(a)有侧压装置   (b)无侧压装置

图 1-28 条料宽度的确定
1—导料板；2—凹模

条料宽度为

$$B_{-\Delta}^{\ 0}=(D_{\max}+2a)_{-\Delta}^{\ 0} \tag{1-13}$$

导料板间的距离为

$$B_0=B+C=D_{\max}+2a+C \tag{1-14}$$

（2）条料在无侧压装置的导料板之间送进时（图1-28(b)），可按下式计算：

条料宽度为

$$B_{-\Delta}^{\ 0}=(D_{\max}+2a+C)_{-\Delta}^{\ 0} \tag{1-15}$$

导料板间的距离为

$$B_0=B+C=D_{\max}+2a+2C \tag{1-16}$$

式中　$D_{\max}$——冲裁件垂直于送料方向的最大尺寸，mm；

　　　a——侧搭边值，mm，可参考表1-20选取；

　　　Δ——条料宽度的单向（负向）偏差，mm，见表1-21、表1-22；

　　　C——导料板与条料之间的最小间隙，mm，见表1-23。

表 1-21　　　　　　　　　　普通剪切条料宽度偏差 Δ　　　　　　　　　　mm

条料宽度 B	条料宽度偏差 Δ			
	$t<1$	$t=1\sim2$	$t=2\sim3$	$t=3\sim5$
<50	0.4	0.5	0.7	0.9
50~100	0.5	0.6	0.8	1.0
100~150	0.6	0.7	0.9	1.1
150~220	0.7	0.8	1.0	1.2
220~300	0.8	0.9	1.1	1.3

注：t 为条料厚度。

表 1-22　　　　　　　　　　滚剪条料宽度偏差 Δ　　　　　　　　　　mm

条料宽度 B	条料宽度偏差 Δ		
	$t<0.5$	$t=0.5\sim1$	$t=1\sim2$
<20	0.05	0.08	0.10
20~30	0.08	0.10	0.15
30~50	0.10	0.15	0.20

注：t 为条料厚度。

表 1-23　　　　　　　　导料板与条料之间的最小间隙 *C*　　　　　　　　mm

条料厚度 *t*	导料板与条料之间的最小间隙 *C*				
	无侧压装置			有侧压装置	
	$B<100$	$B=100\sim200$	$B=200\sim300$	$B<100$	$B\geqslant100$
<0.5	0.5	0.5	1	5	8
$0.5\sim1$	0.5	0.5	1	5	8
$1\sim2$	0.5	1	1	5	8
$2\sim3$	0.5	1	1	5	8
$3\sim4$	0.5	1	1	5	8
$4\sim5$	0.5	1	1	5	8

注：*B* 为条料宽度。

（3）当用侧刃定距时（图 1-29），可按下式计算：

条料宽度为

$$B_{-\Delta}^{\ 0}=(D_{max}+2a+nb_1)_{-\Delta}^{\ \ 0} \tag{1-17}$$

式中　　*n*——侧刃数；

*b*₁ —— b_1——侧刃冲切的料边宽度，mm，见表 1-24。

其余符号含义同前。

导料板间的距离为

$$B'=B+C=D_{max}+2a+nb_1+C \tag{1-18}$$

$$B_1'=B_1+y-D_{max}+2a+y \tag{1-19}$$

式中，*y* 为冲切后条料与导料板间的间隙，mm，见表 1-24。

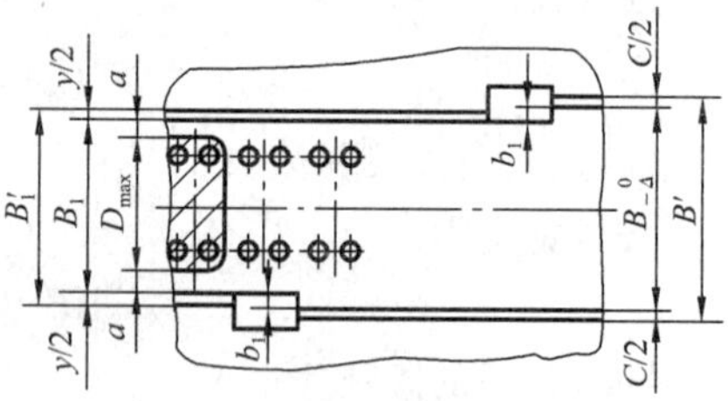

图 1-29　有侧刃时的条料宽度

表 1-24　　　　　　　　　b_1、*y* 值　　　　　　　　mm

条料厚度 *t*	b_1		*y*
	金属材料	非金属材料	
<1.5	1.5	2	0.10
$1.5\sim2.5$	2.0	3	0.15
$2.5\sim3$	2.5	4	0.20

5. 排样图的画法

在确定条料宽度之后，还要选择条料规格，并确定裁板方法（纵向裁剪或横向裁剪）。值得注意的是，在选择条料规格和确定裁板方法时，还应综合考虑材料利用率、纤维方向（对弯曲件）、操作是否方便和材料供应情况等。在条料长度确定后，就可以绘出排样图。如图 1-30 所示，一张完整的排样图应标注条料宽度 $B_{-\Delta}^{\ 0}$、条料长度 *L*、条料厚度 *t*、端距 *l*、步距 *S*、工件间搭边 a_1 和侧搭边 *a*。

排样图应绘制在冲压工艺规程卡片上和冲裁模装配图的右上角。

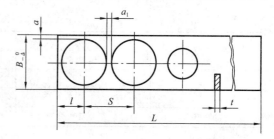

图 1-30　排样图

五、冲压力和压力中心的计算

冲压力是使材料在冲裁工序中完成分离所必需的作用力和其他附加力的总称,它包括冲裁力、卸料力、推件力和顶件力。计算冲压力的目的是为合理地选用压力机和设计模具提供重要依据。

1. 冲裁力的计算

冲裁力的大小主要与材料的性质、材料厚度和零件的展开长度有关。用平刃冲裁模冲裁时,其冲裁力可按下式计算:

$$F=KLt\tau_0 \tag{1-20}$$

式中　F——冲裁力,N;

　　　K——系数,是考虑到模具刃口磨损、间隙不均匀、材料机械性能及厚度的波动等实际因素而给出的修正系数,一般取 $K=1.3$;

　　　L——冲裁件的周长,mm;

　　　t——材料厚度,mm;

　　　τ_0——材料的抗剪强度,MPa。

有时为了计算方便,也可用下式计算冲裁力:

$$F=Lt\sigma_b \tag{1-21}$$

式中:σ_b 为材料的抗拉强度,MPa;其余符号含义同前。

2. 卸料力、推件力和顶件力的计算

由于冲裁时材料的弹性变形及摩擦的存在,当冲裁工作结束时,冲制的零件及废料将发生弹性回复,使带孔部分的板料紧箍在凸模上,而冲下部分的板料则紧卡在凹模洞口中。为了继续冲裁,必须将箍在凸模上的板料卸下,将卡在凹模内的板料推出。将紧箍在凸模上的板料卸下所需的力称为卸料力,将卡在凹模内的板料推出所需的力称为推件力,将卡在凹模内的板料逆着冲裁力方向顶出所需的力称为顶件力,如图1-31所示。

影响卸料力、推件力和顶件力的因素很多,主要有材料的机械性能、板料厚度、冲裁间隙、零件结构形状和尺寸以及润滑情况等。

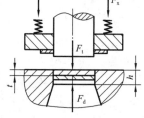

图1-31　卸料力、推件力和顶件力

在生产中,都采用简单的经验公式来计算:

$$F_x=K_xF \tag{1-22}$$

$$F_t=nK_tF \tag{1-23}$$

$$F_d=K_dF \tag{1-24}$$

式中　F_x、F_t、F_d——卸料力、推件力、顶件力,N;

　　　K_x、K_t、K_d——卸料力系数、推件力系数、顶件力系数,其值见表1-25。

　　　n——同时卡在凹模洞口内的条料件数,$n=h/t$,h 为凹模刃口直壁高度,t 为条料厚度。

　　　F——冲裁力,N。

表 1-25 K_x、K_t、K_d 值

材料		K_x	K_t	K_d
钢	$t \leqslant 0.1$ mm	0.06~0.09	0.1	0.14
	$t = 0.1 \sim 0.5$ mm	0.04~0.07	0.065	0.08
	$t = 0.5 \sim 2.5$ mm	0.025~0.06	0.05	0.06
	$t = 2.5 \sim 6.5$ mm	0.02~0.05	0.045	0.05
	$t > 6.5$ mm	0.015~0.04	0.025	0.03
铝、铝合金		0.03~0.08	0.03~0.07	
紫铜、黄铜		0.02~0.06	0.03~0.09	

注：①K_x 在冲多孔、大搭边和复杂轮廓时取上限值。
　　②t 为条料厚度。

3. 压力机公称压力的确定

在选择压力机吨位时，需根据模具结构分别计算冲压力。

采用刚性卸料装置和下出料方式时的冲压力为

$$F_z = F + F_t \tag{1-25}$$

采用弹性卸料装置和上出料方式时的冲压力为

$$F_z = F + F_x + F_d \tag{1-26}$$

采用弹性卸料装置和下出料方式时的冲压力为

$$F_z = F + F_x + F_t \tag{1-27}$$

根据冲压力选择压力机时，一般应使所选压力机的吨位大于计算所得的值。

例1-3

计算图 1-32 所示零件冲孔所需的冲压力。材料为 Q235，条料厚度为 4 mm，抗拉强度为 450 MPa，凹模刃口直壁高度为 8 mm。为保证零件平整，采用弹性卸料装置，下出料方式。

解：(1)冲裁力

$F = Lt\sigma_b$

$\quad = (2 \times 80 + 2 \times 3.14 \times 15) \times 4 \times 450$

$\quad = 457\ 560$ N

(2)卸料力

由表 1-25 查得 $K_x = 0.04$，则

$$F_x = K_x F = 0.04 \times 457\ 560 = 18\ 302 \text{ N}$$

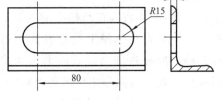

图 1-32　冲长孔零件

(3)推件力

条料件数 $n = h/t = 8/4 = 2$，查表 1-25 取 $K_t = 0.045$，则

$$F_t = nK_t F = 2 \times 0.045 \times 457\ 560 = 41\ 180 \text{ N}$$

(4)冲压力

$$F_z = F + F_x + F_t = 457\ 560 + 18\ 302 + 41\ 180 = 5.17 \times 10^5 \text{ N}$$

4. 降低冲裁力的方法

在冲裁高强度材料或厚料以及大尺寸冲裁件时，需要的冲裁力很大。当生产现场没有足够吨位的压力机时，为了不影响生产，可采取一些有效措施降低冲裁力，以充分利用现有设备。同时，降低冲裁力还可以减小冲击、振动和噪声，对改善冲压环境也有积极意义。

目前,降低冲裁力的方法主要有以下几种:

(1)采用阶梯凸模冲裁

在多凸模的冲模中,将凸模设计成不同长度,使工作端面呈阶梯形布置(图1-33),这样各凸模冲裁力的最大值不同时出现,从而达到降低总冲裁力的目的。阶梯凸模不仅能降低冲裁力,在直径相差悬殊、彼此距离又较小的多孔冲裁中,还可以避免小直径凸模因受材料流动挤压的作用而产生倾斜或折断现象。这时,一般将小直径凸模做短一些。此外,各层凸模的布置要尽量对称,使模具受力平衡。

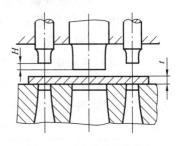

图1-33 采用阶梯凸模冲裁

阶梯凸模间的高度差 H 与板料厚度 t 有关:$t \leqslant 3$ mm时,$H=t$;$t>3$ mm 时,$H=0.5t$。

阶梯凸模冲裁的冲裁力一般只按产生最大冲裁力的那一层阶梯进行计算。

(2)采用斜刃口模具冲裁

一般在使用平刃口模具冲裁时,因整个刃口面同时切入板料,切断是沿冲裁件周边同时产生的,故所需的冲裁力较大。采用斜刃口模具冲裁,就是将冲模的凸模或凹模制成与轴线倾斜一定角度的斜刃口,这样冲裁时整个刃口不是全部同时切入,而是逐步将板料切断,因而能显著降低冲裁力。

斜刃口的配置形式如图1-34所示。因采用斜刃口模具冲裁会使板料产生弯曲,故斜刃口配置的原则是必须保证冲裁件平整,只允许废料产生弯曲变形。为此,落料时凸模应为平刃口,将凹模做成斜刃口(图1-34(a)、图1-34(b));冲孔时凹模应为平刃口,将凸模做成斜刃口(图1-34(c)~图1-34(e))。斜刃口还应对称布置,以免冲裁时模具承受单向侧压力而发生偏移,啃伤刃口。向一边倾斜的单边斜刃口冲模,只能用于切口(图1-34(f))或切断。

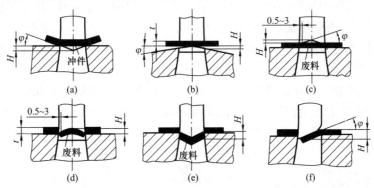

图1-34 斜刃口的配置形式

斜刃口的主要参数是斜刃角 φ 和斜刃高度 H。斜刃角 φ 越大越省力,但过大的斜刃角会降低刃口强度,并使刃口易于磨损,从而降低使用寿命。斜刃角也不能过小,过小的斜刃角起不到减力作用。斜刃高度也不宜过大或过小,过大的斜刃高度会使凸模进入凹模太深,加快刃口的磨损,而过小的斜刃高度则起不到减力作用。一般情况下,斜刃角 φ 和斜刃高度 H 可参考下列数值选取:

板料厚度 $t<3$ mm 时,$H=2t$,$\varphi<5°$;板料厚度 $t=3\sim10$ mm 时,$H=t$,$\varphi<8°$。

斜刃口冲裁时的冲裁力可按下面简化公式计算:

$$F=K'Lt\tau_b$$

(1-28)

式中，K'为减力系数。$H=t$时，$K'=0.4\sim0.6$；$H=2t$时，$K'=0.2\sim0.4$。

斜刃口冲裁的主要缺点是刃口制造与刃磨比较复杂，刃口容易磨损，冲裁件也不够平整且省力不省功，因此一般情况下尽量不用，只用于大型、厚板冲裁件（如汽车覆盖件等）的冲裁。

（3）采用加热冲裁

金属材料在加热状态下的抗剪强度会显著降低，因此采用加热冲裁能降低冲裁力。表1-26列出了部分钢在加热状态时的抗剪强度。从表中可以看出，当钢加热至 900 ℃时，其抗剪强度最低，冲裁最为有利，所以一般加热冲裁是在把钢加热到 800~900 ℃时进行。

表 1-26　　　　　　　　　　钢在加热状态下的抗剪强度 τ_b　　　　　　　　　　MPa

材料	钢在加热状态下的抗剪强度 τ_b					
	加热温度/℃					
	200	500	600	700	800	900
Q195、Q215、10、15	360	320	200	110	60	30
Q235、Q255、20、25	450	450	240	130	90	60
Q275、30、35	530	520	330	160	90	70
40、45、50	600	580	380	190	90	70

采用加热冲裁时，板料不能过长，搭边应适当放大，同时模具间隙应适当减小，凸、凹模应选用耐热材料，计算刃口尺寸时要考虑冲裁件的冷却收缩，模具受热部分不能设置橡皮等。由于加热冲裁工艺复杂，冲裁件精度也不高，所以只用于厚板或表面质量与精度要求不高的冲裁件。

加热冲裁的冲裁力按平刃口冲裁力公式计算，材料的抗剪强度 τ_b 根据冲裁温度（一般比加热温度低 150~200 ℃）按表 1-26 查取。

5. 压力中心的计算

冲压力合力的作用点称为压力中心。为了保证压力机和冲模正常、平稳地工作，必须使冲模的压力中心与压力机滑块中心重合。对于带模柄的中小型冲模，就是要使其压力中心与模柄轴心线重合，否则冲裁过程中压力机滑块和冲模将会承受偏心载荷，使滑块导轨和冲模导向部分产生不正常磨损，合理间隙得不到保证，刃口迅速变钝，从而降低冲压件质量和模具寿命，甚至损坏模具。因此，设计冲模时，应正确计算出冲裁时的压力中心，并使压力中心与模柄轴心线重合。若冲裁件的形状特殊，从模具结构方面考虑不宜使压力中心与模柄轴心线重合，则应注意尽量使压力中心的偏离不超出所选压力机模柄孔投影面积的范围。

压力中心的确定有解析法、计算机造型法、悬挂法和图解法等，这里主要介绍解析法和计算机造型法。

（1）解析法

① 单凸模冲裁时的压力中心

对于形状简单或对称的冲裁件，其压力中心即位于冲裁件轮廓图形的几何中心。冲裁直线段时，其压力中心位于直线段的中点。冲裁圆弧段时，其压力中心的位置按下式计算：

$$x_0=R\frac{180°\sin\alpha}{\pi\alpha}=R\frac{b}{l} \tag{1-29}$$

式中，l 为弧长，其余符号的含义如图 1-35 所示。

对于形状复杂的冲裁件，可先将组成图形的轮廓线划分为若干条简单的直线段和圆弧段，分别计算其冲裁力，这些即分力，由各

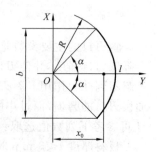

图 1-35　圆弧段的压力中心

分力再算出合力;然后任意选定直角坐标系 XOY,并算出各线段的压力中心至 X 轴和 Y 轴的距离;最后根据"合力对某轴之矩等于各分力对同轴力矩之和"的力学原理,即可求出压力中心的坐标。

如图 1-36 所示,设图形轮廓各线段(包括直线段和圆弧段)的冲裁力为 F_1、F_2、F_3……F_n,各线段的压力中心至坐标轴的距离分别为 x_1、x_2、x_3……x_n 和 y_1、y_2、y_3……y_n,则压力中心坐标的计算公式为

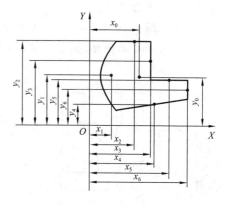

图 1-36　复杂冲裁件的压力中心

$$x_0 = \frac{F_1 x_1 + F_2 x_2 + F_3 x_3 + \cdots + F_n x_n}{F_1 + F_2 + F_3 + \cdots + F_n} = \frac{\sum_{i=1}^{n} F_i x_i}{\sum_{i=1}^{n} F_i}$$

$$y_0 = \frac{F_1 y_1 + F_2 y_2 + F_3 y_3 + \cdots + F_n y_n}{F_1 + F_2 + F_3 + \cdots + F_n} = \frac{\sum_{i=1}^{n} F_i y_i}{\sum_{i=1}^{n} F_i}$$

$$(1-30)$$

由于线段的冲裁力与线段的长度成正比,所以可以用各线段的长度 L_1、L_2、L_3……L_n 代替各线段的冲裁力 F_1、F_2、F_3……F_n,这时压力中心坐标的计算公式为

$$x_0 = \frac{L_1 x_1 + L_2 x_2 + L_3 x_3 + \cdots + L_n x_n}{L_1 + L_2 + L_3 + \cdots + L_n} = \frac{\sum_{i=1}^{n} L_i x_i}{\sum_{i=1}^{n} L_i}$$

$$(1-31)$$

$$y_0 = \frac{L_1 y_1 + L_2 y_2 + L_3 y_3 + \cdots + L_n y_n}{L_1 + L_2 + L_3 + \cdots + L_n} = \frac{\sum_{i=1}^{n} L_i y_i}{\sum_{i=1}^{n} L_i}$$

②多凸模冲裁时的压力中心

多凸模冲裁时压力中心的计算原理与单凸模冲裁时基本相同,其具体计算步骤如下(见图 1-37):

●选定直角坐标系 XOY。

●按前述单凸模冲裁时压力中心的计算方法,计算出各单一图形的压力中心到坐标轴的距离 x_1、x_2、x_3……x_n 和 y_1、y_2、y_3……y_n。

●计算各单一图形轮廓的周长 L_1、L_2、L_3……L_n。

●将计算数据分别代入式(1-29),即可求得压力中心的坐标 (x_0, y_0)。

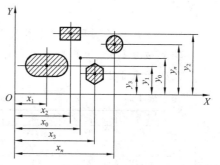

图 1-37　多凸模冲裁时压力中心的计算

例1-4

图 1-38(a)所示冲裁件采用级进冲裁,排样图如图 1-38(b)所示,试计算冲裁时的压力中心。

解:①根据排样图画出全部冲裁轮廓图,并建立直角坐标系,标出各冲裁图形压力中心的坐标,如图 1-38(c)所示。

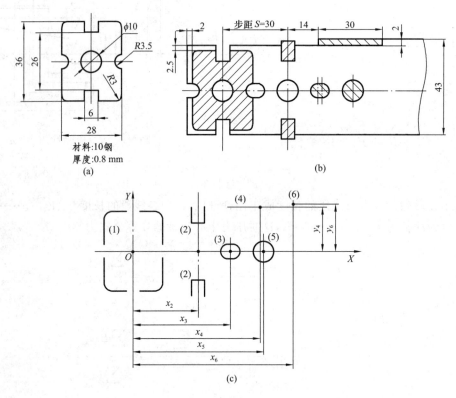

图 1-38 压力中心计算示例

②计算各图形的冲裁长度及压力中心坐标。虽然落料与冲上、下缺口的图形轮廓被分割开,但其整体仍是对称图形,故可分别合并成单凸模进行计算。计算结果列于表 1-27 中。

表 1-27 各图形的冲裁长度和压力中心坐标

序号	L_i	x_i	y_i	序号	L_i	x_i	y_i
1	97	0	0	4	30	59	20.5
2	32	30	0	5	31.4	60	0
3	26	45	0	6	2	74	21.5

将表 1-27 中的数据代入式(1-29)中,得

$$x_0 = \frac{97 \times 0 + 32 \times 30 + 26 \times 45 + 30 \times 59 + 31.4 \times 60 + 2 \times 74}{97 + 32 + 26 + 30 + 31.4 + 2} = 27.2 \text{ mm}$$

$$y_0 = \frac{97 \times 0 + 32 \times 0 + 26 \times 0 + 30 \times 20.5 + 31.4 \times 0 + 2 \times 21.5}{97 + 32 + 26 + 30 + 31.4 + 2} = 3.0 \text{ mm}$$

（2）计算机造型法

借助于计算机三维造型软件（如 Pro/ENGINEER、UG 软件），可方便地求出冲裁件的压力中心。具体做法：将冲裁件的轮廓做成截面积很小的实体，然后利用软件的重心查询功能得到重心的坐标，也就是冲裁件的压力中心坐标。

练习

1. 解释下列名词：

落料 冲孔 冲裁间隙 排样 搭边 冲裁力 压力中心

2. 问答下列问题：

（1）叙述冲裁过程。

（2）板料冲裁时，其断面有哪些特征？影响冲裁件断面质量的因素有哪些？

（3）确定冲裁凸、凹模刃口尺寸的基本原则是什么？

（4）什么叫排样图？排样图对冲模结构设计有何意义？

（5）什么叫冲裁力？冲裁力的大小与哪些因素有关？

（6）什么是压力中心？设计冲模时确定压力中心有何意义？

3. 根据图 1-2 所示铁芯冲裁件零件图以及已确定的模具总体结构方案，计算该模具的冲裁间隙、刃口尺寸、冲压力、卸料力、压力中心、弹性元件尺寸等并设计排样图。

任务三 冲压设备的选用

学习目标

（1）能计算压力机的公称压力。

（2）能合理选择冲压设备。

工作任务

1. 教师演示任务

根据图 1-1 所示的冲裁件零件图以及已确定的模具总体结构方案和工艺计算，为本模具选择合理的冲压设备。

2. 学生训练任务

根据图 1-2 所示的冲裁件零件图以及已确定的模具总体结构方案和工艺计算，为本模具选择合理的冲压设备。

相关实践知识

在任务二中,已计算出冲压力为 8 167.4 N。因模具采用下出料方式,压力机的公称压力必须大于冲压力,且常用的最小机械压力机的规格为 6.3 t,因此选用 J23-6.3 型压力机（图 1-39、图 1-40）。

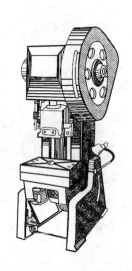

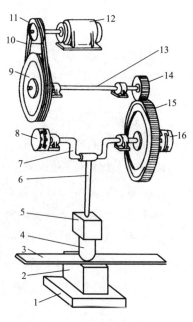

图 1-39　J23-6.3 型压力机外形

图 1-40　J23-6.3 型压力机的工作原理

1—机架;2—凹模;3—坯料;4—凸模;5—滑块;6—连杆;7—曲轴;
8—制动器;9—大带轮;10—V 带;11—小带轮;12—电动机;
13—传动轴;14—小齿轮;15—大齿轮;16—离合器

J23-6.3 型压力机的主要技术参数如下:

公称压力	63 kN
达到公称压力时滑块离下止点的距离	3.5 mm
滑块行程	50 mm
行程次数	160 次/min
最大闭合高度(固定式和可倾式)	170 mm
闭合高度调节量	40 mm
滑块中心到床身的距离	110 mm
工作台尺寸(左右)	315 mm
工作台尺寸(前后)	200 mm
工作台孔尺寸(左右)	150 mm
工作台孔尺寸(前后)	70 mm
工作台孔尺寸(直径)	ϕ110 mm

立柱间距离	150 mm
模柄孔尺寸(直径×深度)	ϕ30 mm×50 mm
工作台垫板厚度	40 mm
倾斜角(可倾式工作台压力机)	30°

相关理论知识

一、冲压力和压力中心的计算

相关内容见任务二。

二、冲压设备及其选用

1. 常见冲压设备

冲压设备属于锻压机械。常见冲压设备有机械压力机(以 J××表示其型号)和液压机(以 Y××表示其型号)。机械压力机按驱动滑块机构的种类可分为曲柄式和摩擦式,按滑块个数可分为单动式和双动式,按床身结构形式可分为开式(C 型床身)和闭式(Ⅱ型床身),按自动化程度可分为普通压力机和高速压力机等。而液压机按工作介质可分为油压机和水压机。常用冲压设备的工作原理和特点见表 1-28。

表 1-28 常用冲压设备的工作原理和特点

类型	设备名称	工作原理	特点
机械压力机	曲柄压力机	利用曲柄连杆机构进行工作,电动机通过带轮及齿轮带动曲轴传动,经连杆使滑块做直线往复运动。曲柄压力机分为偏心压力机和曲轴压力机,二者的主要区别在于主轴,前者的主轴是偏心轴,后者的主轴是曲轴。偏心压力机一般是开式压力机,而曲轴压力机有开式和闭式之分	生产率高,适用于各类冷冲压加工
	高速冲床	工作原理与曲柄压力机相同,但刚度、精度、行程次数都比较高,一般带有自动送料装置、安全检测装置等辅助装置	生产率很高,适用于大批量生产,模具一般采用多工位级进模
液压机	油压机、水压机	利用帕斯卡原理,以水或油为工作介质,采用静压力传递进行工作,使滑块上、下往复运动	压力大,而且是静压力,但生产率低,适用于拉深、挤压等成形工序

2. 冲压设备的选用

压力机应根据冲压工序的性质、生产批量的大小、模具的外形尺寸以及现有设备等情况进行选择。压力机的选用包括选择压力机类型和压力机规格两项内容。

(1)压力机类型的选择

①中小型冲裁件选用开式机械压力机。

②大中型冲裁件选用双柱闭式机械压力机。

③导板模或要求导套不离开导柱的模具选用偏心压力机。

④大量生产的冲裁件选用高速压力机或多工位自动压力机。

⑤校平、整形和温热挤压工序选用摩擦压力机。

⑥薄板冲裁、精密冲裁选用刚度高的精密压力机。

⑦形状复杂的大型拉深件选用双动或三动压力机。

⑧小批量生产的大型厚板件的成形工序多采用液压机。

（2）压力机规格的选择

①公称压力

压力机滑块下滑过程中的冲击力就是压力机的压力。压力的大小随滑块下滑的位置不同，也就是随曲柄旋转的角度不同而不同，如图 1-41 中的曲线 1 所示。我国规定滑块下滑到距下止点某一特定的距离 S（此距离称为公称压力行程，压力机不同，此距离也不同，如 JC23-40 规定为 7 mm，JA31-400 规定为 13 mm，一般为滑块行程的 5%～7%）或曲柄旋转到距下止点某一特定的角度 α（此角度称为公称压力角，压力机不同，公称压力角也不同）时，所产生的冲击力称为压力机的公称压力。公称压力的大小表示压力机本身能够承受冲击的大小，压力机的强度和刚性就是按公称压力进行设计的。

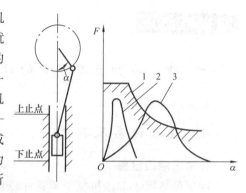

图 1-41　压力机的许用压力曲线
1—压力机许用压力曲线；2—冲裁工艺中的冲裁力实际变化曲线；3—拉深工艺中的拉深力实际变化曲线

冲压工序中冲压力的大小是随凸模（或压力机滑块）行程而变化的。图 1-41 中的曲线 2、3 分别表示冲裁、拉深的实际冲压力曲线。从图中可以看出，两种实际冲压力曲线不同步，与压力机许用压力曲线也不同步。在冲压过程中，凸模在任何位置所需的冲压力应小于压力机在该位置所产生的冲压力。图中，最大拉深力虽然小于压力机的最大公称压力，但大于曲柄旋转到最大拉深力位置时压力机所产生的冲压力，也就是拉深冲压力曲线不在压力机许用压力曲线范围内，故应选用比图中曲线 1 所示压力更大吨位的压力机。因此为保证冲压力足够，一般冲裁、弯曲时压力机的吨位应比计算出的冲压力大 30% 左右，拉深时压力机的吨位应比计算出的拉深力大 60%～100%。

②滑块行程长度

滑块行程长度是指曲柄旋转两周滑块所移动的距离，其值为曲柄半径的 2 倍。选择压力机时，滑块行程长度应保证毛坯能顺利地放入模具中，冲裁件能顺利地从模具中取出。特别是成形拉深件和弯曲件，应使滑块行程长度大于制件高度的 2.5～3.0 倍。

③行程次数

行程次数即滑块每分钟冲击的次数，应根据材料的变形要求和生产率来考虑。

④工作台面尺寸

工作台面的长、宽尺寸应大于模具下模座尺寸，并每边留出 60～100 mm，以便于安装固定模具用的螺栓、垫铁和压板。当制件或废料需下落时，工作台面孔尺寸必须大于下落件尺寸。对于有弹顶装置的模具，工作台面孔尺寸还应大于弹顶装置的外形尺寸。

⑤滑块模柄孔尺寸

模柄孔直径要与模柄直径相符，模柄孔的深度应大于模柄的长度。

⑥闭合高度

压力机的闭合高度是指滑块在下止点时，滑块底面到工作台上平面（即垫板下平面）之间的距离。

　　压力机的闭合高度可通过调节连杆长度在一定范围内变化。当连杆调至最短(对偏心压力机的行程应调到最小)时,滑块底面到工作台上平面之间的距离为压力机的最大闭合高度;当连杆调至最长(对偏心压力机的行程应调到最大)时,滑块处于下止点,滑块底面到工作台上平面之间的距离为压力机的最小闭合高度。

　　压力机的装模高度指压力机的闭合高度减去垫板厚度的差值。没有垫板的压力机,其装模高度等于压力机的闭合高度。

　　模具的闭合高度指冲模在最低工作位置时,上模座上平面至下模座下平面之间的距离。

　　模具的闭合高度与压力机的装模高度之间的关系如图1-42所示。

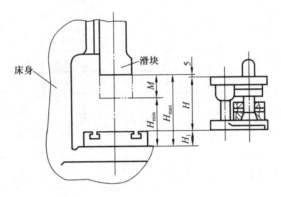

图1-42　模具的闭合高度与压力机的装模高度之间的关系

　　理论上为

$$H_{min} - H_1 \leqslant H \leqslant H_{max} - H_1 \tag{1-32}$$

　　也可写成

$$H_{min} - M - H_1 \leqslant H \leqslant H_{max} - H_1$$

式中　H——模具的闭合高度,mm;

　　　H_{min}——压力机的最小闭合高度,mm;

　　　H_{max}——压力机的最大闭合高度,mm;

　　　H_1——垫板厚度,mm;

　　　M——连杆调节量,mm;

　　　$H_{min} - H_1$——压力机的最小装模高度,mm;

　　　$H_{max} - H_1$——压力机的最大装模高度,mm。

　　由于缩短连杆对其刚度有利,同时在修模后,模具的闭合高度可能要减小,因此一般模具的闭合高度接近于压力机的最大装模高度。所以在实际应用上为

$$H_{min} - H_1 + 10 \leqslant H \leqslant H_{max} - H_1 - 5$$

　　⑦电动机功率

　　必须保证压力机的电动机功率大于冲压时所需要的功率。

　　常用压力机的技术参数可查阅有关手册,表1-29列出了开式可倾机械压力机的主要结构参数。

表 1-29　　　　　　　　　　　开式可倾机械压力机的主要结构参数

			公称压力/kN	63	160	400	630	1 000	1 600	2 000	2 500	3 150
达到公称压力时滑块离下止点的距离/mm				3.5	5	7	8	10	12	12	13	13
滑块行程/(次·mm⁻¹)				50	70	100	120	140	160	160	200	200
行程次数				160	115	80	70	60	40	40	30	30
最大闭合高度/mm	固定式和可倾式			170	220	300	360	400	450	450	500	500
	活动台位置	最低		—	300	400	460	500	—	—	—	—
		最高		—	160	200	220	260	—	—	—	—
闭合高度调节量/mm				40	60	80	90	110	130	130	150	150
滑块中心到床身的距离/mm				110	160	220	260	320	380	380	425	425
工作台尺寸/mm	左右			315	450	630	710	900	1 120	1 120	1 250	1 250
	前后			200	300	420	480	600	710	710	800	800
工作台孔尺寸/mm	左右			150	220	300	340	420	530	530	650	650
	前后			70	110	150	180	230	300	300	350	350
	直径			110	160	200	230	300	400	400	460	460
立柱间距离/mm				150	220	300	340	420	530	530	650	650
模柄孔尺寸(直径×深度)/(mm×mm)				$\phi30\times50$	$\phi40\times60$	$\phi50\times70$		$\phi60\times75$	$\phi70\times80$		T 形槽	
工作台垫板厚度/mm				40	60	80	90	110	130	130	150	150
倾斜角(可倾式工作台压力机)/(°)				30	30	30	30	25	25	—	—	—

练习

　　根据图 1-2 所示的铁芯冲裁件零件图以及已确定的模具总体结构方案,计算压力机的公称压力并选择本模具的冲压设备。

任务四　模具零部件(非标准件)设计

学习目标

　　(1)能合理地设计工作零件。

　　(2)能合理地设计定位零件。

　　(3)能合理地设计压、卸料零件。

　　(4)能合理地设计凸模固定板、垫板等零件。

工作任务

1.教师演示任务

根据图1-1所示的冲裁件零件图以及模具总体结构方案、相关工艺计算和选用的冲压设备,合理地设计工作零件、定位零件和压、卸料零件。

2.学生训练任务

根据图1-2所示的冲裁件零件图以及模具总体结构方案、相关工艺计算和选用的冲压设备,合理地设计工作零件、定位零件和压、卸料零件。

相关实践知识

1.工作零件设计

(1)凹模设计

凹模高度 $H=kb(\geqslant15)$,查表1-33取 k 为 0.35,$b=4\times8/\sqrt{3}=18.5$ mm,因此 $H=0.35\times(4\times8/\sqrt{3})=6.47$ mm,取 $H=15$ mm。

查表1-34取凹模壁厚 c 为 20 mm,故凹模长度为

$$L=l+2c=16+2\times20=56 \text{ mm}$$

凹模宽度为

$$B=b+2c=18.5+2\times20=58.5 \text{ mm}$$

考虑到送料方向以及要用标准模架,其配套的凹模尺寸应为 80 mm $\times63$ mm。最后凹模外形尺寸确定为:凹模高 15 mm,长 80 mm,宽 63 mm。

凹模刃口的高度取决于冲压板料的厚度,见表1-32。当板料厚度为 0.4 mm时,凹模刃口的高度为 4 mm。

凹模零件图如图1-43所示。

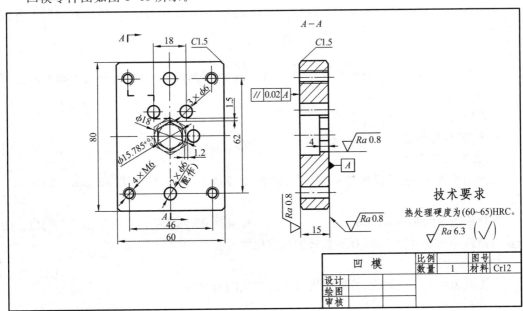

图1-43　凹模零件图

（2）凸模设计

由于冲裁件形状简单且对称，材料铜较软，冲裁力小，因此采用直通式凸模。

模具采用弹性卸料装置，凸模长度 $L=h_1+h_2+h_4=15+8+(20\sim30)=43\sim53$ mm，取 $L=50$ mm。

凸模零件图如图 1-44 所示。

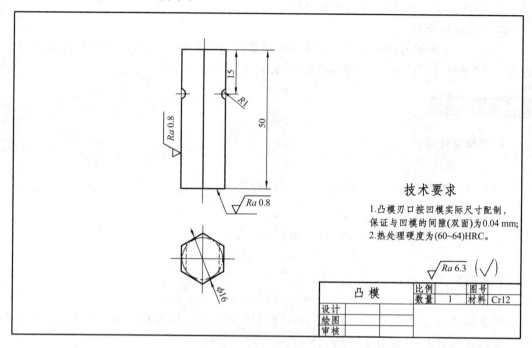

技术要求

1. 凸模刃口按凹模实际尺寸配制，保证与凹模的间隙(双面)为0.04 mm；
2. 热处理硬度为(60~64)HRC。

$\sqrt{Ra\ 6.3}$ $\left(\sqrt{\ }\right)$

凸　模		比例		图号	
		数量	1	材料	Cr12
设计					
绘图					
审核					

图 1-44　凸模零件图

2. 定位零件设计

（1）挡料销

采用直径 $\phi6$ mm 的挡料销 1 只，高度为 10 mm。根据排样图尺寸，挡料销布置时外圆与凹模刃口相距 1.2 mm。

（2）导料销

采用直径 $\phi6$ mm 的挡料销 2 只，高度为 10 mm。根据排样图尺寸，导料销布置时外圆与凹模刃口相距 1.5 mm。

零件图略。

3. 压、卸料零件设计

（1）卸料板的设计

根据凹模周界，按照弹压卸料纵向送料方式，卸料板外形尺寸为 80 mm×60 mm×8 mm。

卸料板上的六角形孔应略大于凸模，以便凸模通过；螺钉孔的位置应与凹模相对应。为防止与挡料销和导料销碰撞，在卸料板的相应位置开有孔，如图 1-45 所示。

（2）橡胶的设计

①模具为单工序冲裁模，橡胶采用较硬的聚氨酯耐油橡胶。

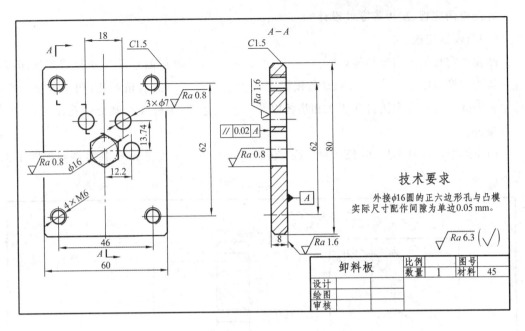

图 1-45　卸料板零件图

②橡胶横截面尺寸计算

$$A = \frac{F_y}{p} = \frac{366.9}{0.5} = 733.8 \ \text{mm}^2$$

设橡胶宽为 15 mm，则长为 $\frac{733.8}{15} = 49$ mm。将橡胶分为 2 块，每块的尺寸（长×宽）为

35 mm×15 mm，总面积为 $35 \times 15 \times 2 = 1\ 050 \ \text{mm}^2$，大于所需面积。

③橡胶高度尺寸计算

$$H_0 = \frac{h_x + h_m}{0.25 \sim 0.3}$$

取 $H_0 = 4(h_x + h_m) = 4 \times (0.4 + 1 + 6) = 29.6 \approx 30$ mm。

橡胶零件图如图 1-46 所示。

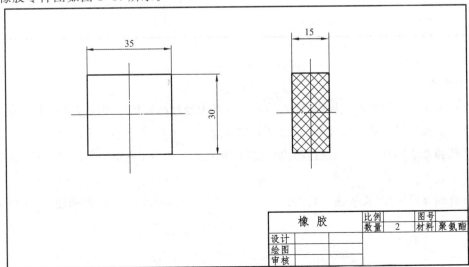

图 1-46　橡胶零件图

4. 凸模固定板、垫板等零件设计

(1)凸模固定板

凸模固定板用于固定凸模,并与垫板和上模座连接,其外形的平面尺寸和凹模相同,高度一般为凹模厚度的60%～80%。凸模固定板上应开有相应的六角形孔,用于连接凸模。其中4个螺钉孔和2个销钉孔用于和垫板以及上模座连接,另外4个螺钉过孔用于让卸料螺钉穿过。

凸模固定板的外形尺寸(长×宽×高)为80 mm×60 mm×18 mm,其零件图如图1-47所示。

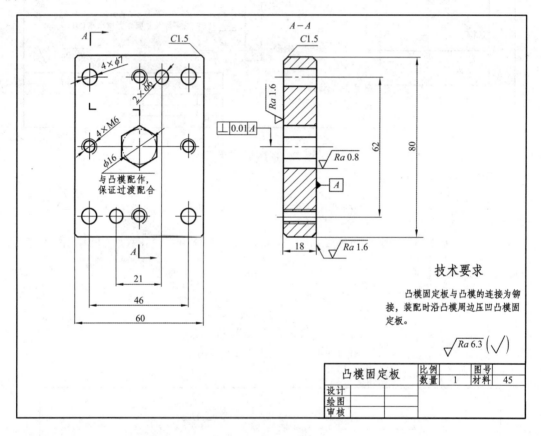

图1-47　凸模固定板零件图

(2)垫板

垫板用于隔开凸模和上模座,以防冲裁时冲裁力通过凸模传给硬度较低的上模座,将其压变形。垫板外形的平面尺寸和凹模相同,其厚度与外形尺寸大小有关。垫板上开有4个螺钉过孔和2个销钉孔,用于连接凸模固定板、垫板和上模;另外4个螺钉过孔用于让卸料螺钉穿过。

垫板的外形尺寸(长×宽×高)为80 mm×60 mm×6 mm,其零件图如图1-48所示。

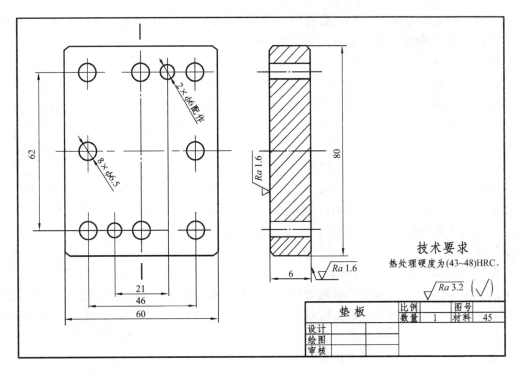

图 1-48　垫板零件图

一、工作零件

1.凸模

（1）凸模的结构形式与固定方法

由于冲压件的形状和尺寸不同,故生产中使用的凸模的结构形式有很多。按整体结构分,有整体式(包括阶梯式和直通式)、护套式和镶拼式;按截面形状分,有圆形和非圆形;按刃口形状分,有平刃和斜刃等。不论凸模的结构形式如何,其基本结构均由两部分组成:一是工作部分,用来成形冲压件;二是安装部分,用来使凸模正确地固定在模座上。对刃口尺寸不大的小凸模,从增加刚度等方面考虑,可在这两部分之间增加固定段,如图 1-49 所示。

微课6

凸模的工作条件分析

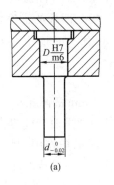

(a)

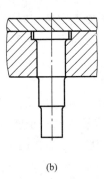

(b)

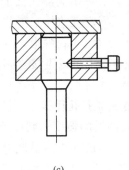

(c)

图 1-49　圆形凸模

凸模的固定方法有台肩固定、铆接固定、黏结剂浇注固定以及螺钉与销钉固定等。下面分别介绍圆形凸模、非圆形凸模及小孔凸模的结构形式与固定方法。

①圆形凸模

为了保证强度、刚度及便于加工与装配,圆形凸模常做成圆滑过渡的阶梯形,前端直径为 d 的部分是具有锋利刃口的工作部分;中间直径为 D 的部分是安装部分,它与固定板按 H7/m6 或 H7/n6 配合;尾部台肩是为了保证卸料时凸模不致被拉出。

微课7

凸模的设计

圆形凸模已经标准化,图 1-49 所示为标准圆形凸模的三种结构形式及固定方法。其中图 1-49(a)用于较大直径的凸模,图 1-49(b)用于较小直径的凸模,它们都采用台肩式固定;图 1-49(c)是快换式小凸模,维修、更换方便。标准凸模一般根据计算所得的刃口直径和长度要求选用。

②非圆形凸模

非圆形凸模一般有阶梯式(图 1-50(a)、图 1-50(b))和直通式(图 1-50(c)～图 1-50(e))。为了便于加工,阶梯式非圆形凸模的安装部分通常做成简单的圆形或方形,用台肩或铆接法固定在固定板上,安装部分为圆形时还应在固定端接缝处打入防转销。直通式非圆形凸模便于用线切割或成形铣削、成形磨削方法加工,通常用铆接法或黏结剂浇注法将其固定在固定板上,尺寸较大的凸模也可直接通过螺钉和销钉固定。

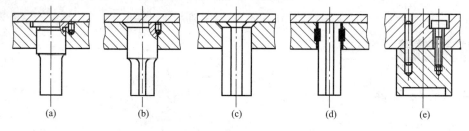

(a)　　　　(b)　　　　(c)　　　　(d)　　　　(e)

图 1-50　非圆形凸模

采用铆接法固定凸模时,凸模与固定板安装孔仍按 H7/m6 或 H7/n6 配合,同时安装孔的上端沿周边要制成 $45°$ 的斜角,作为铆窝。铆接时一般用手锤击打头部,因此凸模必须限定淬火长度,或将尾部回火,以便头部一端的材料保持较低硬度。凸模铆接后还要与固定板一起将铆端磨平。

用黏结剂浇注法固定凸模时,固定板上的安装孔尺寸比凸模大,留有一定间隙以便填充黏结剂。同时,为了黏结牢靠,在凸模固定端或固定板相应的安装孔上应开设一定的槽形(图 1-50(d))。采用黏结剂浇注法的优点是安装部位的加工要求低,特别是对多凸模冲裁时,可以简化凸模固定板的加工工艺,并便于在装配时保证凸模与凹模的正确配合。常用的黏结剂有低熔点合金、环氧树脂、无机黏结剂等,各种黏结剂均有一定的配方,也有一定的配制方法,有的在市场上可以直接买到。

③小孔凸模

所谓小孔通常是指孔径 d 小于被冲板料的厚度或直径 $d<1$ mm 的圆孔和面积 $A<1$ mm^2 的异形孔。小孔凸模的强度和刚度差,容易弯曲和折断,所以必须采取措施提高它的强度和刚度。实际生产中,最有效的措施之一就是对小孔凸模增加起保护作用的导向结构,如图 1-51 所示。其中图 1-51(a)和图 1-51(b)是局部导向结构,用于导板模或利用弹压卸料板对

凸模进行导向的模具上,其导向效果不如全长导向结构;图1-51(c)和图1-51(d)基本上是全长导向保护,其护套装在卸料板或导板上,工作过程中护套对凸模在全长方向均起导向保护作用,避免了小孔凸模受到侧压力,从而可有效防止小孔凸模的弯曲和折断。

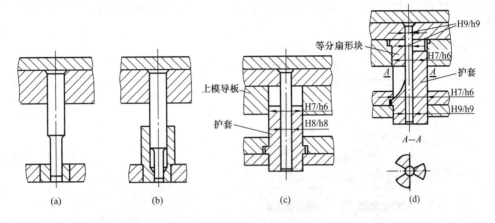

图 1-51　小孔凸模的导向结构

(2)凸模长度的计算

凸模的长度尺寸应根据模具的具体结构确定,同时要考虑凸模的修磨量及固定板与卸料板之间的安全距离等因素。

当采用固定卸料时(图1-52(a)),凸模长度可按下式计算:

$$L = h_1 + h_2 + h_3 + h \tag{1-33}$$

当采用弹性卸料时(图1-52(b)),凸模长度可按下式计算:

$$L = h_1 + h_2 + h_4 \tag{1-34}$$

式中　h_1——凸模固定板的厚度,mm;

　　　h_2——卸料板的厚度,mm;

　　　h_3——导料板的厚度,mm;

　　　h_4——卸料弹性元件被预压后的厚度,mm;

　　　h——附加长度,mm,它包括凸模的修磨量、凸模进入凹模的深度、凸模固定板与卸料板之间的安全距离等,一般取 $h=15\sim20$ mm。

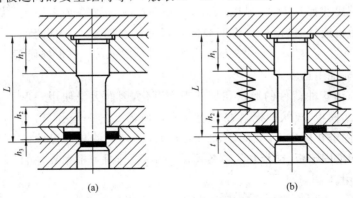

图 1-52　凸模长度的计算

若选用标准凸模,按照上述方法算得凸模长度后,还应根据冲模标准中的凸模长度系列选取最接近的标准长度作为实际凸模的长度。

（3）凸模的强度与刚度校核

一般情况下，凸模的强度和刚度是足够的，没有必要进行校核。但是当凸模的截面尺寸很小而冲裁的板料厚度较大，或根据结构需要而确定的凸模特别细长时，应进行承压能力和抗纵向弯曲能力的校核。

冲裁凸模的强度与刚度校核计算公式见表 1-30。

表 1-30　　　　　　　　　　冲裁凸模的强度与刚度校核计算公式

校核内容		计算公式		公式中符号的含义
弯曲应力	简图	无导向	有导向	L——凸模允许的最大自由长度，mm； d——凸模最小直径，mm； A——凸模最小断面积，mm²； J——凸模最小断面的惯性矩，mm⁴； F——冲裁力，N； t——板料厚度，mm； τ——冲压材料的抗剪强度，MPa； $[\sigma_压]$——凸模材料的许用应力，MPa，碳素工具钢淬火后的许用压力一般为淬火前的 $1.5\sim3$ 倍
	圆形	$L\leqslant 90\dfrac{d^2}{\sqrt{F}}$	$L\leqslant 270\dfrac{d^2}{\sqrt{F}}$	
	非圆形	$L\leqslant 416\sqrt{\dfrac{J}{F}}$	$L\leqslant 1\,180\sqrt{\dfrac{J}{F}}$	
压应力	圆形	$d\geqslant\dfrac{5.2t\tau}{[\sigma_压]}$		
	非圆形	$A\geqslant\dfrac{F}{[\sigma_压]}$		

2. 凹模

（1）凹模的结构形式与固定方法

凹模的结构形式也较多，按外形可分为标准圆凹模和板状凹模，按结构可分为整体式和镶拼式，按刃口形式可分为平刃和斜刃。这里只介绍整体式平刃口凹模。

图 1-53（a）、图 1-53（b）所示为国家标准中的两种圆凹模及其固定方法，这两种圆凹模尺寸都不大，一般以 H7/m6 或 H7/r6 的配合关系压入凹模固定板，然后再通过螺钉、销钉将凹模固定板固定在模座上。这两种圆凹模主要用于冲孔（孔径 $d=1\sim28$ mm，板料厚度 $t<2$ mm），可根据使用要求及凹模的刃口尺寸从相应的标准中选取。

微课8
凹模的工作条件分析

实际生产中，由于冲裁件的形状和尺寸千变万化，因而大量使用外形为矩形或圆形的凹模板（板状凹模），在其上面开设所需要的凹模孔口，用螺钉和销钉直接固定在模座上，如图 1-53（c）所示。凹模板的轮廓尺寸已经标准化，它与标准固定板、垫板和模座等配套使用，设计时可根据算得的凹模轮廓尺寸选用。

微课9
凹模的设计

图 1-53（d）所示为快换式冲孔凹模及其固定方法。

凹模采用螺钉和销钉定位固定时，要保证螺钉间、螺孔与销孔间及螺孔或销孔与凹模刃口间的距离不能太近，否则会影响模具寿命。一般螺孔与销孔间、螺孔或销孔与凹模刃口间

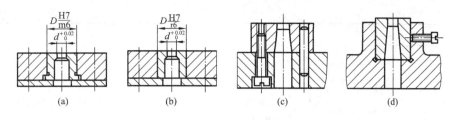

图 1-53　凹模的结构形式与固定方法

的距离取大于两倍孔径的值,其最小许用值可参考表 1-31。

表 1-31　　　　　　　　　　　　螺孔与销孔间及其至刃壁的最小距离　　　　　　　　　　　　mm

简图		销孔 螺孔		刃口		销孔	
螺孔直径		M6	M8	M10	M12	M16	M20	M24
A	淬火	10	12	14	16	20	25	30
	不淬火	8	10	11	13	16	20	25
B	淬火	12	14	17	19	24	28	35
C	淬火	5						
	不淬火	3						
销孔		$\phi4$	$\phi6$	$\phi8$	$\phi10$	$\phi12$	$\phi16$	$\phi20$
D	淬火	7	9	11	12	15	16	20
	不淬火	4	6	7	8	10	13	16

(2)凹模刃口的结构形式

凹模刃口的结构形式有直筒形和锥形两种,选用时主要考虑冲裁件的形状、厚度、尺寸精度以及模具的具体结构。表 1-32 列出了冲裁凹模刃口的结构形式、特点、适用范围及主要参数,可供设计选用时参考。

表 1-32　　　　　　　　　冲裁凹模刃口的结构形式、特点、适用范围及主要参数

结构形式	简图	特点及适用范围
直筒形刃口		(1)刃口为直通式,强度高,修磨后刃口尺寸不变 (2)用于冲裁大型或精度要求较高的零件,模具装有反向顶出装置,不适用于下漏料(或零件)的模具
		(1)刃口强度较高,修磨后刃口尺寸不变 (2)凹模内易积存废料或冲裁件,尤其间隙小时刃口直壁部分磨损较快 (3)用于冲裁形状复杂或精度要求较高的零件

结构形式	简图	特点及适用范围
直筒形刃口	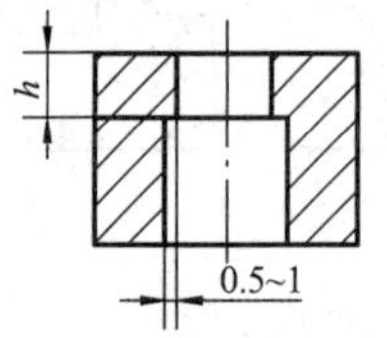	(1)特点同上例,用刃口直壁下面的扩大部分可使凹模加工简单,但采用下漏料方式时刃口强度不如上例高 (2)用于冲裁形状复杂、精度要求较高的中小型件,也可用于装有反向顶出装置的模具
	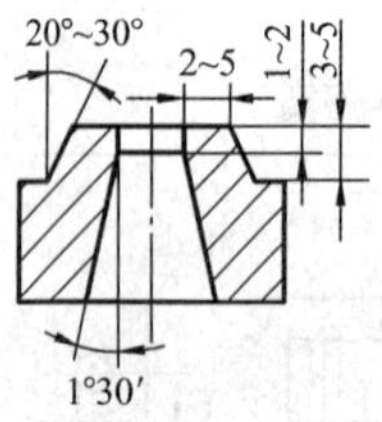	(1)凹模硬度较低(有时可不淬火),一般为40HRC左右,可用手锤敲击刃口外侧斜面以调整冲裁间隙 (2)用于冲裁薄而软的金属或非金属零件
锥形刃口	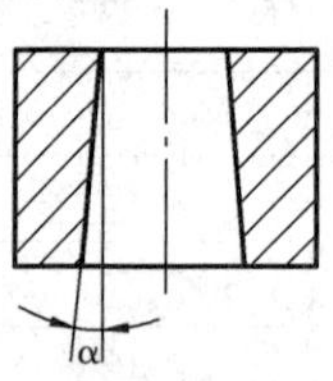	(1)刃口强度较差,修磨后刃口尺寸略有增大 (2)凹模内不易积存废料或冲裁件,刃口内壁磨损较慢 (3)用于冲裁形状简单、精度要求不高的零件
	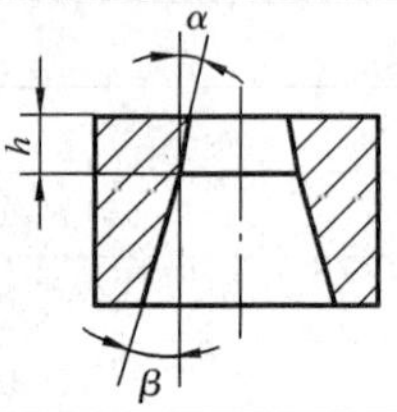	(1)特点同上例 (2)可用于冲裁形状较复杂的零件

	板料厚度 t/mm	α/(′)	β/(°)	刃口高度 h/mm	备注
主要参数	<0.5	15	2	≥4	α 值适用于钳工加工。采用线切割加工时,可取 $\alpha=5'\sim20'$
	0.5~1			≥5	
	1~2.5			≥6	
	2.5~6	30	3	≥8	
	>6			≥10	

(3)凹模轮廓尺寸的确定

凹模轮廓尺寸包括凹模板的厚度尺寸 H 及凹模的平面尺寸 $L\times B$(长×宽)。

①凹模板的厚度

凹模板的厚度主要是从螺钉旋入深度和凹模刚度方面考虑的,一般应不小于15 mm。随着凹模板平面尺寸的增大,其厚度也应相应增大。

整体式凹模板的厚度可按如下经验公式估算:

$$H=kb \quad (H\geqslant15 \text{ mm})\tag{1-35}$$

式中　k——凹模厚度系数,考虑板料厚度的影响,见表1-33;

　　　b——凹模刃口的最大尺寸,mm。

表 1-33 凹模厚度系数 k

凹模刃口的最大尺寸	凹模厚度系数 k		
b/mm	$t \leqslant 1$ mm	$t = 1 \sim 3$ mm	$t = 3 \sim 6$ mm
$\leqslant 50$	0.30～0.40	0.35～0.50	0.45～0.60
50～100	0.20～0.30	0.22～0.35	0.30～0.45
100～200	0.15～0.20	0.18～0.22	0.22～0.30
>200	0.10～0.15	0.12～0.18	0.15～0.22

注：t 为板料厚度。

②凹模的轮廓尺寸

从凹模刃口至凹模外边缘的最短距离称为凹模的壁厚。对于具有简单对称形状刃口的凹模，由于其压力中心即刃口对称中心，所以凹模的轮廓尺寸由沿刃口型孔向四周扩大一个凹模壁厚来确定，如图 1-54(a) 所示，即

$$L = l + 2c \tag{1-36}$$
$$B = b + 2c \tag{1-37}$$

式中 l——沿凹模长度方向刃口型孔的最大距离，mm；

b——沿凹模宽度方向刃口型孔的最大距离，mm；

c——凹模壁厚，mm。主要考虑布置螺孔与销孔的需要，同时也要保证凹模的强度和刚度，计算时可参考表 1-34 选取。

对于多型孔凹模，如图 1-54(b) 所示，设压力中心 O 沿矩形的宽度方向对称，而沿长度方向不对称，为了使压力中心与凹模板中心重合，凹模轮廓尺寸应按下式计算：

$$L = l' + 2c \tag{1-38}$$
$$B = b + 2c \tag{1-39}$$

式中，l' 为沿凹模长度方向压力中心至最远刃口间距的 2 倍。

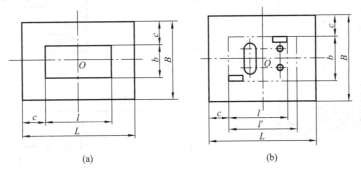

(a)   (b)

图 1-54 凹模轮廓尺寸的计算

表 1-34 凹模壁厚 c mm

条料宽度 B	凹模壁厚 c			
	$t \leqslant 0.8$	$t = 0.8 \sim 1.5$	$t = 1.5 \sim 3$	$t = 3 \sim 5$
$\leqslant 40$	20～25	22～28	24～32	28～36
40～50	22～28	24～32	28～36	30～40
50～70	28～36	30～40	32～42	35～45
70～90	32～42	35～45	38～48	40～52
90～120	35～45	40～52	42～54	45～58
120～150	40～50	42～54	45～58	48～62

注：t 为条料厚度。

当设计标准模具时,或设计非标准模具且凹模板毛坯需要外购时,应将算得的凹模轮廓尺寸($L \times B \times H$)按冲模国家标准中凹模板的系列尺寸进行修正,取接近的较大规格尺寸。

3. 凸模与凹模的镶拼结构

对于大中型和形状复杂、局部薄弱的凸模或凹模,如果采用整体式结构,往往会给锻造、机械加工及热处理带来困难,而且当发生局部损坏时,会造成整个凸、凹模的报废。为此,常采用镶拼结构的凸、凹模。

镶拼结构有镶接和拼接两种。镶接是将局部易磨损的部分另做一块,然后镶入凸、凹模或固定板内,如图 1-55(a)、1-55(b)所示。拼接是将整个凸、凹模根据形状分成若干块,再分别将各块加工后拼接起来,如图 1-55(c)、图 1-55(d)所示。

(1)镶拼结构的设计原则

①便于加工制造,减少钳工工作量,提高模具加工精度。为此应尽量将复杂的内形加工变成外形加工,以便于切削加工和磨削,如图 1-55(a)、图 1-55(b)所示;尽量使分割后拼块的形状与尺寸相同,以便对拼块进行同时加工和磨削,如图 1-55(c)～图 1-55(e)所示;应沿转角和尖角处分割,并尽量使拼块角度大于 90°,如图 1-55(f)所示;圆弧尽量单独分块,拼接线应设在离切点 4～7 mm 的直线处,大圆弧和长直线可分为几块,如图 1-55(i)所示;拼接线应与刃口垂直,长度一般取 12～15 mm,如图 1-55(i)所示。

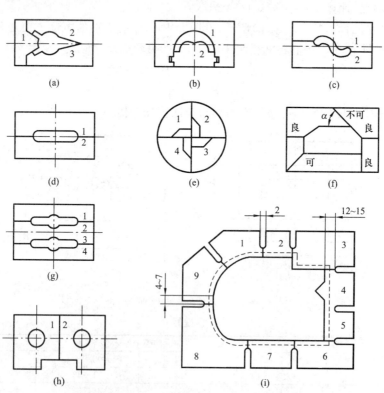

图 1-55 镶拼结构的设计原则

②便于装配、调整和维修。为此,对比较薄弱或容易磨损的局部凸出或凹进部分应单独分为一块,如图 1-55(a)、图 1-55(b)、图 1-55(i)所示;有中心距公差要求时,拼块之间应能通过磨削或增减垫片的方法来调整,如图 1-55(g)、图 1-55(h)所示;拼块之间尽量以凸、凹模

槽形相嵌,便于拼块定位,防止冲裁过程中发生相对移动,如图1-55(b)所示。

③满足冲裁工艺要求,提高冲裁件质量。为此,凸模与凹模的拼接线应至少错开3～5 mm,以免冲裁件产生毛刺。

(2)镶拼结构的固定方法

①平面式固定。即把拼块直接用螺钉、销钉紧固定位于固定板或模座平面上,如图1-56(a)所示。这种固定方法主要用于大型的镶拼凸、凹模。

②嵌入式固定。即把各拼块拼合后,采用过渡配合(K7/h6)嵌入固定板凹槽内,再用螺钉紧固,如图1-56(b)所示。这种方法多用于中小型凸、凹模镶块的固定。

③压入式固定。即把各拼块拼合后,采用过盈配合(U8/h7)压入固定板内,如图1-56(c)所示。这种方法常用于形状简单的小型镶块的固定。

④斜楔式固定。即利用斜楔和螺钉把各拼块固定在固定板上,如图1-56(d)所示。拼块镶入固定板的深度应不小于拼块厚度的三分之一。这种方法也是中小型凹模镶块(特别是多镶块)常用的固定方法。

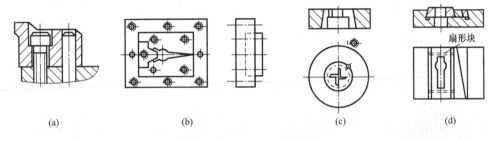

(a)　　　　(b)　　　　(c)　　　　(d)

图1-56　镶拼结构的固定方法

此外,还有用黏结剂浇注的固定方法。

二、定位零件

定位零件的作用是使坯料或工序件在模具上相对凸、凹模有正确的位置。定位零件的结构形式有很多,用于对条料进行定位的定位零件有挡料销、导料销、导料板、导正销、侧压装置、侧刃等,用于对工序件进行定位的定位零件有定位板、定位销等。

微课10

定位零件的设计

定位零件基本上都已标准化,可根据坯料或工序件的形状、尺寸、精度及模具的结构形式与生产率要求等选用相应的标准。

1. 挡料销

挡料销的作用是挡住条料搭边或冲压件轮廓以限定条料送进的距离。根据挡料销的工作特点及作用可将其分为固定挡料销、活动挡料销和始用挡料销。

(1)固定挡料销

固定挡料销一般固定在下模的凹模上。国家标准中的固定挡料销结构如图1-57(a)所示,该类挡料销广泛用于冲压中小型件时的挡料定距,其缺点是销孔距凹模孔口较近,削弱了凹模的强度。图1-57(b)所示为一种部颁标准中的钩形挡料销,这种挡料销的销孔距凹模孔口较远,不会削弱凹模的强度,但为了防止钩头在使用过程中发生转动,需增加防转销,从而增加了制造工作量。

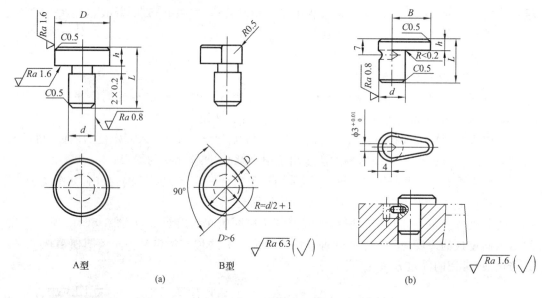

图 1-57　固定挡料销

（2）活动挡料销

当凹模安装在上模时，挡料销只能设置在下模的卸料板上。此时若在卸料板上安装固定挡料销，则因在凹模上要开设的让开挡料销的让位孔会削弱凹模的强度，故应改用活动挡料销。

国家标准中的活动挡料销结构如图 1-58 所示。其中图 1-58（a）为压缩弹簧弹顶挡料销；图 1-58（b）为扭簧弹顶挡料销；图 1-58（c）为橡胶（直接依靠卸料装置中的弹性橡胶）弹顶挡料销；图 1-58（d）为回带式挡料销，这种挡料销对着送料方向带有斜面，送料时搭边碰撞斜面使挡料销跳起并越过搭边，然后将条料后拉，挡料销便挡住搭边而定位，即每次送料都要先推后拉，作方向相反的两个动作，操作比较麻烦。采用哪种结构形式的挡料销需根据卸料方式、卸料装置的具体结构及操作等因素决定。回带式挡料销常用于有固定卸料板或导板的模具上，其他形式的挡料销常用于装有弹性卸料板的模具上。

（3）始用挡料销

始用挡料销在条料开始送进时起定位作用，以后送进时不再起定位作用。采用始用挡料销的目的是提高材料的利用率。图 1-59 所示为国家标准中的始用挡料销。

始用挡料销一般用于条料以导料板导向的级进模或单工序模中。一副模具中采用多少个始用挡料销，取决于冲压件的排样方法和凹模上的工位安排。

2. 导料销

导料销的作用是保证条料沿正确的方向送进。导料销一般设两个，均位于条料的同一侧，条料从右向左送进时位于后侧，从前向后送进时位于左侧。导料销可设在凹模面上（一般为固定式的），也可设在弹压卸料板上（一般为活动式的），还可设在固定板或下模座上，用挡料螺栓代替。固定式和活动式导料销的结构与固定式和活动式挡料销基本相同，可从标准中选用。导料销多用于单工序模或复合模中。

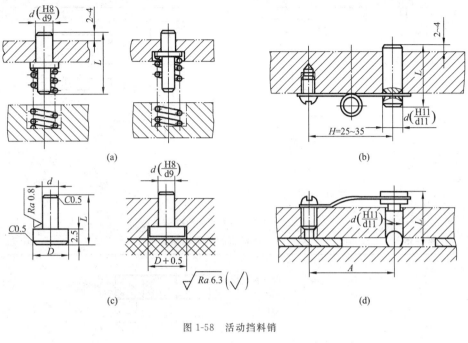

图 1-58　活动挡料销

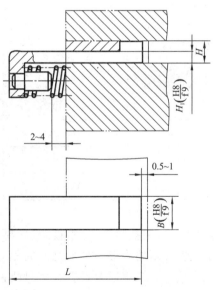

图 1-59　始用挡料销

3. 导料板

导料板的作用与导料销相同,但采用导料板定位时操作更方便,在采用导板导向或固定卸料的冲模中必须用导料板导向。导料板一般设在条料两侧,其结构有两种:一种是国家标准结构,如图 1-60(a)所示,它与导板或固定卸料板分开制造;另一种是与导板或固定卸料板制成整体的结构,如图 1-60(b)所示。为使条料沿导料板顺利通过,两导料板间的距离应略大于条料最大宽度,导料板厚度取决于挡料方式和板料厚度,以便于送料为原则。采用固定挡料销时的导料板厚度见表 1-35。

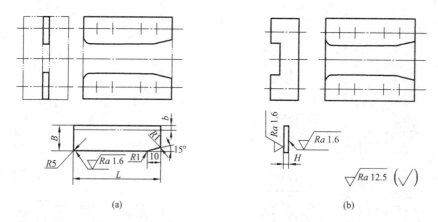

图 1-60　导料板的结构

表 1-35　　　　采用固定挡料销时的导料板厚度　　　　mm

简图			
板料厚度 t	挡料销高度 h	导料板厚度 H	
		固定挡料销	自动挡料销或侧刃
0.3～2	3	6～8	4～8
2～3	4	8～10	6～8
3～4	4	10～12	8～10
4～6	5	12～15	8～10
6～10	8	15～25	10～15

4. 导正销

使用导正销的目的是消除送料时用挡料销、导料板（或导料销）等定位零件做粗定位时的误差，保证冲压件在不同工位上冲出的内形与外形之间的相对位置公差要求。导正销主要用于级进模，也可用于单工序模。导正销通常设置在落料凸模上，与挡料销配合使用，也可与侧刃配合使用。

国家标准中的导正销结构形式如图 1-61 所示。其中 A 型用于导正 $d=2～12$ mm 的孔；B 型用于导正 $d\leqslant10$ mm 的孔，也可用于级进模上对条料工艺孔的导正，其背部的压缩弹簧在送料不准确时可避免被损坏；C 型用于导正 $d=4～12$ mm 的孔，拆卸方便，且凸模刃磨后长度可以调节；D 型用于导正 $d=12～50$ mm 的孔。

为使导正销工作可靠，导正销的直径一般应大于 2 mm。当冲压件上的导正孔径小于 2 mm 时，可在条料上另冲直径大于 2 mm 的工艺孔进行导正。

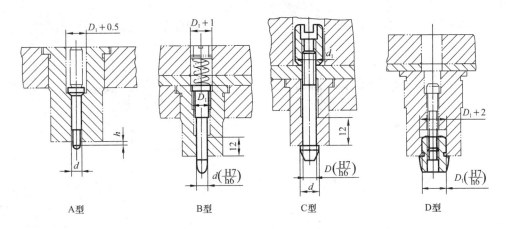

A型　　　　B型　　　　C型　　　　D型

图 1-61　导正销的结构

导正销的头部由圆锥形的导入部分和圆柱形的导正部分组成。导正部分的直径可按下式计算：

$$d = d_P - a \tag{1-40}$$

式中　d——导正销导正部分的直径，mm；

　　　　d_P——导正孔的冲孔凸模直径，mm；

　　　　a——导正销直径与冲孔凸模直径的差值，mm，可参考表 1-36 选取。

表 1-36　　　　　　　　　　导正销直径与冲孔凸模直径的差值 a　　　　　　　　　　mm

板料厚度 t	导正销直径与冲孔凸模直径的差值 a						
	$d_P=1.5\sim6$	$d_P=6\sim10$	$d_P=10\sim16$	$d_P=16\sim24$	$d_P=24\sim32$	$d_P=32\sim42$	$d_P=42\sim60$
<1.5	0.04	0.06	0.06	0.08	0.09	0.10	0.12
1.5～3	0.05	0.07	0.08	0.10	0.12	0.14	0.16
3～5	0.06	0.08	0.10	0.12	0.16	0.18	0.20

注：d_P 为冲孔凸模直径。

导正部分的直径公差可按 h6～h9 选取。导正部分的高度 h 一般取 $(0.5\sim1)t$，或按表 1-37 选取。

表 1-37　　　　　　　　　　导正销导正部分的高度 h　　　　　　　　　　mm

板料厚度 t	导正销导正部分的高度 h		
	$d=1.5\sim10$	$d=10\sim25$	$d=25\sim50$
<1.5	1	1.2	1.5
1.5～3	0.6t	0.8t	t
3～5	0.5t	0.6t	0.8t

注：d 为导正孔直径。

由于导正销常与挡料销配合使用，挡料销只起粗定位作用，所以挡料销的位置应能保证导正销在导正过程中条料有被前推或后拉少许的可能。挡料销与导正销的位置关系如图 1-62 所示。

按图 1-62(a)所示的方式定位时，挡料销与导正销的中心距为

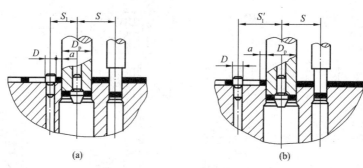

图 1-62   挡料销与导正销的位置关系

$$S_1 = S - \frac{D_P}{2} + \frac{D}{2} + 0.1 \qquad (1-41)$$

按图 1-62(b)所示的方式定位时,挡料销与导正销的中心距为

$$S_1' = S + \frac{D_P}{2} - \frac{D}{2} - 0.1 \qquad (1-42)$$

式中 S_1、S_1'——挡料销与导正销的中心距,mm;

S——送料进距,mm;

D_P——落料凸模直径,mm;

D——挡料销头部直径,mm。

5. 侧压装置

如果条料的公差较大,为避免条料在导料板中偏摆,使最小搭边得到保证,应在送料方向的一侧设置侧压装置,使条料始终紧靠导料板的另一侧送料。

侧压装置的结构形式如图 1-63 所示。其中图 1-63(a)是弹簧式侧压装置,其侧压力较大,常用于被冲板料较厚的冲裁模;图 1-63(b)是簧片侧压装置,其侧压力较小,常用于被冲板料厚度为 0.3～1 mm 的冲裁模;图 1-63(c)是簧片压块式侧压装置,其应用场合同图 1-63(b);图 1-63(d)是板式侧压装置,其侧压力大且均匀,一般装在模具进料端,适用于侧刃定距的级进模。上述四种结构形式中,图 1-63(a)和图 1-63(b)所示的两种形式已经标准化。

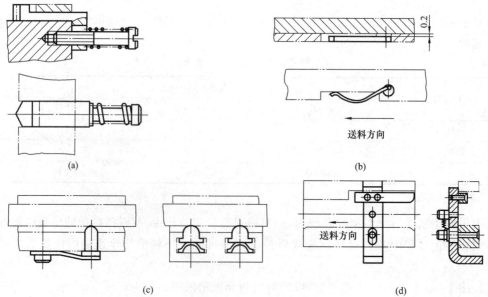

图 1-63   侧压装置的结构形式

在一副模具中,侧压装置的数量和设置位置视实际需要而定。对于板料厚度小于0.3 mm及采用辊轴自动送料装置的模具,不宜采用侧压装置。

6. 侧刃

侧刃也是对条料起送料定距作用的,主要应用在级进模中。国家标准中的侧刃结构如图1-64所示,Ⅰ型侧刃的工作端面为平面,Ⅱ型侧刃的工作端面为台阶面。台阶面侧刃在冲切前,凸出部分先进入凹模起导向作用,可避免侧刃单边冲切时产生的侧压力导致侧刃损坏。Ⅰ型和Ⅱ型侧刃按断面形状分为长方形侧刃和成形侧刃。长方形侧刃(ⅠA型和ⅡA型)结构简单,易于制造,但当侧刃刃口尖角磨损后,在条料侧边形成的毛刺会影响送进和定位的准确性,如图1-65(a)所示。成形侧刃(ⅠB型、ⅡB型、ⅠC型、ⅡC型)在磨损后,条料侧边形成的毛刺离开了导料板和侧刃挡块的定位面,因而不影响送进和定位的准确性,如图1-65(b)所示,但这种侧刃消耗材料较多,结构较复杂,制造较麻烦。长方形侧刃一般用于板料厚度小于1.5 mm、冲压件精度要求不高的送料定距,成形侧刃用于板料厚度小于0.5 mm、冲压件精度要求较高的送料定距。

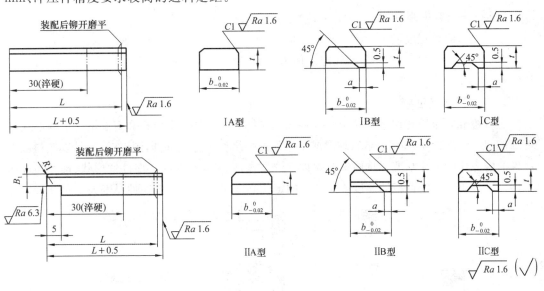

图 1-64　侧刃结构

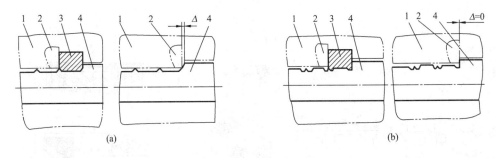

(a)　　　　　　　　　　(b)

图 1-65　侧刃定位误差比较

1—导料板;2—侧刃挡块;3—侧刃;4—条料

实际生产中,还可采用既能起定距作用,又可成形冲压件部分轮廓的特殊侧刃,如图1-66中的侧刃1和2。

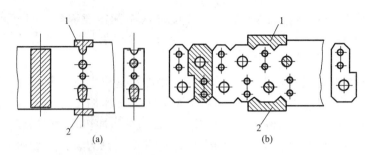

图 1-66　特殊侧刃

侧刃相当于一种特殊的凸模,它是按照与凸模相同的固定方式被固定在凸模固定板上,其长度与凸模长度基本相同。侧刃断面的主要尺寸是宽度 b,其值原则上等于送料进距,但对长方形侧刃以及当侧刃与导正销兼用时,宽度 b 可按下式确定:

$$b=\left[S+(0.05\sim0.1)\right]_{-\delta_c}^{0} \tag{1-43}$$

式中　b——侧刃宽度,mm;

　　　S——送料进距,mm;

　　　δ_c——侧刃宽度制造公差,mm,可取 h6。

侧刃的其他尺寸可参考标准确定。侧刃凹模按侧刃实际尺寸配制,留单边间隙与冲裁间隙相同。

7. 定位板和定位销

定位板和定位销是用来定位单个坯料或工序件的。常见的定位板和定位销的结构形式如图 1-67 所示,其中图 1-67(a)是以坯料或工序件的外缘作为定位基准,图 1-67(b)是以坯料或工序件的内缘作为定位基准。具体选择哪种定位方式,应根据坯料或工序件的形状、尺寸和冲压工序性质等决定。定位板的厚度或定位销的定位高度应比坯料或工序件厚度大 $1\sim2$ mm。

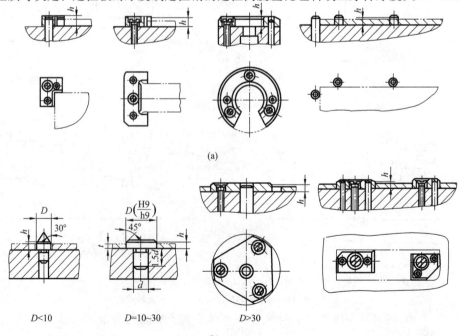

图 1-67　定位板和定位销的结构形式

三、卸料与出件装置

卸料与出件装置的作用是当冲模完成一次冲压之后,把冲压件或废料从模具工作零件上卸下来,以便冲压工作继续进行。通常,把冲压件或废料从凸模上卸下称为卸料,把冲压件或废料从凹模中卸下称为出件。

微课11

卸料零件的设计

1.卸料装置

卸料装置按卸料方式分为固定卸料装置、弹性卸料装置和废料切刀三种。

（1）固定卸料装置

固定卸料装置仅由固定卸料板构成,一般安装在下模的凹模上。生产中常用的固定卸料装置的结构如图1-68所示,其中图1-68(a)和图1-68(b)用于平板件的冲裁卸料,图1-68(c)和图1-68(d)用于经弯曲或拉深等成形后的工序件的冲裁卸料。

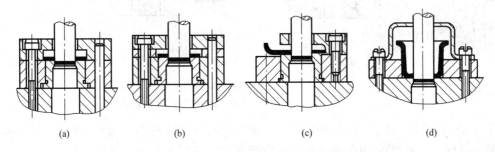

| (a) | (b) | (c) | (d) |

图 1-68　固定卸料装置

固定卸料板的平面外形尺寸一般与凹模板相同,其厚度可取凹模厚度的$80\% \sim 100\%$。当固定卸料装置仅起卸料作用时,凸模与固定卸料板的双边间隙一般取 $0.2 \sim 0.5$ mm(板料薄时取小值,板料厚时取大值)。当固定卸料装置兼起导板作用时,凸模与导板之间一般按 H7/h6 配合,但应保证导板与凸模之间的间隙小于凸、凹模之间的冲裁间隙,以保证凸、凹模的正确配合。

固定卸料装置的卸料力大,卸料可靠,但冲压时坯料得不到压紧,因此常用于冲裁坯料较厚(大于 0.5 mm)、卸料力大、平直度要求不太高的冲裁件。

（2）弹性卸料装置

弹性卸料装置由卸料板、卸料螺钉和弹性元件(弹簧或橡胶)组成。常用弹性卸料装置的结构形式如图1-69所示,其中图1-69(a)是直接用弹性橡胶卸料,用于简单冲裁模;图1-69(b)是用导料板导向的冲模所使用的弹性卸料装置,卸料板凸台部分的高度 h 应比导料板厚度 H 小$(0.1 \sim 0.3)t(t$ 为条料厚度),即 $h = H - (0.1 \sim 0.3)t$;图1-69(c)和图1-69(d)是倒装式冲模上用的弹性卸料装置,其中图1-69(c)是利用安装在下模下方的弹顶器作弹性元件,卸料力大小容易调节;图1-69(e)为带小导柱的弹性卸料装置,卸料板由小导柱导向,可防止卸料板产生水平摆动,从而保护小凸模不被折断,多用于小孔冲裁模。

弹性卸料板的平面外形尺寸等于或稍大于凹模板尺寸,厚度取凹模厚度的$60\% \sim 80\%$。卸料板与凸模的双边间隙根据冲压件板料厚度确定,一般取 $0.1 \sim 0.3$ mm(板料厚时取大值,板料薄时取小值)。在级进模中,特别小的冲孔凸模与卸料板的双边间隙可取$0.3 \sim 0.5$ mm。当卸料板对凸模起导向作用时,卸料板与凸模间按 H7/h6 配合,但其间隙

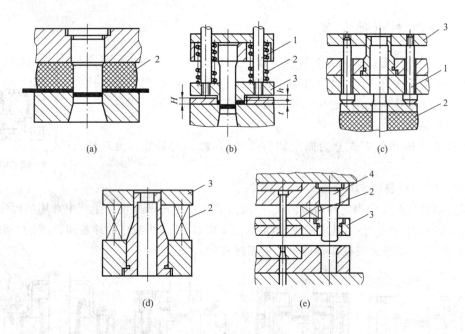

图 1-69 弹性卸料装置
1—卸料螺钉；2—弹性元件；3—卸料板；4—小导柱

应比凸、凹模间隙小，此时凸模与固定板按 H7/h6 或 H8/h7 配合。此外，为便于可靠卸料，在模具开启状态时，卸料板工作平面应高出凸模刃口端面 0.3～0.5 mm。

卸料螺钉一般采用标准阶梯形螺钉，其数量按卸料板形状与大小确定，卸料板为圆形时常用 3～4 个，为矩形时一般用 4～6 个。卸料螺钉的直径根据模具大小可选 8～12 mm，各卸料螺钉的长度应一致，以保证装配后卸料板水平和卸料均匀。

弹性卸料装置可装于上模或下模，依靠弹簧或橡皮的弹力来卸料，卸料力不太大，但冲压时可兼起压料作用，故多用于冲裁料薄及平面度要求较高的冲压件。

（3）废料切刀

废料切刀是在冲裁过程中将冲裁废料切断成数块，从而实现卸料的一种卸料零件。废料切刀的卸料原理如图 1-70 所示，废料切刀安装在下模的凸模固定板上，当上模带动凹模下压进行切边时，同时把已切下的废料压向废料切刀上，从而将其切开卸料。这种卸料方式不受卸料力大小的限制，卸料可靠，多用于大型冲压件的落料或切边冲模上。

废料切刀已经标准化，可根据冲压件及废料尺寸、板料厚度等进行选用。废料切刀的刃口长度应比废料宽度大些，安装时切刀刃口应比凸模刃口低，其值 h 为板料厚度的 2.5～4 倍，且不小于 2 mm。冲压件形状简单时，一般设两个废料切刀；冲压件形状复杂时，可设多个废料切刀或采用弹性卸料装置与废料切刀联合卸料。

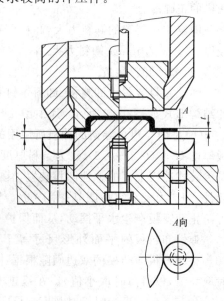

图 1-70 废料切刀的卸料原理

2.出件装置

出件装置的作用是从凹模内卸下冲压件或废料。为了便于记忆,把装在上模内的出件装置称为推件装置,把装在下模内的出件装置称为顶件装置。

(1)推件装置

推件装置有刚性推件装置和弹性推件装置两种。图 1-71 所示为刚性推件装置,它是在冲压结束后上模回程时,利用压力机滑块上的打料杆撞击模柄内的打杆,再将推力传至推件块,从而将凹模内的冲压件或废料推出的。刚性推件装置的基本零件有推件块、推杆、推板、连接推杆和打杆,如图 1-71(a)所示。当打杆下方投影区域内无凸模时,可省去由连接推杆和推板组成的中间传递结构,而由打杆直接推动推件块,甚至直接由打杆推件,如图 1-71(b)所示。

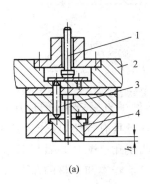
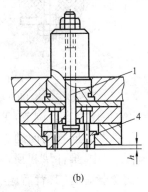

(a) (b)

图 1-71 刚性推件装置
1—打杆;2—推板;3—连接推杆;4—推件块

刚性推件装置的推件力大,工作可靠,所以应用十分广泛。打杆、推板、连接推杆等都已标准化,设计时可根据冲压件的结构形状、尺寸及推件装置的结构要求从标准中选取。

图 1-72 所示为弹性推件装置。与刚性推件装置不同的是,它以安装在上模内的弹性元件的弹力来代替打杆给予推件块的推件力。视模具结构的可能性,可把弹性元件装在推板之上(图 1-72(a)),也可装在推件块之上(图 1-72(b))。采用弹性推件装置时,可使板料处于压紧状态下分离,因而冲压件的平直度较高。但开模时冲压件易嵌入边料中,取件较麻烦,且受模具结构空间限制,弹性元件产生的弹力有限,所以主要适用于板料较薄且平直度要求较高的冲压件。

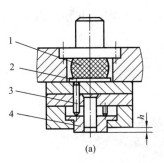
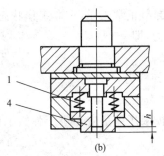

(a) (b)

图 1-72 弹性推件装置
1—弹性元件;2—推板;3—连接推杆;4—推件块

（2）顶件装置

顶件装置一般是弹性的,其基本零件是顶件块、顶杆和弹顶器,如图1-73（a）所示。弹顶器可做成通用的,其弹性元件可以是弹簧或橡胶。图1-73（b）所示为直接在顶件块下方安放弹簧,可用于顶件力不大的场合。

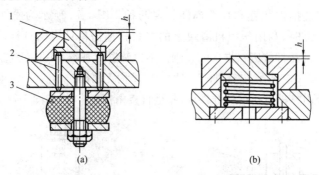

图 1-73　弹性顶件装置
1—顶件块；2—顶杆；3—弹顶器

弹性顶件装置的顶件力容易调节,工作可靠,冲压件平直度较高,但冲压件也易嵌入边料中,产生与弹性推件装置同样的问题。大型压力机本身具有气垫,以作为弹顶器。

在推件和顶件装置中,推件块和顶件块工作时与凹模孔口配合并做相对运动,对它们的要求是：模具处于闭合状态时,其背后应有一定空间,以备修模和调整的需要；模具处于开启状态时必须顺利复位,且工作面应高出凹模平面 $0.2\sim0.5$ mm,以保证可靠推件或顶件；与凹模和凸模的配合应保证顺利滑动。一般与凹模的配合为间隙配合,推件块或顶件块的外形配合面可按 h8 制造；与凸模的配合可呈较松的间隙配合,或根据板料厚度取适当间隙。

3. 弹性元件的选用与计算

在冲裁模卸料与出件装置中,常用的弹性元件是弹簧和橡胶。考虑模具设计时出件装置中的弹性元件很少需专门设计,故这里只介绍卸料弹性元件的选用与计算。

（1）弹簧的选用与计算

在卸料装置中,常用的弹簧是圆柱螺旋压缩弹簧。这种弹簧已标准化（GB/T 2089—2009）,设计时根据所要求弹簧的压缩量和产生的压力按标准选用即可。

①卸料弹簧选择的原则

● 为保证卸料正常工作,在非工作状态下,弹簧应该预压,其预压力 F_y 应不小于单个弹簧承受的卸料力,即

$$F_y \geqslant F_x/n \tag{1-44}$$

式中　F_x——卸料力,N；

　　　n——弹簧数量。

● 弹簧的极限压缩量应不小于弹簧工作时的总压缩量,即

$$h_j \geqslant h = h_y + h_x + h_m \tag{1-45}$$

式中　h_j——弹簧的极限压缩量,mm；

　　　h——弹簧工作时的总压缩量,mm；

　　　h_y——弹簧在预压力作用下产生的预压量,mm；

　　　h_x——卸料板的工作行程,mm,一般取 $h_x = t + 1$（t 为板料厚度）；

h_m——凸模或凸凹模的刃磨量，mm，通常取 $h_m=4\sim10$ mm。

● 选用的弹簧能够合理地布置在模具的相应空间内。

②卸料弹簧的选用与计算步骤

● 根据卸料力和模具安装弹簧的空间大小，初定弹簧数量 n，计算每个弹簧应产生的预压力 F_y。

● 根据预压力和模具结构预选弹簧规格，选择时应使弹簧的极限工作压力 F_j 大于预压力 F_y，初选时一般可取 $F_j=(1.5\sim2)F_y$。

● 计算预选弹簧在预压力作用下的预压量 h_y：

$$h_y=F_yh_j/F_j \tag{1-46}$$

● 校核弹簧的极限压缩量是否大于实际工作时的总压缩量。如果不满足，则必须重选弹簧规格，直至满足为止。

● 列出所选弹簧的主要参数：d（材料直径）、D（弹簧中径）、t（节距）、H_0（自由高度）、n（圈数）、F_j（弹簧的极限工作压力）、h_j（弹簧的极限压缩量）。

例1-5

某冲模冲裁的板料厚度 $t=0.6$ mm，经计算卸料力 $F_x=1\,350$ N，若采用弹性卸料装置，试选用和计算卸料弹簧。

解：①假设考虑了模具结构，初定弹簧数量 $n=4$，则每个弹簧的预压力为

$$F_y=F_x/n=1\,350/4=337.5 \text{ N}$$

②初选弹簧规格。按 $2F_y$ 估算弹簧的极限工作压力为

$$F_j=2F_y=2\times337.5=675 \text{ N}$$

查标准 GB/T 2089—2009，初选弹簧规格（$d\times D\times H_0$）为 $4\times22\times60$，$F_j=670$ N，$h_j=20.9$ mm。

③计算所选弹簧的预压量为

$$h_y=F_yh_j/F_j=337.5\times20.9/670=10.5 \text{ mm}$$

④校核所选弹簧是否合适。卸料板的工作行程 $h_x=0.6+1=1.6$ mm，取凸模刃磨量 $h_m=6$ mm，则弹簧工作时的总压缩量为

$$h=h_y+h_x+h_m=10.5+1.6+6=18.1 \text{ mm}$$

因为 $h<h_j$，故所选弹簧合适。

⑤所选弹簧的主要参数为：$d=4$ mm，$D=22$ mm，$t=7.12$ mm，$n=7.5$，$H_0=60$ mm，$F_j=670$ N，$h_j=20.9$ mm。弹簧的标记为：YB　$4\times22\times60$　右　GB/T 2089。弹簧的安装高度 $h_a=H_0-h_y=60-10.5=49.5$ mm。

（2）橡胶的选用与计算

由于橡胶允许承受的载荷较大，安装与调整灵活、方便，因而是冲裁模中常用的弹性元件。冲裁模中用于卸料的橡胶有合成橡胶和聚氨酯橡胶，其中聚氨酯橡胶的性能比合成橡

胶优越,是常用的卸料弹性元件。

①卸料橡胶选择的原则

• 为保证卸料工作正常,应使橡胶的预压力 F_y 不小于卸料力 F_x,即

$$F_y \geqslant F_x$$

橡胶的单位压力与压缩量之间不是线性关系,其压缩特性曲线如图 1-74 所示。

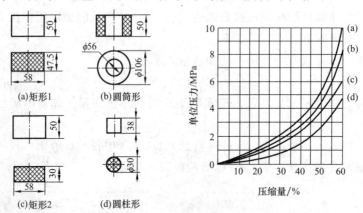

图 1-74 橡胶压缩特性曲线

橡胶压缩时产生的压力按下式计算:

$$F_y = Ap \tag{1-47}$$

式中 A——橡胶的横截面积,即橡胶与卸料板贴合的面积,mm^2;

      p——橡胶的单位压力,MPa,其值与橡胶的压缩量、形状及尺寸有关,可从图 1-74 中查取,或从表 1-38 中选取。

表 1-38   橡胶压缩量与单位压力

压缩量/%		10	15	20	25	30	35
单位压力 p/MPa	聚氨酯橡胶	1.1	—	2.5	—	4.2	5.6
	合成橡胶	0.26	0.50	0.74	1.06	1.52	2.10

• 橡胶的极限压缩量应不小于橡胶工作时的总压缩量,即

$$h_j \geqslant h = h_y + h_x + h_m \tag{1-48}$$

式中 h_j——橡胶的极限压缩量,mm。为了保证橡胶不过早失效,一般合成橡胶取 $h_j = (0.35 \sim 0.45)h_0$,聚氨酯橡胶取 $h_j = 0.35H_0$(H_0 为橡胶的自由高度);

      h——橡胶工作时的总压缩量,mm;

      h_y——橡胶的预压量,mm。一般合成橡胶取 $h_y = (0.1 \sim 0.15)H_0$,聚氨酯橡胶取 $h_y = 0.1H_0$;

      h_x——卸料板的工作行程,mm,一般取 $h_x = t + 1$(t 为板料厚度);

      h_m——凸模或凸凹模的刃磨量,mm,一般取 $h_m = 4 \sim 10$ mm。

• 橡胶的自由高度 H_0 与外径 D 之比应满足以下条件:

$$0.5 \leqslant H_0/D \leqslant 1.5 \tag{1-49}$$

②卸料橡胶的选用与计算步骤

• 根据模具结构确定橡胶的形状与数量 n。

- 确定每块橡胶所承受的预压力 $F_y = F_x/n$。
- 确定橡胶的横截面面积与截面尺寸。
- 计算并校核橡胶的自由高度 H_0。H_0 可按下式计算：

$$H_0 = \frac{h_x + h_m}{0.25 \sim 0.3}$$ (1-50)

橡胶自由高度的校核公式为式(1-47)。若 $H_0/D > 1.5$，则可将橡胶分成若干层，并在层间垫以钢垫片；若 $H_0/D < 0.5$，则应重新确定其尺寸。

例1-6

如果将例1-5中的卸料弹簧改为聚氨酯橡胶，试确定橡胶的尺寸。

解: ①假设考虑了模具结构，选用 4 个圆筒形的聚氨酯橡胶，则每个橡胶所承受的预压力为

$$F_y = F_x/n = 1\ 350/4 = 337.5\ \text{N}$$

②确定橡胶的横截面积 A。取 $h_y = 0.1 H_0$，查表 1-38 得 $p = 1.1\ \text{MPa}$，则

$$A = F_y/p = 337.5/1.1 = 307\ \text{mm}^2$$

③确定橡胶的截面尺寸。假设选用直径为 8 mm 的卸料螺钉，取橡胶上螺钉过孔的直径 $d = 10\ \text{mm}$，则橡胶外径 D 根据 $A = \pi(D^2 - d^2)/4$ 求得

$$D = \sqrt{d^2 + 4A/\pi} = \sqrt{10^2 + 4 \times 307/3.14} = 22\ \text{mm}$$

为了保证足够的卸料力，可取 $D = 25\ \text{mm}$。

④计算并校核橡胶的自由高度 H_0：

$$H_0 = \frac{h_x + h_m}{0.25} = \frac{0.6 + 1 + 6}{0.25} = 30\ \text{mm}$$

因为 $H_0/D = 30/25 = 1.2 < 1.5$，故所选橡胶符合要求。橡胶的安装高度 $h_a = H_0 - h_y = 30 - 0.1 \times 30 = 27\ \text{mm}$。

四、凸模固定板与垫板

凸模固定板的作用是将凸模或凸凹模固定在上模座或下模座的正确位置上。凸模固定板为矩形或圆形板件，外形尺寸通常与凹模一致，厚度可取凹模厚度的 $60\% \sim 80\%$。凸模固定板与凸模或凸凹模为 H7/n6 或 H7/m6 配合，压装后应将凸模端面与固定板一起磨平。对于多凸模固定板，其凸模安装孔之间的位置尺寸应与凹模型孔相应的位置尺寸保持一致。

垫板的作用是承受并扩散凸模或凹模传递的压力，以防止模座被挤压损伤。因此，当凸模或凹模与模座接触的端面上产生的单位压力超过模座材料的许用挤压应力时，就应在其与模座的接触面之间加装一块淬硬磨平的垫板，否则可不加垫板。

垫板的外形尺寸与凸模固定板相同，厚度可取 $3 \sim 10\ \text{mm}$。凸模固定板和垫板的轮廓形状及尺寸均已标准化，可根据上述尺寸确定原则从相应标准中选取。

练 习

1.常用冲裁凸模的结构形式有哪几种？在冲模设计中,应怎样选择凸模的结构形式？

2.常用冲裁凹模的结构形式有哪几种？各有何特点？

3.怎样确定凹模的外形尺寸？

4.冲模常用的卸料方式有哪几种？各有何特点？

5.怎样选用卸料橡胶？

6.根据图 1-75 所示的冲裁件绘制其模具工作零件工程图。

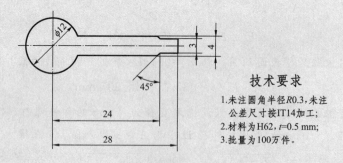

技术要求

1.未注圆角半径R0.3,未注
公差尺寸按IT14加工;

2.材料为H62,t=0.5 mm;

3.批量为100万件。

图 1-75　制品零件图

7.根据图 1-2 所示的铁芯冲裁件零件图、模具总体结构方案、相关工艺计算和选用的冲压设备,设计模具的工作零件、定位零件、压卸料零件、凸模固定板和垫板等零件。

任务五　模架及标准件的选择

学习目标

(1)能合理地选择冲模典型组合结构及标准模架。

(2)能合理地选择紧固件。

微课12

模架及标准件的选择

工作任务

1. 教师演示任务

根据图 1-1 所示的冲裁件零件图、模具总体结构方案以及凹模外形尺寸和选用的冲压设备,合理地选择冲模典型组合结构及标准模架,并合理地选择紧固件。

2. 学生训练任务

根据图 1-2 所示的冲裁件零件图、模具总体结构方案以及凹模外形尺寸和选用的冲压设备,合理地选择冲模典型组合结构及标准模架,并合理地选择紧固件。

相关实践知识

1. 典型组合模具的选择

根据凹模的外形平面尺寸 56 mm×58.5 mm、模具的闭合高度 120 mm 以及选用的弹性卸料装置,查表 1-39 选用典型组合 80 mm×63 mm×(110~130) mm。其模具凹模周界尺寸为 80 mm×63 mm,凸模长度为 42 mm,配用模架闭合高度为 110~130 mm,孔距尺寸 $S=62$ mm、$S_1=36$ mm、$S_2=45$ mm、$S_3=21$ mm。其他参数如下(以下均省略单位"mm"):

(1) 垫板 80×63×6;

(2) 固定板 80×63×15;

(3) 卸料板 80×63×8;

(4) 导料板 83×B×6(本模具不采用);

(5) 凹模 80×63×15;

(6) 承料板(本模具不采用);

(7) 螺钉 M5×8;

(8) 圆柱销 ϕ6×35;

(9) 螺钉 M6×35;

(10) 卸料螺钉 M6×35;

(11) 弹簧(本模具不采用弹簧,采用橡胶);

(12) 螺钉 M6×16;

(13) 圆柱销 ϕ5×16;

(14) 圆柱销 ϕ6×30;

(15) 螺钉 M6×30。

注:考虑到设计及加工等因素,上述参数比冲模典型组合(即标准组合模具结构)JB/T 8066.1—1995 的相应参数略有变化。

2. 模架的相关设计

典型组合模具选好以后,考虑到模具尺寸较小、操作方便,可以确定其所用模架的规格为滑动导向后侧导柱模架,其标记为:

上模座　80×63×25　GB/T 2855.1—2008

下模座　80×63×30　GB/T 2855.2—2008

表 1-39 弹压卸料、纵向送料典型组合尺寸（摘自 JB/T 8066.1—1995） mm

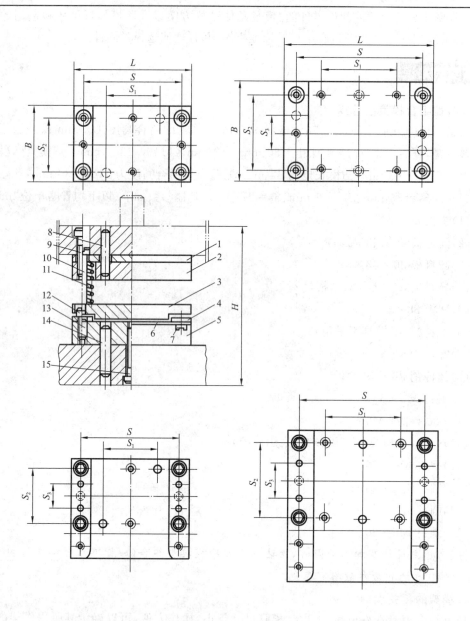

标记示例：

凹模周界尺寸为 $L=125$ mm、$B=100$ mm，配用模架闭合高度 $H=120\sim150$ mm 的纵向送料典型组合标记为

典型组合 $125\times100\times(120\sim150)$ JB/T 8066.1—1995

续表

项目	符号	c1	c2	c3	c4	c5	c6
凹模周界尺寸	L	63		80	100	80	100
	B	50	63			80	
凸模长度		42					
配用模架闭合高度 H	最小	100		110			
	最大	115		130			
孔距尺寸	S	47		62	82	56	76
	S₁	23		36	50	28	40
	S₂	34	47	45		56	
	S₃	14	23	21		28	

零件件号、名称及标准编号 / 数量 / 规格

序号	名称及标准编号	数量	c1	c2	c3	c4	c5	c6
1	垫板 JB/T 7643.3—2008	1	63×50×4	63×63×4	80×63×4	100×63×4	80×80×4	100×80×4
2	固定板 JB/T 7643.2—2008	1	63×50×12	63×63×12	80×63×14	100×63×14	80×80×14	100×80×14
3	卸料板 JB/T 7643.2—2008	1	63×50×10	63×63×10	80×63×12	100×63×12	80×80×12	100×80×12
4	导料板 JB/T 7648.5—2008	2	70×B×4		83×B×6		100×B×6	
5	凹模 JB/T 7643.1—2008	1	63×50×12	63×63×12	80×63×14	100×63×14	80×80×14	100×80×14
6	承料板 JB/T 7648.6—2008	1	63×20×2		80×20×2	100×20×2	80×20×2	100×20×2
7	螺钉 GB/T 65—2016	2	M5×8					
		4	—					
8	圆柱销 GB/T 119.1—2000	2	φ5×35		φ6×40		φ8×40	
9	螺钉 GB/T 70.1—2008	4	M5×30		M6×35		M8×35	
		6						
10	卸料螺钉 JB/T 7650.5—2008	4	M5×38		M6×35		M8×35	
		6	—					
11	弹簧 GB/T 2089—2009	4	设计选用，也可用橡胶、聚氨酯、碟形弹簧					
		6						
12	螺钉 GB/T 70.1—2008	4	M5×10		M6×16		M8×16	
13	圆柱销 GB/T 119.1—2000		φ4×16		φ5×16		φ6×16	
14	圆柱销 GB/T 119.1—2000	2	φ5×25		φ6×30		φ8×35	
15	螺钉 GB/T 70.1—2008	4	M5×25		M6×30		M8×35	
		6	—					

续表

凹模周界尺寸		L	125	160	160	200	250	315
		B	100	(140)	125	125	160	250
凸模长度			48	56	56	56	65	78
配用模架闭合高度 H		最小	120	140	140	140	170	215
		最大	150	170	170	170	210	250
孔距尺寸		S	101	130	130	170	214	279
		S₁	65	70	70	100	130	175
		S₂	76	110	95	95	124	214
		S₃	40	60	55	55	60	130

件号	名称及标准编号	数量	规格					
1	垫板 JB/T 7643.3—2008	1	125×100×6	(160)×(140)×6	160×125×6	200×125×6	250×160×8	315×250×10
2	固定板 JB/T 7643.2—2008	1	125×100×16	(160)×(140)×18	160×125×18	200×125×18	250×160×22	315×250×28
3	卸料板 JB/T 7643.2—2008	1	125×100×4	(160)×(140)×16	160×125×16	200×125×16	250×160×20	315×250×25
4	导料板 JB/T 7648.5—2008	2	140×B×6	200×B×8	165×B×6	165×B×6	220×B×8	310×B×10
5	凹模 JB/T 7643.1—2008	1	125×100×16	(160)×(140)×18	160×125×18	220×125×18	250×160×22	315×250×28
6	承料板 JB/T 7648.6—2008	1	125×40×2	160×60×3	160×40×3	200×40×3	250×60×4	318×60×4
7	螺钉 GB/T 65—2016	2	M6×10	M6×12	M6×10	M6×10	—	—
		4	—	—	—	—	M6×12	M6×12
8	圆柱销 GB/T 119.1—2000	2	φ8×40	φ10×45	φ10×45	φ10×45	φ12×60	φ12×70
9	螺钉 GB/T 70.1—2008	4	M8×40	M10×45	M10×45	M10×45	—	—
		6	—	—	—	M10×45	M12×55	M12×65
10	卸料螺钉 JB/T 7650.5—2008	4	M8×42	M10×48	M10×48	M10×48	—	—
		6	—	—	—	M10×48	M12×55	M12×65
11	弹簧 GB/T 2089—2009	4	设计选用,也可用橡胶、聚氨酯、碟形弹簧					
		6						
12	螺钉 GB/T 70.1—2008	4	M8×20	M10×20	M10×20	M10×20	M12×25	M12×25
13	圆柱销 GB/T 119.1—2000	4	φ6×20	φ8×20	φ8×20	φ8×20	φ10×25	φ10×30
14	圆柱销 GB/T 119.1—2000	2	φ8×40	φ10×45	φ10×45	φ10×45	φ12×60	φ12×70
15	螺钉 GB/T 70.1—2008	4	M8×40	M10×45	M10×45	M10×45	—	—
		6	—	—	—	M10×45	M12×60	M12×70

注:①B值设计时选定,导料板厚度仅供参考。

　　②技术条件按 JB/T 8069—1995 的规定。

　　模架一般选用外购的标准件,但还需进一步加工相关的孔后才能使用。本模具使用的模架的上模座、下模座零件图如图 1-76、图 1-77 所示。

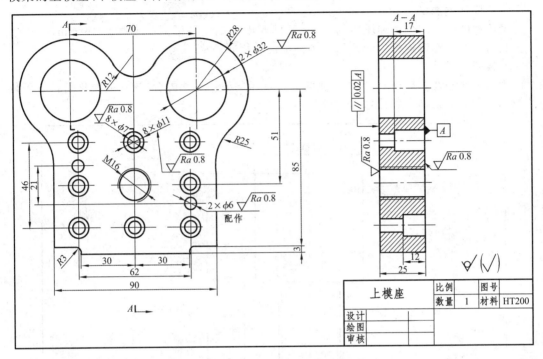

图 1-76　上模座零件图

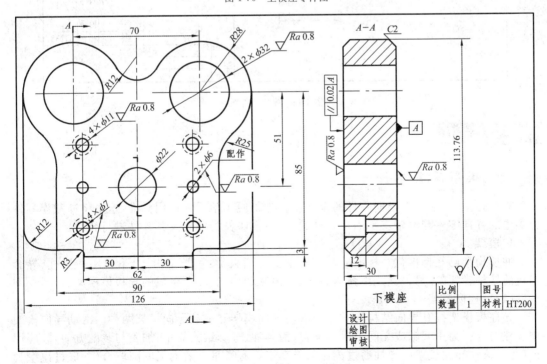

图 1-77　下模座零件图

模架上使用的导柱：$\phi23$ mm×120 mm。

模架上使用的导套：$\phi34$ mm×58 mm。

3. 紧固件的选择

紧固件的规格应根据冲压力的大小、凹模厚度等确定。根据凹模厚度 15 mm，查表得本模具所使用的螺钉规格为 M5、M6，销钉也使用相同规格。

4. 模柄的设计

模柄虽然装在上模座上，但由于其需要和冲床的模柄孔相配合，故一般需自制。本模具的模柄采用旋入式，其零件图如图 1-78 所示。

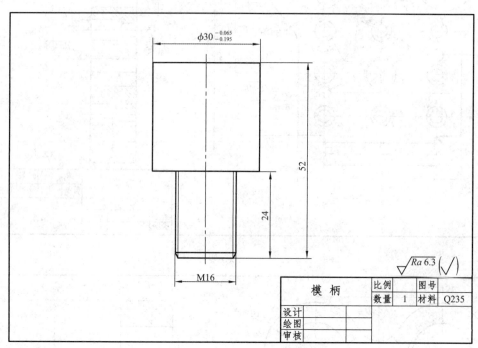

模　柄		比例		图号	
		数量	1	材料	Q235
设计					
绘图					
审核					

图 1-78　模柄零件图

相关理论知识

一、模架及其零件

模架是上、下模座与导向零件的组合体。为了便于学习和选用标准，这里将冲裁模零件分类中的导向零件与属于支承固定零件的上、下模座作为模架及其零件进行介绍。

1. 模架

冲模模架已经标准化。标准冲模模架主要有两大类：一类是由上、下模座和导柱、导套组成的导柱模模架；另一类是由弹压导板、下模座和导柱、导套组成的导板模模架。

(1) 导柱模模架

导柱模模架按其导向结构形式分为滑动导向模架和滚动导向模架两种。滑动导向模架中导柱与导套为小间隙或无间隙滑动配合，因导柱、导套结构简单，加工与装配方便，故应用最广泛；滚动导向模架中导柱通过滚珠与导套实现有微量过盈的无间隙配合（一般过盈量为0.01～0.02 mm），导向精度高，使用寿命长，但结构较复杂，制造成本高，主要用于精密冲裁模、硬质合金冲裁模、高速冲模及其他精密冲模上。

根据导柱、导套在模架中的安装位置不同,滑动导向模架有对角导柱模架、后侧导柱模架、后侧导柱窄形模架、中间导柱模架、中间导柱圆形模架和四导柱模架这六种结构形式,如图 1-79 所示。滚动导向模架有对角导柱模架、中间导柱模架、四导柱模架和后侧导柱模架这四种结构形式,如图 1-80 所示。

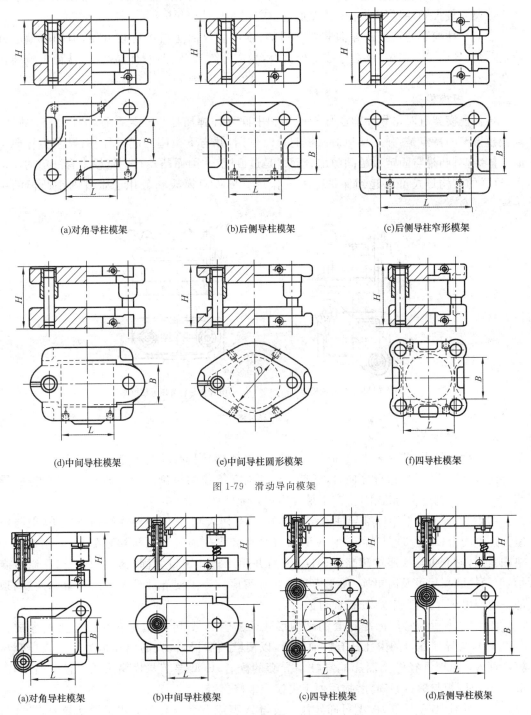

(a)对角导柱模架　　　　　(b)后侧导柱模架　　　　　(c)后侧导柱窄形模架

(d)中间导柱模架　　　(e)中间导柱圆形模架　　　(f)四导柱模架

图 1-79　滑动导向模架

(a)对角导柱模架　　(b)中间导柱模架　　(c)四导柱模架　　(d)后侧导柱模架

图 1-80　滚动导向模架

　　对角导柱模架、中间导柱模架和四导柱模架的共同特点是导向零件都安装在模具的对称线上,滑动平稳,导向准确可靠。不同的是,对角导柱模架工作面的横向(左右方向)尺寸一般大于纵向(前后方向)尺寸,故常用于横向送料的级进模、纵向送料的复合模或单工序模;中间导柱模架只能纵向送料,一般用于复合模或单工序模;四导柱模架常用于精度要求较高或尺寸较大的冲压件的冲压及大批量生产用的自动模。

　　后侧导柱模架的特点是导向装置在后侧,横向和纵向送料都比较方便,但如有偏心载荷,压力机导向又不精确,就会造成上模偏斜,导向零件和凸、凹模都易磨损,从而影响模具寿命,一般用于较小的冲模。

　　(2)导板模模架

　　导板模模架有对角导柱弹压导板模架和中间导柱弹压导板模架两种,如图 1-81 所示。导板模模架的特点是:弹压导板对凸模起导向作用,并与下模座一起以导柱、导套为导向构成整体结构;凸模与固定板是间隙配合而不是过渡配合,因而凸模在固定板中有一定的浮动量,这样的结构形式可以起到保护凸模的作用。导板模模架一般用于带有细小凸模的级进模。

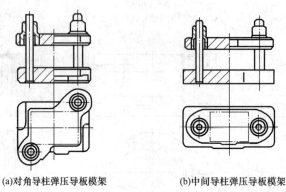

(a)对角导柱弹压导板模架　　　　　(b)中间导柱弹压导板模架

图 1-81　导板模模架

2. 导向零件

　　对于批量较大、公差要求较高的冲压件,为保证模具具有较高的精度和寿命,一般都采用导向零件对上、下模进行导向,以保证上模相对于下模的正确运动。导向零件有导柱、导套、导板,并且都已经标准化,生产中最常用的是导柱和导套。

　　图 1-82 所示为常用标准导柱的结构形式。其中 A 型和 B 型导柱结构较简单,但与模座为过盈配合(H7/r6),装拆麻烦;A 型和 B 型可卸导柱通过锥面与衬套配合,并用螺钉和垫圈紧固,衬套再与模座过渡配合(H7/m6),并用压板和螺钉紧固,其结构较复杂,制造麻烦,但导柱磨损后可及时更换,便于模具维修和刃磨。为了使导柱顺利进入导套,导柱的顶部一般均以圆弧过渡或以 30°锥面过渡。

　　图 1-83 所示为常用标准导套的结构形式。其中 A 型和 B 型导套与模座为过盈配合(H7/r6),与导柱配合的内孔开有贮油环槽,以便贮油润滑,扩大的内孔是为了避免导套与模座过盈配合时孔径缩小而影响导柱与导套的配合;C 型导套与模座采用过渡配合(H7/m6),并用压板与螺钉紧固,磨损后便于更换或维修。

　　A 型导柱、B 型导柱、A 型可卸导柱一般与 A 型或 B 型导套配套用于滑动导向,导柱与导套按 H7/h6 或 H7/h5 配合,应注意使其配合间隙小于冲裁间隙。B 型可卸导柱的公差

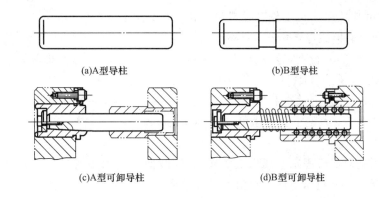

(a)A型导柱   (b)B型导柱

(c)A型可卸导柱   (d)B型可卸导柱

图 1-82 常用标准导柱的结构形式

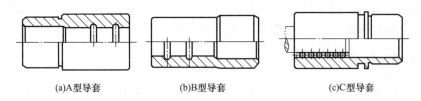

(a)A型导套   (b)B型导套   (c)C型导套

图 1-83 常用标准导套的结构形式

和表面粗糙度 Ra 值较小,一般与 C 型导套配套用于滚动导向,导柱与导套之间通过滚珠实现有微量过盈的无间隙配合,且滑动摩擦磨损较小,因而是一种精度高、寿命长的精密导向装置。滚动导向装置中,滚珠用保持器隔离而均匀排列,并用弹簧托起使之保持在导柱、导套相配合的部位,工作时导柱与导套之间不允许脱离。

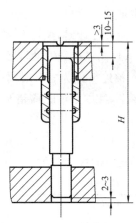

导柱、导套的尺寸规格根据所选标准模架和模具实际闭合高度确定,同时还应符合图 1-84 所示的要求,并保证有足够的导向长度。

3. 上、下模座

上、下模座的作用是直接或间接地安装冲模的所有零件,并分别与压力机的滑块和工作台连接,以传递压力。因此,

图 1-84 导柱与导套的安装尺寸要求

上、下模座的强度和刚度是主要考虑的问题。一般情况下,模座因强度不够而产生破坏的可能性不大,但若刚度不够,则工作时会产生较大的弹性变形,导致模具的工作零件和导向零件迅速磨损。

设计冲模时,模座的尺寸规格一般根据模架类型和凹模周界尺寸从标准中选取。如果标准模座不能满足设计要求,可参考标准设计。设计时应注意以下几点:

(1)模座的外形尺寸根据凹模周界尺寸和安装要求确定。对于圆形模座,其直径应比凹模板直径大 30～70 mm;对于矩形模座,其长度应比凹模板长度大 40～70 mm,而宽度可以等于或略大于凹模板宽度,但应考虑有足够安装导柱、导套的位置。模座的厚度一般取凹模板厚度的 1.0～1.5 倍,考虑受力情况,上模座厚度可比下模座厚度小 5～10 mm。对于大型非标准模座,还必须根据实际需要,按照铸件工艺性要求和铸件结构设计规范进行设计。

(2)所设计的模座必须与所选压力机工作台和滑块的有关尺寸相适应,并进行必要的校

核,如下模座尺寸应比压力机工作台孔或垫板孔尺寸每边大 40～50 mm 等。

（3）上、下模座的导柱与导套安装孔的位置尺寸必须一致,其孔距公差要求在 ±0.01 mm 以下。模座上、下面的平行度,导柱、导套安装孔与模座上、下面的垂直度等要求应符合标准《冲模模架零件技术条件》(JB/T 8070—2008)中的有关规定。

（4）模座材料视工艺力大小和模座的重要性选用。一般模座选用 HT200 或 HT250,也可选用 Q235 或 Q255;大型重要模座可选用 ZG35 或 ZG45。

4. 模柄

模柄的作用是把上模固定在压力机滑块上,同时使模具中心通过滑块的压力中心。中小型模具一般都是通过模柄与压力机滑块相连接的。

模柄的结构形式较多,并已标准化。选择模柄时,先根据模具大小、上模结构、模架类型及精度等确定模柄的结构类型,再根据压力机滑块上模柄孔尺寸确定模柄的尺寸规格。一般模柄直径应与模柄孔直径相同,模柄长度应比模柄孔深度小 5～10 mm。

二、紧固件

冲模中用到的紧固件主要是螺钉和销钉,其中螺钉起连接、固定作用,销钉起定位作用。螺钉和销钉都是标准件,种类很多。冲模中广泛使用的螺钉是内六角螺钉,它紧固牢靠,螺钉头不外露,可使模具外形美观。销钉常用圆柱销。

模具设计时,螺钉和销钉的选用应注意以下几点:

（1）同一组合中,螺钉的数量一般不少于 3 个(对于中小型冲模,被连接件为圆形时用 3～6 个,被连接件为矩形时用 4～8 个),并尽量沿被连接件的外缘均匀布置。销钉的数量一般为 2 个,且尽量远距离错开布置,以保证定位可靠。

（2）螺钉和销钉的规格应根据冲压力大小和凹模厚度等条件确定。螺钉规格可参考表 1-40 选用,销钉的公称直径可取与螺钉大径相同或比螺钉大径小一个规格。螺钉的旋入深度和销钉的配合深度都不能太浅,也不能太深,一般可取其公称直径的 1.5～2 倍。

表 1-40　　　　　　　　　　　　　　　　螺钉规格的选用

凹模厚度 H/mm	≤13	13～19	19～25	25～32	＞32
螺钉规格	M4、M5	M5、M6	M6、M8	M8、M10	M10、M12

（3）螺钉之间、螺钉与销钉之间的距离以及螺钉、销钉距凹模刃口和外边缘的距离均不应过小,以防降低模板强度。其最小距离可参考表 1-31。

（4）各被连接件的销孔应配合加工,以保证位置精度。销钉与销孔之间采用 H7/m6 或 H7/n6 配合。

三、冲模的标准组合

为了便于模具的专业化生产,减少模具设计与制造的工作量,国家标准规定了冲模的组合结构。图 1-85 所示为冲模典型标准组合结构。各种典型标准组合结构还细分为不同的形式,以适应冷冲压加工的实际需要。

采用冲模典型标准组合结构可方便地确定模具结构形式,并由此确定主要模具零件的尺寸、规格和安装尺寸,有利于初学者进行设计。

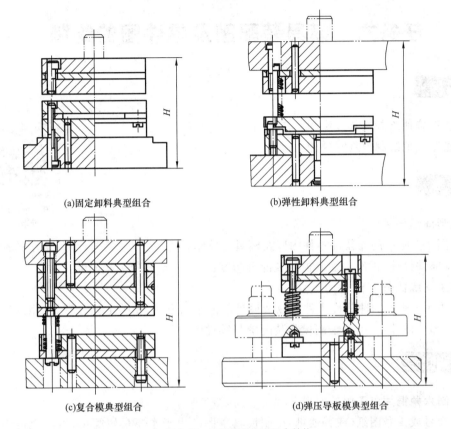

(a)固定卸料典型组合　　　　　　　　(b)弹性卸料典型组合

(c)复合模典型组合　　　　　　　　　(d)弹压导板模典型组合

图 1-85　冲模典型标准组合结构

　　每种组合结构中，零件的数量、规格及固定方法等都已标准化，设计时可根据凹模周界尺寸大小选用，并作必要的校核(如校核闭合高度等)。

　　选用典型标准组合结构后，设计和制造冲模时只需根据冲压件尺寸和排样方法设计与加工凸模孔口、凹模孔口、固定板安装孔、卸料板的凸模过孔及模座的漏料孔等。

练习

　　1.模架由哪些零件组成？它们的作用是什么？它们有哪些形式？各有何特点？

　　2.模柄有哪几种结构形式？各有何特点？设计模柄时应注意什么？

　　3.根据图 1-75 所示冲裁件的要求选择冲模典型标准组合结构并详细写出该结构的相应参数(该冲裁件所用模具的工作零件在任务四中已设计过)。

　　4.根据图 1-2 所示的铁芯冲裁件零件图以及模具总体结构方案和选用的冲压设备，合理地选择该模具的冲模典型标准组合结构及标准模架，并合理地选择紧固件。

任务六 模具装配图及零件图的绘制

学习目标

（1）能正确地绘制模具装配图。
（2）能正确地绘制模具零件图。

微课13

模具装配图及零
件图的绘制

工作任务

1. 教师演示任务

根据图 1-1 所示的冲裁件零件图以及模具总体结构方案、相关工艺计算、选用的冲压设备、模具零部件设计，正确地绘制模具装配图与零件图，并校核压力机安装尺寸。

2. 学生训练任务

根据图 1-2 所示的冲裁件零件图以及模具总体结构方案、相关工艺计算、选用的冲压设备、模具零部件设计，正确地绘制模具装配图与零件图。

相关实践知识

1. 绘制六角铜片单工序冲裁模草图

选用 3 号或 4 号图纸（或普通纸）绘制模具草图。由于本模具较简单，故上模可不错开画，绘制俯视图时移去上模。

2. 绘制六角铜片单工序冲裁模零件图

见本项目任务四中的各图。

3. 绘制六角铜片单工序冲裁模装配图

选用 1 号图纸，根据图纸大小及模具主、俯视图的大小，按 1∶1 的比例在图面左侧确定 2 个视图的放置位置，注意在右边要留出零件图、排样图、技术要求、明细栏的位置。

六角铜片单工序冲裁模装配图如图 1-3 所示。

4. 校核压力机安装尺寸

模座外形尺寸为 126 mm×126 mm，模具闭合高度为 112 mm，所选用的设备为 J23-6.3 型压力机，其工作台尺寸为 315 mm×200 mm，最大闭合高度为 170 mm，闭合高度调节量为 40 mm，工作台垫板厚度为 40 mm，模柄孔尺寸为 ϕ30 mm×50 mm，可以满足模具安装要求。

相关理论知识

一、绘制模具装配草图

根据所选冲模典型组合的结构规格，查出模架外形尺寸。按照既定的模具闭合高度及模架外形尺寸，考虑排样图及明细栏的位置，按 1∶1 的比例确定图纸规格，即可开始绘制装配草图。

1.绘制装配草图

（1）先打开上模，画下模的俯视图，再画模具工作位置的主视图。模具工作位置的主视图一般应按模具闭合状态画出，但为了使上、下模重合部分表达清楚，可以将上、下模错开一段距离画图，错开后长、宽方向仍应按闭合时的位置状态绘制。画模具装配草图时，模具零件的结构、尺寸应相应确定，且应考虑零件的加工工艺性。

（2）选择定位零件（定位销、始用挡料销、侧面导料板、侧刃等）的类型尺寸，计算定位零件的位置。

（3）进行小凸模的强度与刚度校核，并根据凸模形状确定相应的加工方法和固定方式。一般圆凸模用车削、磨削方法加工，用带台肩的固定方式固定；异形凸模用线切割和成形磨削方法加工，用铆接固定方式固定。无论采用哪种固定方式，若固定端为圆形、工作端为非圆形，则都必须在固定端的接缝处加防转销。对大截面的凸模一般采用螺钉紧固，但凸模与固定板必须加销钉定位。

（4）计算弹压卸料板的台阶高度和宽度尺寸。

（5）确定推板、打板的结构形状，计算推板、打板的活动空间。

（6）计算顶杆、打杆的长度。

（7）确定模柄类型和尺寸，需考虑以下关系：

①模柄台阶加固定部分应等于上模座厚度。

②模柄全长应小于上模座厚度与压力机滑块的模柄孔深之和。

③模柄安装部分的直径与压力机滑块的模柄孔径配合。

2.标注尺寸

应标注侧面导料板的进料宽度尺寸及其公差、模具闭合高度尺寸（指实际闭合高度，不是拉开后的画面高度）及模具外形尺寸。

3.填写零件明细栏

按顺时针或逆时针方向标上零件序号并填写零件明细栏。明细栏中除序号、名称要全部填写外，标准件还应写明标准代号和规格，非标准件还要注明零件图的图号、零件的材料及热处理硬度。

■ 二、绘制模具零件图

绘制完模具装配草图，整个模具结构设计基本完成，各零件的结构形状和相关尺寸也已基本确定。接下来要绘制模具零件图，绘制时应注意以下几点：

（1）结构要合理，工艺性要好。

（2）零件形状必须表达清楚，投影要正确，必须以用最少的视图表达清楚为宜，且要符合国家现行制图标准中的规定画法。

（3）尺寸及其公差、几何公差、表面粗糙度、材料、热处理硬度及有关技术要求要合理、完整。

（4）注意有关零件的相互位置关系，如：

①用侧刃定距时，侧面导料板上的侧刃让位孔要与侧刃的形状、位置相对应。

②用始用挡料销和固定挡料销组合定位时，侧面导料板上的让位槽形状尺寸应与始用挡料销的形状尺寸相适应，位置应与固定挡料销成步距关系。

③卸料板的台阶宽度和高度尺寸应与侧面导料板的送料宽度和高度尺寸相适应。

④推板的形状尺寸应与凹模的形状尺寸相适应,保证推板的活动空间为 5~8 mm。

⑤顶杆长度应能打下料来,并保证顶杆的活动空间为 5~8 mm。

⑥固定板的内形应与凸模结构形状相适应。采用台阶固定时,其内形上部要有让位槽,铆接时应有倒角。

⑦凸模固定板、卸料板、凹模的型孔位置应一致,不对称的形状要注意方向,以防画反。

⑧相互联系的螺孔、销孔的孔距尺寸应相同。

另外,在绘制零件图时,若发现结构、尺寸与装配草图不符,则要反复推敲,对装配草图上不合理的结构与尺寸要及时修改。

三、绘制模具装配图

模具装配图除主、俯视图外,图面右上角还有本工序的工序图或排样图,右下角为明细栏,要标注模具闭合高度及外形尺寸、技术要求、所选用压力机的规格、型号。

练 习

根据图 1-2 所示的铁芯冲裁件零件图以及模具总体结构方案、相关工艺计算、选用的冲压设备、模具零部件设计,正确地绘制该模具的装配图与零件图。

项目二

变压器铁芯冲压件复合模设计

学习目标

能够熟练运用复合模设计的基本原理和方法设计较为复杂的复合模。具体目标如下：

(1)根据冲压件零件图及生产批量进行工艺分析，合理确定冲压工艺方案和模具总体结构形式；

(2)正确掌握工艺计算方法；

(3)合理选用冲压设备的规格型号；

(4)能合理地设计工作零件；

(5)能合理地设计定位零件；

(6)能合理地设计压、卸料零件；

(7)能合理地选择标准模架以及其他标准件；

(8)能合理地设计其他支承零件；

(9)能正确地绘制模具装配图和零件图。

工作任务

根据图 2-1 所示冲压件零件图完成以下任务：

(1)完成整套冲压模具的设计工作；

(2)绘制模具二维装配图；

(3)绘制工作零件等主要零件的二维工程图。

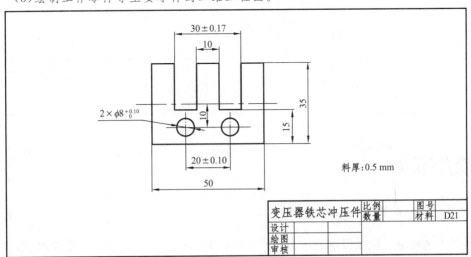

图 2-1　变压器铁芯冲压件零件图

任务一   总体方案确定

学习目标

（1）掌握冲压件结构工艺性要求，能对冲压件进行正确的工艺分析。
（2）能合理确定冲压件的冲压工艺方案。
（3）能合理确定模具总体结构形式。

工作任务

1. 教师演示任务

根据图 2-1 所示冲压件零件图，分析该冲压件的结构特点和技术要求，确定合理的冲压工艺方案和模具总体结构形式。

2. 学生训练任务

如图 2-2 所示的冲压件，其材料为 10 钢，厚度为 2 mm，产量为每年 1 万件，试分析其结构特点和技术要求，并确定合理的冲压工艺方案和模具总体结构形式。

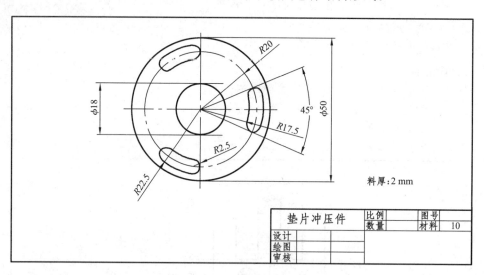

图 2-2　垫片冲压件零件图

相关实践知识

一、零件工艺性分析

零件工艺性分析就是根据冲压工艺特点和要求，分析零件的材料、技术要求、结构和经济性是否符合冲压工艺要求，如有不符合要求之处，则应与零件设计人员联系，提出修改意见。图2-1所示的冲压件是从冲压分离工序中得到的，材料为 D21 硅钢，有一定的硬度，尺寸精度为 IT14 级，年产量 20 万件。其工艺分析主要包括材料分析、结构分析和精度分析。

1. 对零件材料的分析

根据冲裁工序中的材料分离机理,对材料的要求是硬度不能过高,具有一定的塑性,且不能太脆。D21 硅钢的抗拉强度为 230 N/mm²,抗剪强度为 190 N/mm²,延伸率为 26%,具有一定硬度和塑性,适合冲裁加工。

2. 对零件结构的分析

零件厚度为 0.5 mm,结构形状简单,左右对称,对冲裁较为有利;零件内、外形转角处均为直角,对模具工作零件会产生影响,容易崩刃,但未有严格技术要求,故可以做成最小圆角圆弧过渡;凹槽和悬臂符合冲压工艺要求。两孔对称,孔与周边距离和孔的大小均符合冲压工艺要求。该零件没有平直度及毛刺大小要求,这为模具设计带来了一定的方便。所以,该零件的结构满足冲压工艺要求。

3. 对零件精度的分析

如图 2-1 所示,该零件上有 3 处尺寸标注了公差,其余尺寸未注公差,按 IT14 级要求执行。对照冲裁件精度等级要求来看,均属于经济级精度要求,故符合普通冲压工艺要求。

由以上分析可知,该零件可以用普通冲裁的加工方法制得。

二、工艺方案的确定

根据冲压工艺工序分类原则,加工图 2-1 所示零件有落料和冲孔两道基本工序。按其先后顺序组合可获得以下三种方案:

方案一:先落料,后冲孔,采用两套单工序模生产。

方案二:落料-冲孔复合冲压,采用一套一个工位同时落料、冲孔的复合模生产。

方案三:冲孔-落料连续冲压,采用一套多个不同工位同时冲裁的级进模生产。

方案一的模具结构简单,但需两道工序、两副模具,生产率低,孔与零件外形的位置精度较差,难以满足零件年产量的要求。

方案二只需一副模具、一次定位,零件的位置精度和尺寸精度易于保证,且生产率高。尽管模具结构较方案一复杂,但由于零件的几何形状简单对称,故模具制造并不困难。

方案三也只需一副模具,生产率也很高,但与方案二相比,要保证零件的位置精度,需在模具上设置导正销导正,属于二次定位,位置精度不如方案二,且模具制造、装配较复合模复杂,模具制造成本相对较高,对于每年 20 万件的产量有点大材小用。

经过对三种方案的优劣比较,认为采用方案二一次完成零件的加工比较合理。

三、模具结构形式的确定

复合模是能在压力机一次行程内,在一个工位上同时完成落料、冲孔及拉深等数道工序的冲模。按照复合模工作零件(凸凹模)安装位置的不同,可将复合模分为正装式复合模和倒装式复合模两种。正装式复合模适用于冲制材质较软或板料较薄的对平直度要求较高的冲裁件,还可以冲制孔边距离较小的冲裁件。倒装式复合模结构简单,可以直接利用压力机的打杆装置进行推件,卸件可靠,便于操作,为机械化出件提供了有利条件,且生产率高于正装式复合模。因此,图 2-1 所示的零件宜采用倒装式复合模。为了方便操作和出件,选用滑动导向后侧导柱模架,纵向送料。

相关理论知识

一、复合冲裁件的结构工艺性

复合冲裁件的结构同样必须符合一般冲压件的工艺性要求(详见项目一中任务二的相关内容),此外还要考虑凸凹模强度因素。复合冲压件孔与孔、孔与边缘的距离不能太小,一般应符合以下原则:

(1)孔与孔、孔与边缘的距离 $a \geqslant (1.5 \sim 2)t$ (t 为板料厚度)。

(2)当板料厚度 $t < 1$ mm 时,按 $t = 1$ mm 计算,原则上 a 不得小于 $3 \sim 4$ mm。

二、冲裁工序及其工艺方案的确定

确定工艺方案首先要考虑的问题是确定冲裁的工序数、冲裁工序的组合以及冲裁顺序的安排。

1. 冲裁工序的组合

冲裁工序可分为单工序冲裁、复合冲裁和连续冲裁。组合工序冲裁比单工序冲裁生产率高,冲压件上相互位置精度容易保证,加工的精度等级高。

确定冲裁方式(工序组合)时主要考虑如下因素:

(1)生产批量

一般来说,小批量与试制生产采用单工序冲裁,中批量和大批量生产采用复合冲裁或连续冲裁。生产批量与模具类型的关系见表 2-1。

表 2-1　　　　　　　　　　　生产批量与模具类型的关系

生产性质	生产批量/万件	模具类型	设备类型
小批量或试制	1	简易模、组合模、单工序模	通用压力机
中批量	1~30	单工序模、复合模、级进模	通用压力机
大批量	30~150	复合模、多工位自动级进模、自动模	机械化高速压力机、自动化压力机
大量	>150	硬质合金模、多工位自动级进模	自动化压力机、专用压力机

(2)冲裁件的尺寸精度等级

复合冲裁所得到的冲裁件尺寸精度等级高,避免了多次单工序冲裁的定位误差,并且在冲裁过程中可以进行压料,冲裁件较平整。连续冲裁比复合冲裁的冲裁件尺寸精度等级低。

(3)冲裁件的尺寸和形状

冲裁件的尺寸较小时,考虑到单工序冲裁送料不方便和生产率低,常采用复合冲裁或连续冲裁。对于尺寸中等的冲裁件,由于制造多副单工序模的费用比复合模昂贵,故采用复合冲裁;当冲裁件上孔与孔之间或孔与边缘之间的距离过小时,不宜采用复合冲裁或单工序冲裁,而宜采用连续冲裁。所以连续冲裁可以加工形状复杂、宽度很小的异形冲裁件,且可冲裁的材料厚度比复合冲裁时要厚。但连续冲裁受压力机台面尺寸与工序数的限制,故冲裁件尺寸不宜太大。

(4)模具的制造、安装、调整及成本

对于一般形状的冲裁件来说,采用复合冲裁比连续冲裁较为适宜,因为模具制造、安装、调整较容易,且成本较低。

(5)操作是否方便与安全

复合冲裁出件和清除废料较困难,工作安全性较差,连续冲裁则较安全。

2.冲裁顺序的安排

(1)连续冲裁顺序的安排

①先冲孔或冲缺口,最后落料或切断,将冲裁件与条料分离。首先冲出的孔可作为后续工序的定位孔。

②采用定距侧刃时,定距侧刃切边工序可与首次冲孔同时进行,以便控制送料进距。采用两个定距侧刃时,可以安排成一前一后。

(2)多工序冲裁件采用单工序冲裁时的顺序安排

①先落料,使坯料与条料分离,再冲孔或冲缺口。后继工序的定位基准要一致,以避免定位误差和尺寸链换算。

②冲裁大小不同、相距较近的孔时,为减少孔的变形,应先冲大孔,后冲小孔。

模具结构类型的最终确定需综合分析上述影响因素,普通冲裁模的对比关系见表2-2。

表2-2　　　　　　　　　　　　　普通冲裁模的对比关系

比较项目	单工序模		级进模	复合模
	无导向	有导向		
冲压精度	低	一般	IT10~IT13	IT8~IT10
零件平整程度	差	一般	不平整,高质量件需较平	因压料较好,故零件平整
零件最大尺寸和板料厚度	尺寸、厚度不受限制	中小型尺寸,板料较厚	尺寸在250 mm以下,厚度在0.1~6 mm范围内	尺寸在300 mm以下,厚度在0.05~3 mm范围内
冲压生产率	低	较低	工序间自动送料生产率较高	冲裁件留在工作面上需清理,生产率高
使用高速自动压力机的可能性	不能使用	可以使用	可在高速压力机上工作	操作时出件困难,不做推荐
多排冲压法的应用	—		广泛用于尺寸较小的冲压件	很少采用
模具制造的工作量和成本	低	比无导向模略高	冲裁较简单的零件时低于复合模	冲裁复杂零件时低于级进模
安全性	不安全,需采取安全措施		比较安全	不安全,需采取安全措施

综上所述,对于一个冲裁件,根据其生产批量、尺寸精度的高低、尺寸大小、形状复杂程度、板料厚薄、冲模制造条件与冲压设备条件、操作方便与否等多方面因素,可以制订出多种冲压工艺方案。通过对这些方案进行分析比较,从中选择出技术可行、经济合理、满足产量和质量要求的最佳冲压工艺方案。

三、复合模的冲裁特点与结构

复合模具有以下主要特点:

(1)冲压件精度较高,不受送料误差影响,内、外形相对位置精度较高,各件一致。

（2）冲压件表面较为平直。

（3）适宜冲薄料，也适宜冲脆性或软质材料。

（4）可以充分利用短料和边角余料。

（5）冲模面积较小。

复合模也存在一定的问题，比如凸凹模内、外形间的壁厚或内形与内形间的壁厚都不能过薄，否则会影响强度，容易开裂。此外，冲压件不能通过漏料孔漏下，需要解决出件问题。

复合模在结构上的主要特点是有一个既是落料凸模又是冲孔凹模的凸凹模，其刃口平面与冲压件尺寸相同，这就产生了凸凹模的"最小壁厚"问题。

冲孔落料复合模许用最小壁厚可按表 2-3 选取，表中的值为经验数据。

表 2-3   冲孔落料复合模许用最小壁厚   mm

冲压件材料	许用最小壁厚		
	$t \leqslant 0.5$	$t = 0.6 \sim 0.9$	$t \geqslant 1$
铝、紫铜	$(0.6 \sim 0.8)t$	$(0.8 \sim 1.0)t$	$(1.0 \sim 1.2)t$
黄铜、低碳钢	$(0.8 \sim 1.0)t$	$(1.0 \sim 1.2)t$	$(1.2 \sim 1.5)t$
硅钢、磷铜、中碳钢	$(1.2 \sim 1.5)t$	$(1.5 \sim 2.0)t$	$(2.0 \sim 2.5)t$

注：① t 为板料厚度。

②表中较小的数值用于凸圆弧与凸圆弧之间或凸圆弧与直线之间的最小距离，较大的数值用于凸圆弧与凹圆弧或平行直线之间的最小距离。

复合模按照凸凹模安装位置不同，分为正装式复合模和倒装式复合模两种。

1. 正装式复合模

图 2-3 所示为正装式复合模，凸凹模安装在上模，落料凹模和冲孔凸模装在下模。工作时，条料靠导料销和挡料销定位。上模下压，凸凹模外形和落料凹模进行落料，落下的料卡在凹模中；同时冲孔凸模与凸凹模内孔进行冲孔，冲孔废料卡在凸凹模孔内。卡在凹模中的冲裁件由顶件装置顶出。顶件装置由带肩顶杆和顶件块及装在下模座底下的弹顶器（与下模座通过螺纹孔连接）组成。当上模上行时，原来在冲裁时被

动画3

正装式复合模

压缩的弹性元件恢复，把卡在凹模中的冲裁件顶出凹模面。弹顶器的弹性元件的高度不受模具空间的限制，顶件力的大小容易调整，可获得较大的顶件力。卡在凸凹模内的冲孔废料由推件装置推出。推件装置由打杆、推板和推杆组成。当上模上行至上极点时，把废料推出。每冲裁一次，冲孔废料就被推出一次，凸凹模孔内不积存废料，因而胀力小，不易破裂，且冲裁件的平直度较高。但冲孔废料落在下模工作面上，清除麻烦。由于采用固定挡料销和导料销，所以在卸料板上需钻让位孔。也可采用活动导料销或挡料销。

从上述工作过程可以看出，正装式复合模工作时，条料是在压紧的状态下分离的，冲出的冲裁件平直度较高。但由于弹顶器和弹压卸料装置的作用，分离后的冲裁件和废料容易被卡入边料或留在工作位置，影响下一次工作，从而降低了生产率，所以必须安装吹料结构。

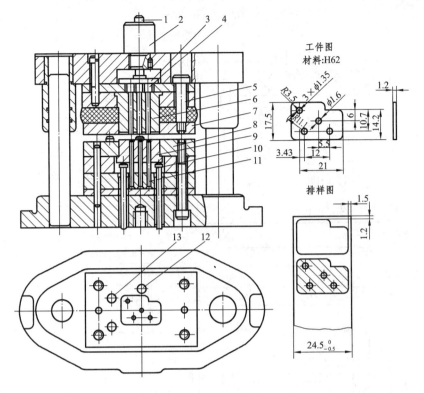

图 2-3　正装式复合模

1—打杆;2—旋入式模柄;3—推板;4—推杆;5—卸料螺钉;6—凸凹模;7—卸料板;
8—落料凹模;9—顶件块;10—带肩顶杆;11—冲孔凸模;12—挡料销;13—导料销

2. 倒装式复合模

图 2-4 所示为倒装式复合模,凸凹模装在下模,落料凹模和两个冲孔凸模装在上模。倒装式复合模一般采用刚性推件装置把卡在凹模中的冲裁件推出。刚性推件装置由推杆、推板、推销推动推件块推出冲裁件。冲孔废料直接由凸模从凸凹模内孔推出,不需要顶件装置,结构简单,操作方便。但凸凹模孔口若采用直刃口,则凹模内有积存废料,胀力较大,当凸凹模壁厚较薄时,可能导致胀裂。板料定位依靠导料销和弹簧弹顶的活动挡料销来完成。非工作行程时,活动挡料销由弹簧顶起,可供定位;工作时,活动挡料销被压下至条料平,不需要在凹模上设置让位孔。由于条料不是在被压紧状态下分离,故冲裁件平直度不高。因此,这种结构适用于加工较硬或厚度大于 0.3 mm 的板料。如果在上模内采用弹性推件装置(图 2-4),就可以冲裁较软或厚度小于 0.3 mm 的板料,且能得到平直度较好的冲裁件,但弹性元件失效更换比较麻烦。

总而言之,复合模生产率较高,冲压件内孔与外缘相对位置精度高,条料的定位精度要求比级进模低,冲模轮廓尺寸较小。但复合模的模具结构相对复杂,制造精度要求高,成本高。复合模主要用于生产中、大批量且精度要求较高的冲压件。

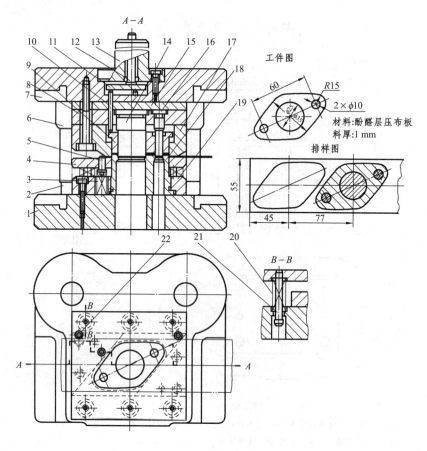

图 2-4 倒装式复合模

1—下模座;2—导柱;3—弹簧;4—卸料板;5—活动挡料销;6—导套;7—上模座;8—凸模固定板;
9—推件块;10—推销;11—推板;12—推杆;13—模柄;14、16—冲孔凸模;15—垫板;
17—落料凹模;18—凸凹模;19—固定板;20—弹簧;21—卸料螺钉;22—导料销

练 习

如图 2-5 所示冲压件,其材料为 Q235,厚度为 1.5 mm,年产量 50 万件,试分析其结构特点和技术要求,并确定合理的冲压工艺方案和模具总体结构形式。

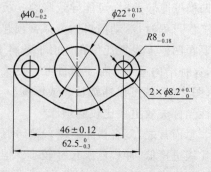

图 2-5 冲压件

任务二 冲压工艺计算

学习目标

(1)掌握工作零件刃口尺寸的计算方法。

(2)能设计排样图,计算材料利用率。

(3)掌握模具压力中心的计算方法,能确定模具压力中心。

(4)会计算弹性元件的相关值,掌握弹性元件的设计和选择方法。

工作任务

1. 教师演示任务

根据图 2-1 所示的冲压件零件图以及任务一确定的模具总体结构形式,进行必要的工艺计算。计算模具的刃口尺寸、压力中心、材料利用率和弹性元件尺寸并设计排样图等。

2. 学生训练任务

如图 2-2 所示零件,根据前面确定的复合模结构,计算各工作零件的刃口尺寸,确定压力中心的位置,画出排样图,确定卸料、推(顶)件装置的结构形式,计算并确定所用弹性元件的尺寸。

相关实践知识

一、凸模、凹模、凸凹模刃口尺寸的计算

根据任务一确定的倒装式复合模结构形式,模具工作零件有一个凹模、两个相同的凸模和一个凸凹模,必须通过计算来确定这些工作零件的刃口尺寸及其公差,为设计、制图和模具制造提供依据。按照凸、凹模刃口尺寸的计算方法和计算原则,复合模一般采用凸模、凹模、凸凹模相互配合加工的制造方法。具体刃口尺寸及其公差计算如下:

微课15

刃口尺寸及压力中心的计算

(1)图 2-1 所示零件的外形属于落料工序性质,应以凹模为基准,凸模(凸凹模外形)与凹模配作加工,保证双面合理冲裁间隙为 $0.04 \sim 0.06$ mm。所以,只需按照凹模刃口磨损变化的三种情况计算凹模刃口尺寸。

①凹模刃口磨损后变大的尺寸有 50、10、15、35,未注公差均按 IT14 级确定为 $50_{-0.62}^{0}$、$10_{-0.36}^{0}$、$15_{-0.43}^{0}$、$35_{-0.62}^{0}$,磨损系数 $x=0.5$,代入计算公式 $A_i = (A_{\max} - x\Delta)_{0}^{+\delta_A}$,有

$$A_1 = (50 - 0.5 \times 0.62)_{0}^{+\frac{0.62}{4}} = 49.69_{0}^{+0.16} \text{ mm}$$

$$A_2 = (10 - 0.5 \times 0.36)_{0}^{+\frac{0.36}{4}} = 9.82_{0}^{+0.09} \text{ mm}$$

$$A_3 = (15 - 0.5 \times 0.43)_{0}^{+\frac{0.43}{4}} = 14.785_{0}^{+0.11} \text{ mm}$$

$$A_4 = (35 - 0.5 \times 0.62)_{0}^{+\frac{0.62}{4}} = 34.69_{0}^{+0.16} \text{ mm}$$

②凹模刃口磨损后变小的尺寸是 30 ± 0.17,查表得知为 IT13 级,磨损系数 $x=0.75$,

代入计算公式 $B_i = (B_{min} + x\Delta)_{-\delta_A}^{0}$，有

$$B_1 = (30 - 0.17 + 0.75 \times 0.34)_{-\frac{0.34}{4}}^{0} = 30.085_{-0.085}^{0} \text{ mm}$$

③凹模刃口磨损后没有变化的尺寸 20±0.10 是冲压件孔和槽的对称性技术要求，代入计算公式 $C_i = C \pm \delta_A$，有

$$C_1 = 20 \pm (0.10/4) = 20 \pm 0.025 \text{ mm}$$

由此，得到凹模刃口尺寸图如图 2-6 所示。

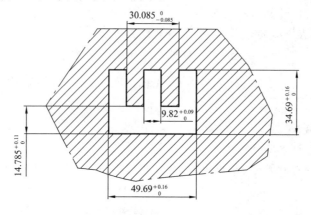

图 2-6　凹模刃口尺寸图

（2）图 2-1 所示零件上两个 $\phi 8$ mm 孔属于冲孔工序性质，应以凸模为基准，凹模（凸凹模内形）与凸模配作加工，保证双面冲裁间隙为 0.04～0.06 mm。同样，按照凸模刃口磨损的三种情况计算凸模刃口尺寸及其公差。在这里，圆形凸模磨损后使冲孔尺寸变小，两孔的公差为 0.10 mm，相当于 IT11 级公差要求，磨损系数 $x = 0.75$，代入相关计算公式 $b_i = (b_{min} + x\Delta)_{-\delta_T}^{0}$，有

$$b_1 = (8 + 0.75 \times 0.10)_{-\frac{0.10}{4}}^{0} = 8.075_{-0.025}^{0} \text{ mm}$$

由此，得到图 2-1 所示零件的冲孔凸模刃口尺寸 $d = 8.075_{-0.025}^{0}$ mm。

（3）按照配作加工法，凸凹模刃口不需要标注公差，只需要标注公称尺寸，同时在图纸技术要求上注明"凸凹模外形按凹模实际尺寸配制，内形按凸模实际尺寸配制，保证双面冲裁间隙为 0.04～0.06 mm"。此外，还应标注凸凹模内形与外形相关位置尺寸，要求尺寸为 10 处必须以凸凹模中心线为基准，制造公差按中心距查表为 ±0.09 mm。

二、压力中心的计算

在冲压工艺和模具设计中，压力中心是模具中心，要尽量使其和模具模柄中心线、压力机滑块中心线相重合，从而避免冲压时产生偏心载荷。确定复杂形状冲压件的压力中心的常用方法有解析法、图解法和悬挂法，这里采用解析法求解。

（1）画出零件需冲裁的轮廓图形，建立坐标系 XOY，如图 2-7 所示。

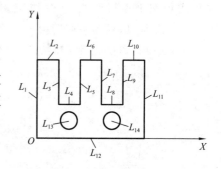

图 2-7　压力中心的计算

（2）求出每段刃口的长度和重心位置：

L_1：35，（0，17.5）　L_2：10，（5，35）　L_3：20，（10，25）　L_4：10，（15，15）

L_5：20，（20，25）　L_6：10，（25，35）　L_7：20，（30，25）　L_8：10，（35，15）

L_9：20，（40，25）　L_{10}：10，（45，35）　L_{11}：35，（50，17.5）　L_{12}：50，（25，0）

L_{13}：$3.14 \times 8 = 25.12$，（15，7.5）　$L_{14} = 3.14 \times 8 = 25.12$，（35，7.5）

（3）代入压力中心计算公式，求出压力中心的位置（X_0，Y_0）：

$$X_0 = \frac{\sum_{i=1}^{n} L_i X_i}{\sum_{i=1}^{n} L_i} = \frac{35 \times 0 + 10 \times 5 + 20 \times 10 + 10 \times 15 + \cdots + 25.12 \times 35}{35 + 10 + 20 + 10 + \cdots + 25.12} = 25$$

$$Y_0 = \frac{\sum_{i=1}^{n} L_i Y_i}{\sum_{i=1}^{n} L_i} = \frac{35 \times 17.5 + 10 \times 35 + 20 \times 25 + 10 \times 15 + \cdots + 25.12 \times 7.5}{35 + 10 + 20 + 10 + \cdots + 25.12} = 16.5$$

三、排样、排样图与材料利用率的计算

复合冲裁模的排样方法和单工序模相同，其目的是提高材料利用率，降低成本，保证冲压件质量和模具寿命。图 2-1 所示零件的外形方正，排样主要有横排（图 2-8（a））和竖排（图 2-8（b））两种方式。查相关手册可知 $t = 0.5$ mm，D21 硅钢板的规格为 750 mm×1 500 mm，工件间的最小搭边 $a_1 = 1.5$ mm，条料侧边间的最小搭边 $a = 1.8$ mm。送料方式为用手将条料紧贴单边导料板（或两个单边导料销）时，条料宽度按下式计算：

微课16

排样图及弹性
元件的设计

$$B_{-\Delta}^{0} = (D_{max} + 2a)_{-\Delta}^{0}$$

横排时：

$$B = (35 + 2 \times 1.8)_{-0.10}^{0} = 38.6_{-0.10}^{0} \text{ mm}$$

竖排时：

$$B = (50 + 2 \times 1.8)_{-0.10}^{0} = 53.6_{-0.10}^{0} \text{ mm}$$

在实际生产中，还要结合条料的裁剪方法进行综合考虑，如图 2-9 所示。对于 750 mm×1 500 mm 的板料，一般采用横向裁剪。

分析与调整：

（1）横排时，产生条料数为 750/38.6＝19.43，产生废条料 38.6×0.43＝16.6 mm。考虑冲裁质量和模具寿命，做如下调整：$a = 2.2$ mm，得 $B = 39.4_{-0.10}^{0}$ mm，产生条料数量为 19（750/39.4＝19.04）。每个条料可获得的冲压件数量为 1 500/51.5＝29.13，调整 $a_1 = 1.7$ mm，则每个条料可获得的冲压件数量为 29。

单个冲压件的面积为 1 249.52 mm²，一张板料获得的冲压件数量 $n = 19 \times 29 = 551$，则材料利用率为

$$\eta_0 = \frac{nA}{BL} \times 100\% = \frac{551 \times 1\ 249.52}{750 \times 1\ 500} \times 100\% = 61.20\%$$

（2）竖排时，可用同样方法分析和调整搭边，并计算材料利用率。

当 $a = 1.8$ mm 时，按下偏差裁剪可产生条料数 14；当 $a_1 = 1.5$ mm 时，每个条料可获得

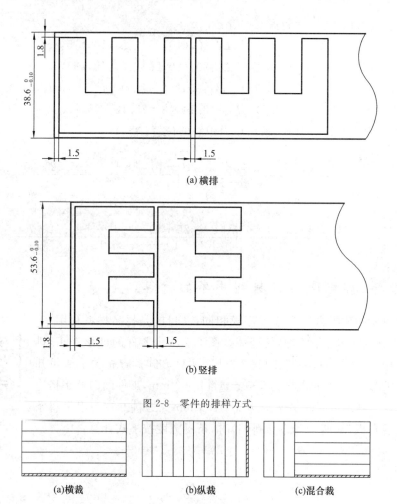

图 2-8　零件的排样方式

图 2-9　条料的裁剪方式

的冲压件数量为 41。单个冲压件的面积为 1 249.52 mm²，一张板料获得的冲压件数量 $n=$
$14\times41=574$，则材料利用率为

$$\eta_0=\frac{nA}{BL}\times100\%=\frac{574\times1\ 249.52}{750\times1\ 500}\times100\%=63.75\%$$

由此可见，竖排时材料利用率高，获得冲压件的数量多，故采用竖排方式比较合理。

绘制排样图，如图 2-10 所示。

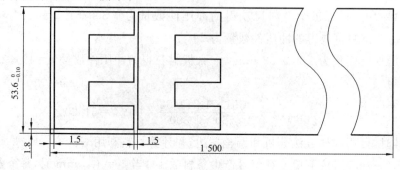

图 2-10　排样图

四、弹性元件的选择与尺寸计算

从任务一得知,图 2-1 所示零件采用倒装式复合模,冲孔废料从凸凹模内孔通过下出料方式漏入废料箱中,冲压件留在上模的凹模孔内,采用刚性打料装置,在上模回程过程中完成卸料动作,而包裹在凸凹模外缘的条料则依靠由卸料板、弹性元件和卸料螺钉组成的弹压卸料装置来完成卸料。

弹性元件主要有弹簧和橡胶两种。考虑活动挡料销、导料销设计的需要,选用橡胶比较合适。其尺寸计算如下:

(1)确定橡胶的自由高度 H_0

$$H_0 = (3.5 \sim 4)H_{\text{工}}$$
$$H_{\text{工}} = H_g + H_x = t + 1 + (5 \sim 10) = 0.5 + 1 + 7.5 = 9 \text{ mm}$$

由以上两公式得 $H_0 = 36$ mm。

(2)确定橡胶的横截面积 A

$$A = F_x / p$$

F_x 算得为 1 698 N(详见任务三),查得矩形橡胶在预压缩量为 $10\% \sim 15\%$ 时的单位面积压力为 0.5 MPa,所以

$$A = \frac{1\ 698}{0.5} = 3\ 396 \text{ mm}^2$$

(3)确定橡胶的平面尺寸

根据零件的形状特点,橡胶的外形应为矩形,中间开有矩形孔以避让凸凹模。结合零件的具体尺寸,橡胶中间的矩形孔尺寸为 35 mm×50 mm,外形暂定一边长为 90 mm,则另一边长 b 的计算如下:

$$b \times 90 - 35 \times 50 = A$$

故

$$b = \frac{3\ 396 + 35 \times 50}{90} = 57.2 \text{ mm}$$

取 $b = 60$ mm。

(4)校核橡胶的自由高度 H_0

$$\frac{H_0}{a} = \frac{36}{90 - 50} = 0.9$$

橡胶的高径比在 $0.5 \sim 1.5$ 范围内,所以选用的橡胶规格合理。橡胶的装模高度约为 $0.85 \times 36 = 30.6$ mm,取整后装模高度为 30 mm,预压缩量为 6 mm。

卸料板外形尺寸与凹模外形尺寸相同,厚度取 $6 \sim 8$ mm,用四个卸料螺钉将其和橡胶固定于上模。实际生产中,一般将弹性元件外形调整到和卸料板外形一致,然后再次校核橡胶的高径比。

相关理论知识

一、凸、凹模刃口尺寸的计算

复合模的刃口尺寸主要采用分开加工的计算方法,具体原则和计算方法详见项目一。

二、压力中心的计算

详见项目一。

三、排样与材料利用率的计算

详见项目一。

四、弹性元件的设计与计算

1. 弹性元件的选用原则

(1)满足力的要求。即所选弹性元件必须能够达到零件所需的卸料力或顶(推)件力,为此,对弹性元件在开模状态下有一定的预压要求。一般情况下,预压力应等于零件所需的卸料力或顶(推)件力,即 $F_1 = F_x$。对于弹簧,$F_1 = F_x/n$。

(2)满足弹性元件最大许用压缩量的要求。为保证弹性元件的寿命,其在工作时的总压缩量不能大于所允许的最大压缩量,即

$$H_y \geqslant H_z = H_1 + H_g + H_x$$

式中 H_1——预压缩量,mm;

H_g——工作高度,mm;

H_x——修磨高度,mm。

(3)满足安装空间要求,即所选弹性元件应有足够的安装空间。

2. 弹簧的选用步骤

(1)根据模具结构空间尺寸和卸料力 F_x 的大小,初定弹簧数目 n,算出每个弹簧应承担的卸料力 F_x/n。

(2)根据 $F_1 = F_x/n$ 的要求选择弹簧规格,使所选弹簧的允许最大工作载荷 $F_y > F_1$。

(3)根据弹簧压力与其压缩量成正比的特性,可按 $H_1 = F_1 H_y/F_y$ 求得弹簧的预压缩量。

(4)检查弹簧的允许最大压缩量是否满足 $H_y \geqslant H_z = H_1 + H_g + H_x$,如满足该式,就说明所选弹簧合适,否则应按上述步骤重选。

(5)确定弹簧的安装高度,即 $H = H_0 - H_1$。

3. 橡胶的选用步骤

(1)确定橡胶的自由高度 H_0

根据弹性元件的选用原则,以及橡胶的最大许用压缩量 $H_y = (35\% \sim 45\%)H_0$,预压缩量 $H_1 = (10\% \sim 15\%)H_0$,$H_g = t+1$,$H_x = 5 \sim 10$ mm,代入公式 $H_y \geqslant H_z = H_1 + H_g + H_x$,整理得

$$H_0 = (3 \sim 4)[t + (6 \sim 11)]$$

(2)确定橡胶的横截面积 A

根据上述选用橡胶的原则可知,为使橡胶满足力的要求,$F_1 = Ap \geqslant F_x$。所以,橡胶的横截面积与卸料力及单位面积压力之间存在如下关系(图 2-11):

$$A = F_x/p$$

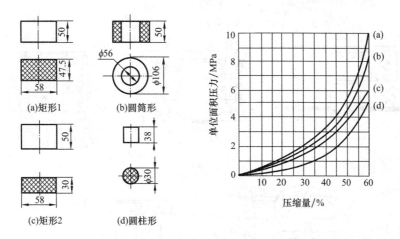

图 2-11　橡胶特性曲线

（3）确定橡胶的平面尺寸

常见的橡胶形状有圆筒形、圆柱形和矩形，可根据模具结构任选其中一种。橡胶的平面尺寸与橡胶的形状有关，可按上式确定的橡胶横截面积计算出其平面尺寸。

（4）校核橡胶的自由高度 H_0

橡胶的自由高度 H_0 与其直径 $D(a)$ 之比应在下式范围内：

$$0.5 \leqslant H_0/D(a) \leqslant 1.5$$

如果此值超过 1.5，应将橡胶分成若干层后，在其间垫以钢垫片；若此值小于 0.5，则应重新确定橡胶的自由高度。只有这样，才能保证橡胶正常工作。

橡胶截面尺寸见表 2-4。

表 2-4　　　　　　　　　　　　　　橡胶截面尺寸

橡胶的形状					
计算项目	d	D_1	D_2	a_1	a_2	b
计算公式	按结构选用	$\sqrt{d^2+1.27\dfrac{F_{xy}}{p}}$	$\sqrt{1.27\dfrac{F_{xy}}{p}}$	$\sqrt{\dfrac{F_{xy}}{p}}$	$\dfrac{F_{xy}}{bp}$	$\dfrac{F_{xy}}{ap}$

注：F_{xy}——所需工作压力，N；

p——压缩 $10\% \sim 35\%$ 时的单位面积压力，MPa；

D_1、D_2——橡胶外径，mm；

d——橡胶内径，mm；

a_1、a_2——橡胶宽度，mm；

b——橡胶长度，mm。

（5）确定橡胶的安装高度

$$H=H_0-H_1$$

在复合模结构设计中，弹性元件主要应用于弹压卸料装置（图 2-12）、弹性推件装置（图 2-13）和弹性顶件装置（图 2-14）。

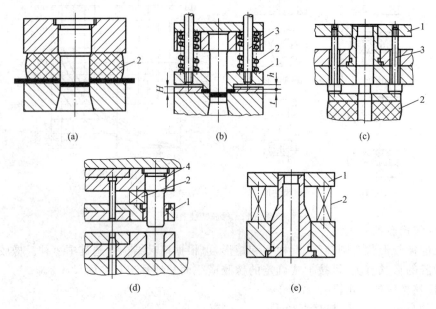

图 2-12 弹压卸料装置

1—卸料板;2—弹性元件;3—卸料螺钉;4—小导柱

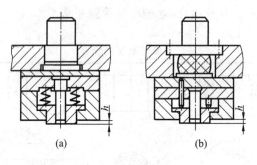

图 2-13 弹性推件装置

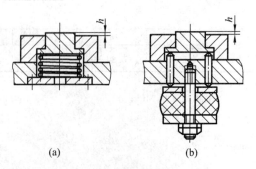

图 2-14 弹性顶件装置

练 习

如图 2-5 所示零件,根据前面确定的复合模结构,计算其刃口尺寸,确定压力中心的位置,画出排样图,确定卸料、推(顶)件装置的结构形式,并计算和确定所用弹性元件的尺寸。

任务三 冲压设备的选用

学习目标

(1)掌握模具总冲压力的计算方法。

(2)掌握冲压设备类型,能合理选择冲压设备。

微课17

冲压设备的选用

工作任务

1.教师演示任务

根据图 2-1 所示的冲压件零件图以及已确定的模具总体结构形式和冲压工艺计算内容,计算总冲压力,合理选择本模具的冲压设备。

2.学生训练任务

根据图 2-2 所示零件已确定的模具结构形式,计算总冲压力并选择所需压力机的型号。

相关实践知识

一、总冲压力的确定

在冲裁模设计中,冲压力是指冲裁力、卸料力、推件力和顶件力的总称,它是冲裁时选择压力机、进行模具设计、校核模具强度和刚度的重要依据。

1.冲裁力的计算

冲裁力基本计算公式为

$$F = KLt\tau = Lt\sigma_b$$

图 2-1 所示零件的冲裁周边长度包括外形落料 $L_落$ 和冲孔 $L_冲$ 两部分,计算如下:

$$L_落 = (50 + 35) \times 2 + 20 \times 4 = 250 \text{ mm}$$

$$L_冲 = 4 \times 3.14 \times 4 = 50.24 \text{ mm}$$

$$L = L_落 + L_冲 = 300.24 \text{ mm}$$

图 2-1 所示零件的材料为 D21 硅钢,厚度 t 为 0.5 mm,抗剪强度 τ_0 为 190 N/mm²,$K=1.3$,则所需冲裁力为

$$F_落 = KL_落 t\tau_0 = 1.3 \times 250 \times 0.5 \times 190 = 30\ 875\ \text{N}$$

$$F_冲 = KL_冲 t\tau_0 = 1.3 \times 50.24 \times 0.5 \times 190 = 6\ 205\ \text{N}$$

$$F = F_落 + F_冲 = 30\ 875 + 6\ 205 = 37\ 080\ \text{N}$$

2. 卸料力、推件力和顶件力的计算

在冲裁加工过程中,卸料力、推件力和顶件力都有相应的经验公式,但不是简单的代入计算,而是要根据不同的模具结构和工作状态来具体分析和计算。在倒装式复合模中:

卸料力为

$$F_x = K_x F_落 = 0.055 \times 30\ 875 = 1\ 698\ \text{N}$$

上式中,系数 K_x 查表 1-25 可得。

推件力为

$$F_t = nK_t F_冲 = 10 \times 0.063 \times 6\ 205 = 3\ 909\ \text{N}$$

上式中,系数 K_t 查表 1-25 可得。凸凹模孔内冲裁废料数 $n = h/t$,按照凹模孔结构设计原则,复合模下出件凹模孔直刃壁高度 h 应根据板料厚度 t 和模具寿命要求而定。一般情况下,当 $t < 0.5$ mm 时,$h = 3 \sim 5$ mm;当 $t = 0.5 \sim 5$ mm 时,$h = 5 \sim 10$ mm。这里选 $h = 5$ mm。

顶件力为

$$F_d = K_d F$$

上式中,系数 K_d 查表 1-25 可得,F 要根据模具工作状态确定。倒装式复合模中,冲压件是依靠刚性打料装置卸料的,是在模具完成冲裁工作后,在上模上行过程中进行的,因此不需要计算。

3. 总冲压力的计算

对于复合冲裁模来说,一般情况下,总冲压力为冲裁力、推件力、顶件力和卸料力的总和,但在选择冲压设备或计算时是否都要考虑进去,应根据不同的模具结构和工作过程具体分析、区别对待。

在图 2-1 所示零件已确定的倒装式复合模结构中,总冲压力为

$$F_z = F + F_x + F_t = 37\ 080 + 1\ 698 + 3\ 909 = 42\ 687\ \text{N}$$

二、冲压设备的选择

在选择冲压设备时,要求压力机的公称压力必须大于总冲压力,通常取安全系数为 $1.3 \sim 1.5$,则

$$F_g = 1.4 F_z = 1.4 \times 42\ 687 = 59\ 761.8\ \text{N}$$

查表 2-5,选压力机型号为 J23-6.3,公称压力 $63\ 000$ N$> 59\ 761.8$ N,故冲压设备吨位合适。这里先暂时选定,后面可根据模具闭合高度是否合适再做调整。

表 2-5　几种开式压力机的主要技术参数

压力机型号	J23-3.15	J23-6.3	J23-10	J23-16F	JH23-25	JH23-40	JC23-63	J11-50	J11-100	JA11-250	JH21-80	JA21-160	J21-400A
公称压力/kN	31.5	63	100	160	250	400	630	500	1 000	2 500	800	1 600	4 000
滑块行程/mm	25	35	45	70	75	80	120	90	20~100	120	160	160	200
行程次数/(次·min⁻¹)	200	170	145	120	80	55	50	90	65	37	40~75	40	25
最大闭合高度/mm	120	150	180	205	260	330	360	270	420	450	320	450	550
闭合高度调节量/mm	25	35	35	45	55	65	80	75	85	80	80	130	150
立柱间距离/mm	120	150	180	220	270	340	350	—	—	—	—	530	896
喉深/mm	90	110	130	160	200	250	260	235	340	325	310	380	480
工作台尺寸/mm　前后	160	200	240	300	370	460	480	450	600	630	600	710	900
工作台尺寸/mm　左右	250	310	370	450	560	700	710	650	800	1 100	950	1 120	1 400
工作台尺寸/mm　厚度	30	30	35	40	50	65	90	80	100	150	—	130	170
垫板尺寸/mm　孔径	φ110	φ140	φ170	φ210	φ260	φ320	φ250	φ130	φ150	φ70	φ50	—	φ300
模柄孔尺寸/mm　直径	φ25	φ30	φ30	φ40	φ40	φ40	φ50	φ50	φ60	φ70	φ50	φ70	φ100
模柄孔尺寸/mm　深度	40	55	55	60	60	60	70	80	80	90	50	80	120
最大倾斜角	45°	45°	35°	35°	30°	30°							
电动机功率/kW	0.55	0.75	1.1	1.5	2.2	—	5.5	—	7	18.1	7.5	11.1	32.2
备注					需压缩空气	需压缩空气					需压缩空气		

相关理论知识

一、总冲压力的确定

详见项目一中的相关内容。

二、冲压设备的类型与选择

详见项目一中的相关内容。

练 习

根据图 2-5 所示零件已确定的模具结构形式,计算总冲压力并选择所需的压力机型号。

任务四　模具零部件(非标准件)设计

学习目标

(1)掌握复合模工作零件的设计。
(2)掌握复合模定位零件的设计。
(3)掌握复合模卸料、推(顶)件装置的设计。

工作任务

1.教师演示任务

根据图 2-1 所示零件的模具结构形式和冲压工艺计算内容,完成模具的工作零件、定位零件、卸料装置、推(顶)件装置的设计。

2.学生训练任务

根据图 2-2 所示零件已确定的模具结构形式,设计模具工作零件的结构及相关尺寸、工作零件材料及热处理要求,设计并选定定位零件,设计并选定模具卸料装置与推(顶)件装置的基本结构及相应零件的尺寸。

相关实践知识

一、工作零件的设计

1. 凹模的设计

根据零件形状,凹模外形采用板形,结构形式为平刃整体式比较合理。凹模必须具备高强度、高耐磨性要求,材料选用 Cr12MoV 或 Cr12,采用锻造制坯,碳化物偏析不大于 3 级,热处理硬度为 58～62HRC。此外,在凹模设计中还应考虑国家标准,尽量采用标准毛坯或半成品,以降低模具制造成本和提高制造质量。凹模轮廓尺寸按照经验公式计算:

微课18

工作零件的设计

凹模厚度 $H = ks$,查表得 $k = 0.4$,$s = 50$,则

$$H = 0.4 \times 50 = 20 \text{ mm}$$

垂直于送料方向的凹模宽度 $B = s + (2.5 \sim 4)H$,则

$$B = 50 + 3 \times 20 = 110 \text{ mm}$$

送料方向的凹模长度 $L = s_1 + 2s_2$,其中 $s_1 = 35$,查表得 $s_2 = 28$,则

$$L = 35 + 2 \times 28 = 91 \text{ mm}$$

按上限靠拢原则,选取标准凹模板尺寸($B \times L \times H$)为 125 mm×100 mm×20 mm。

同时,相应的凸模固定板、垫板、卸料板、凸凹模固定板的外形尺寸与凹模相同。此外,倒装式复合模的凹模装在上模,冲压件采用刚性推件装置,在上模回程时通过打杆、推板、连接推杆和推件块实现推件动作。为防止推件块从凹模中掉出,推件块背面必须设计台阶,台阶厚度一般为 3～5 mm。考虑推件块在模具工作时的运动距离,在凹模刃口背面必须设计窝孔,也可以通过增加容框的方式来减少对凹模板的加工,具体可根据冲压件形状进行不同的结构设计。凹模的固定方法为内六角螺钉连接、圆柱销定位。在这里要特别强调的是设计必须符合零件加工的工艺性要求,所以设计人员必须具备扎实的机械加工知识。

2. 凸模的设计

在项目一中,我们已经了解了凸模的各种结构形式。本模具具有两个圆形凸模,工作部分直径为 8 mm,强度和刚度足够,采用标准台阶式圆形凸模的结构设计方法,与凸模固定板配合部分采用过渡配合(n6 或 m6),台阶直径比配合部分直径大 3～5 mm,配合部分直径一般取比工作部分刃口尺寸大 1～2 mm 的整数尺寸为好。材料可选用 T10、Cr12 或 W18Cr4V2,热处理硬度为 58～62HRC。对较大凸模要采用锻造制取,小直径凸模可直接采用圆棒制造。凸模长度为凹模厚度与容框和凸模固定板厚度之和。

3. 凸凹模的设计

凸凹模是复合冲裁模的特征工作零件,它的内、外缘都是刃口,形状与冲压件相同,材料和热处理要求与凸模相同,毛坯采用锻造制取,碳化物偏析不大于 3 级。通过冲压件结构工艺性分析已知,内、外缘壁厚符合最小壁厚要求,凸凹模强度有可靠保证。大多数采用复合模冲裁的零件内、外缘形状都比较复杂,考虑制造工艺因素,其内、外形结构通常采用直通整体式和直通镶拼式,制造方式采用线切割或成形磨削加工工艺,与固定板的安装采用 m6 或

n6 配合。为保证工作时不被拉出，与固定板连接的背面必须设置台阶，或采用其他连接固定方法，如浇注、横销、铆接等，如图 2-15 所示。本冲压件因形状方正，故选用双边台阶式比较合理，内孔刃口采用直壁 5 mm，下面漏料沉孔直径为 9～10 mm。凸凹模长度等于固定板、卸料板和弹压橡胶安装高度之和。

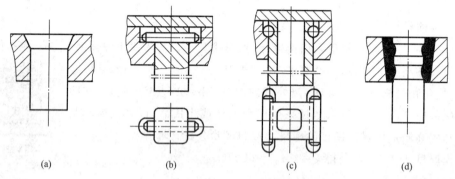

(a)　　　　　(b)　　　　　(c)　　　　　(d)

图 2-15　常用异形凸模、凸凹模的安装形式

二、定位零件的设计

在复合冲裁模中，条料在模具送料平面内同样必须有送料方向的送料定距和垂直于送料方向的送料导向这两个限位，才能保证模具正常工作。常用的定位方式都是选用导料销作为送料导向零件，选用挡料销作为送料定距零件。正装式复合模常采用固定导料销和固定挡料销，它们被安装在凹模上，与凹模的配合为 H7/n6 或 H7/m6，结构形式详见项目一。此外，为保证冲裁工作时卸料板的压料作用，在卸料板上的相应位置必须设计让位沉孔。倒装式复合模一般采用活动的挡料销和导料销，它们被安装在卸料板上，与卸料板的配合为 H7/h5 或 H7/h6，其结构形式都已标准化。

三、卸料装置与推（顶）件装置的设计

1. 卸料装置的设计

根据任务一中确定的模具结构形式，本模具采用弹压卸料装置，属于典型结构（图 2-12(e)），主要由卸料板、弹压橡胶和卸料螺钉组成。在卸料板上应设置导料销安装孔，其位置设计原则是纵向送料设计在左边，横向送料设计在右边。孔中心与内形边缘的距离为 $d/2+1.8$。卸料板内形按照凸凹模外形配合加工，配合要求一般为 H7/h6 或 H8/h6；卸料板外形和凹模相同，材料为 45 钢，热处理硬度为 28～32HRC，也可采用标准半成品件进行补充加工。

微课19

压、卸料零件的设计

2. 推（顶）件装置的设计

倒装式复合模的冲裁废料直接从凸凹模内形背面的漏料孔中由凸模顶出，只有冲压件是依靠上模上的推件装置实现卸料功能的。推件装置一般有两种：刚性推件装置和弹性推件装置。弹性推件装置能起到压料作用，适合板料较薄、平直度要求较高的冲压件，但在模具工作过程中，一旦弹性元件失效，更换就不方便，而且失效的具体时间不好掌握，容易产生卸料困难而继续工作，给模具工作的可靠性带来隐患，所以在倒装式复合冲裁模中常采用的

是刚性推件装置,如图 2-16 所示。结合本模具冲压件外形和凹模推件位置的具体情况,选择图 2-16(a)所示的结构形式比较合理,采用 2 个直径为 6 mm 的连接推杆,根据推件块的背面尺寸 35 mm×56 mm 和结构形状,连接推杆孔距设定为 43 mm,推件块设计成单边台阶 3 mm(这里主要从推件块加工工艺方面考虑进行结构设计),如图 2-17 所示。由此,确定推板结构为图 2-18 中的 B 型,中心距为 43 mm,宽度 b 为 12 mm,厚度 6 mm 即可。设定凹模窝深 10 mm,推件块台阶厚 5 mm,那么推件块活动的距离有 5 mm,远远大于冲裁工作时凸凹模进入凹模的深度,故安全可靠。这样连接推杆的长度就可以算出,同时上模板相应的推板窝深也可以算出,从而基本确定了推件装置各零件的结构和尺寸。推件装置各零件一般采用 45 钢,推件块需热处理到 40～45HRC,其他零件达 28～32HRC 即可。

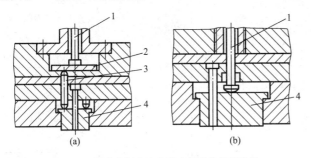

图 2-16　倒装式复合冲裁模中的刚性推件装置

1—打杆;2—推板;3—连接推杆;4—推件块

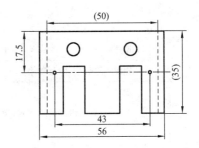

图 2-17　连接推杆的位置

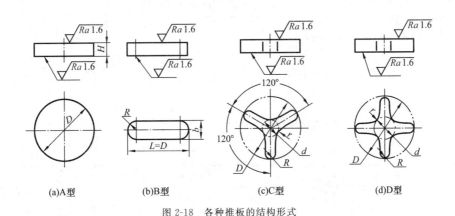

(a)A型　　　(b)B型　　　(c)C型　　　(d)D型

图 2-18　各种推板的结构形式

相关理论知识

一、模具工作零件材料及热处理的选用

模具工作零件材料及热处理的选用见表 2-6,一般零件材料及热处理的选用见表 2-7。

表 2-6 模具工作零件材料及热处理的选用

模具类型		冲压件情况及对模具工作零件的要求	选用材料		热处理硬度（HRC）	
			牌号	标准号	凸模	凹模
冲裁模	1	形状简单,精度较低,冲裁厚度不大于 3 mm,批量中等	T10A	GB/T 1299—2014	56～60	—
		带台肩的、快换式的凸、凹模和形状简单的镶块	9Mn2V	GB/T 1299—2014	—	60～64
	2	冲裁厚度不大于 3 mm,形状复杂	9SiCr CrWMn Cr12 Cr12MoV	GB/T 1299—2014	56～62	60～64
		冲裁厚度大于 3 mm、形状复杂的镶块				
	3	要求耐磨、高寿命	Cr12MoV	GB/T 1299—2014	56～62	60～64
			YG15 YG20			
	4	冲薄材料用的凹模	T10A	GB/T 1299—2014	—	—
弯曲模	1	一般弯曲的凸、凹模及镶块	T10A	GB/T 1299—2014	56～62	
	2	形状复杂、高度耐磨的凸、凹模及镶块	CrWMn Cr12 Cr12MoV	GB/T 1299—2014	60～64	
	3	生产批量特别大	YG15		—	
		加热弯曲	5CrNiMo 5CrNiTi 5CrMnMo	GB/T 1299—2014	52～56	
拉深模	1	一般拉深	T10A	GB/T 1299—2014	56～60	60～62
	2	形状复杂,高度耐磨	Cr12 Cr12MoV	GB/T 1299—2014	58～62	60～64
	3	生产批量特别大	Cr12MoV W18Cr4V	GB/T 1299—2014	58～62	60～64
	4	生产批量特别大	YG10 YG15	—	—	—
	5	变薄拉深凸模	Cr12MoV	GB/T 1299—2014	58～62	
		变薄拉深凹模	Cr12MoV W18Cr4V	GB/T 1299—2014		60～64
			YG10 YG15			—
	6	加热拉深	5CrNiTi	GB/T 1299—2014	52～56	—
大型拉深模	1	中小批量	HT200	GB/T 9439—2010	—	
			QT200-2	GB/T 1348—2009	197～269HBW	
	2	大批量	镍铬铸铁		火焰淬硬40～45	
			钼铬铸铁		火焰淬硬50～55	
			钼钒铸铁		火焰淬硬50～55	

续表

模具类型		冲压件情况及对模具工作零件的要求	选用材料		热处理硬度(HRC)	
			牌号	标准号	凸模	凹模
冷挤压模	1	挤压铝、锌等非铁金属	T10A Cr12 Cr12Mo	GB/T 1299—2014 GB/T 1299—2014	≥61	58～62
	2	挤压钢铁材料	Cr12MoV Cr12Mo W18Cr4V	GB/T 1299—2014	>61	58～62

表 2-7　　　　　　　　　　　　　　一般零件材料及热处理的选用

零件名称	选用材料牌号	选用材料标准号	热处理硬度(HRC)
上、下模座	HT200	GB/T 9439—2010	—
模柄	Q235	GB/T 700—2006	—
导柱	20	GB/T 699—2015	58～62 渗碳
导套	20	GB/T 699—2015	58～62 渗碳
凸、凹模固定板	45,Q235	GB/T 699—2015,GB/T 700—2006	—
承料板	Q235	GB/T 700—2006	—
卸料板	45,Q235	GB/T 699—2015,GB/T 700—2006	—
导料板	45,Q235	GB/T 699—2015,GB/T 700—2006	(45)28～32
挡料销	45	GB/T 699—2015	43～48
导正销	T8A,9Mn2V	GB/T 1299—2014,GB/T 1299—2014	50～54,56～60
垫板	45	GB/T 699—2015	43～48
螺钉	45	GB/T 699—2015	头部 43～48
销钉	45	GB/T 699—2015	43～48
推杆、顶杆	45	GB/T 699—2015	43～48
顶板	45	GB/T 699—2015	43～48
拉深模压边圈	T8A,45	GB/T 1299—2014,GB/T 699—2015	54～58,43～48
螺母、垫圈、螺塞	Q235	GB/T 700—2006	—
定距侧刃、废料切刀	T10A	GB/T 1299—2014	58～62
侧刃挡块	T8A	GB/T 1299—2014	56～60
楔块与滑块	T8A	GB/T 1299—2014	54～58
弹簧	65Mn	GB/T 1222—2016	44～50

二、模具工作零件的结构设计与固定方法

1.凸模的结构设计与固定方法

详见项目一中的相关内容。

2.凹模的结构设计与固定方法

详见项目一中的相关内容。

3.凸凹模的结构设计与固定方法

凸凹模是复合冲裁模的主要工作零件,它的内、外缘都是刃口,形状与冲裁件相同,内、外缘之间的壁厚取决于冲裁件的孔边距,所以当冲裁件的孔边距较小时,必须考虑凸凹模的强度。其壁厚不应小于所允许的最小值(见表2-3),如果孔边距(即壁厚)小于最小值,则凸凹模强度不够,就不宜采用复合冲裁模进行冲裁(可采用单工序模或级进模冲裁)。凸凹模最小壁厚是经验值,与冲模结构有关。正装式复合模的凸凹模壁厚选表2-3中的小值,倒装式复合模的凸凹模壁厚选表2-3中的大值。凸凹模的结构形式取决于冲裁件,其刃口形状与冲裁件相同,固定方法可根据冲裁件的复杂程度和加工工艺综合考虑,一般规则形状可以设计成台阶形,大多数不规则冲裁件可以采用直通式结构,其与固定板的安装形式如图2-15所示。

三、定位零件的结构及其设计

详见项目一中的相关内容。

四、卸料装置与推(顶)件装置的设计

详见项目一中的相关内容。

练 习

根据图2-5所示零件已确定的模具结构形式,设计模具工作零件的结构及相关尺寸、工作零件材料及热处理要求,设计并选定定位零件,设计并选定模具卸料装置与推(顶)件装置的基本结构及相应零件的尺寸。

任务五　模架及标准件的选择

学习目标

(1)掌握标准模架的结构、种类及选用方法。

(2)掌握非标准模架的设计方法。

(3)掌握模具标准件的选用方法。

(4)能合理选用模架并对模架零件进行必要的补充设计。

微课20

模架及标准件的选择

工作任务

1. 教师演示任务

根据图 2-1 所示零件已确定的模具结构形式、冲压工艺计算和已完成的模具工作零件、定位零件、卸料装置、推（顶）件装置的设计内容,完成该零件复合冲裁模的模架选用并补充必要的设计内容,同时完成相应的其他标准件的选用并补充设计内容。

2. 学生训练任务

根据图 2-2 所示零件已确定的模具结构形式和前面已完成的相关设计内容,进一步对该零件的模具进行设计:选定模具的模架并进行必要的补充设计;选定其他标准件或标准半成品件并进行必要的补充设计。

相关实践知识

一、模架的选用及补充设计

模架及其组成零件都已标准化,且国家标准对其规定了相应的技术条件。在进行模具设计时,一般只需选取相应规格的标准模架,对上、下模板进行必要的补充设计就可以了。标准模架可以从专业模架制造商处购取,也可以按国家标准自行制造。

模架的选择应从三方面入手:依据产品零件精度和模具工作零件配合精度确定模架精度;根据产品零件精度要求、形状、条料送料方向选择模架类型;根据凹模周界尺寸确定模架规格。

由之前的计算已知,凹模的外形尺寸为 125 mm×100 mm×20 mm,为了操作方便,模具采用后置滑动导向导柱模架。根据冲裁单边间隙 0.02～0.03 mm 的精度要求,查阅 GB/T 2851—2008 得知,导柱直径为 22 mm 应选用 I 级精度,导柱、导套的配合精度要求为 H7/h5。

此外,根据模具结构,凹模厚度为 20 mm,凸模固定板厚度为 14 mm,垫板厚度为 6 mm,凸凹模高度为 46 mm,固定板厚度为 16 mm,卸料板厚度为 12 mm,橡胶安装高度为 30 mm,下垫板厚度为 6 mm(视需要而定,本模具不需要),这样当模具闭合时,上、下模板之间的高度大约为 98 mm。考虑上、下模板厚度,选择模具闭合高度为 140～165 mm,这样模架就标记为"滑动导向模架 200×125×(140～165) I GB/T 2851—2008"。查阅国家标准(GB/T 2851—2008)可知:上模板 125 mm×100 mm×30 mm,下模板 125 mm×100 mm×35 mm,导柱 22 mm×130 mm,导套 22 mm×80 mm×28 mm。同时,根据表 2-5 调整压力机型号为 J23-10。

在完成模架的选择以后,还必须根据前面所确定的模具结构对上、下模板进行必要的补充设计。

1. 上模板的补充设计

根据本模具采用的刚性打料推件装置(图 2-16(a))的结构形式,在上模板上除了要画出与凹、凸模固定板进行连接的螺钉孔和进行定位的圆柱销孔外,还应设计并画出连接推杆孔、推板窝、模柄安装窝等相关内容(其中连接螺钉孔为过孔),并在上模板上设计沉孔,孔径按选用的标准内六角螺钉 M8 放大 1 mm 为合适,孔的位置尺寸与凹模设计尺寸相同。用于定位的圆柱销孔按选用的标准圆柱销 ϕ10 mm 设计为 ϕ10H7,孔位尺寸与凹、凸模固定板一致。按照推件装置的结构要求,由之前的设计得知,连接推杆 2×ϕ6 mm,孔距 43 mm,推板标记为"B 50 JB/T 7650.4—2008",其推板窝形按推板外形单边放大 0.5 mm 较为合适,深度参考顶件块活动距离 5 mm 加上推板厚度 6 mm 设计即可。模柄安装窝根据选用的标准凸缘模柄设计,窝深必须比凸缘厚度大 0.05~0.10 mm,以便于装模时模板紧贴滑块端面,使冲压力通过模板传递。此外,在进行补充设计时,还应该考虑推板窝形与打料杆直径的关系,在本模具中,由于推板窝宽为 10+1=11 mm,而打料杆大头直径为 13 mm,因此还必须在推板窝中心增加一个 ϕ15 mm 的圆窝,以确保打料杆工作到位。图 2-19 所示为上模板补充设计示意图。

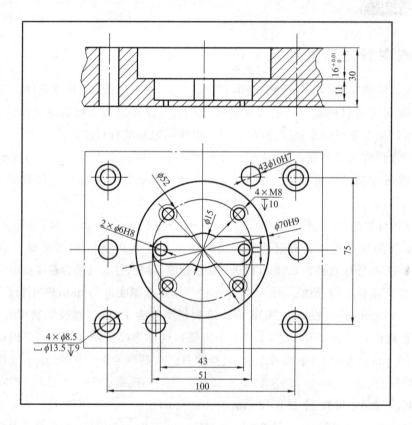

图 2-19 上模板补充设计示意图

2. 下模板的补充设计

根据倒装式复合模的结构特点,下模板上需要补充设计的内容主要有安装卸料螺钉 M6 的过孔及沉孔、连接凸凹模固定板的内六角螺钉 M8 的过孔及沉孔、固定凸凹模固定板的圆柱销孔 ϕ10H7、与凸凹模上凹模孔相对应的漏料孔。这些孔的孔位都必须和相应零件尺寸一致。考虑漏料方便,避免产生堵塞而影响冲孔废料漏出,模板上的漏料孔径必须比凸凹模背面漏料沉孔径大 1~2 mm。同时,在设计卸料板螺钉孔、凸凹模固定板螺钉孔以及销孔时,要兼顾相应模板上的孔位,做到均匀、合理分布。图 2-20 所示为下模板补充设计示意图。

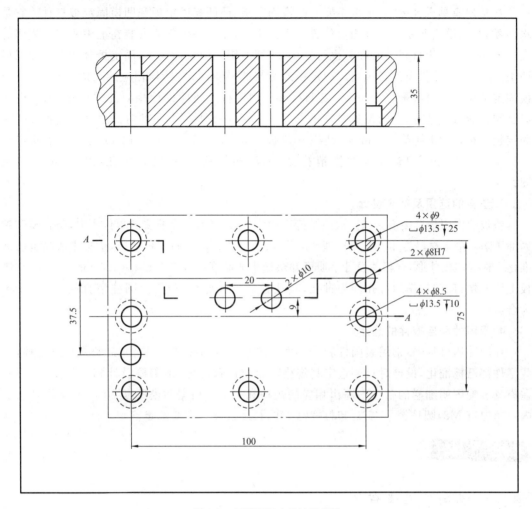

图 2-20　下模板补充设计示意图

二、其他标准件的选用及补充设计

1. 模柄的选用及补充设计

模柄主要用于中小型模具,作为上模与压力机滑块连接的零件,其基本要求是:与压力机滑块上的模柄孔正确配合,安装可靠;与上模正确而可靠地连接。模柄材料常用 Q235 或45 钢。模柄的结构形式有多种(详见项目一中的相关内容),并已标准化,具体选择模柄的结构形式和类型时要根据模具大小、上模的具体结构、模具复杂程度及模架精度来考虑,并要与所选压力机滑块上的模柄孔对应。对于上模板设有推件窝的模具,一般选用凸缘模柄,模柄的中心线必须与模具的压力中心重合。凸缘模柄是用 3～4 个螺钉固定在上模座的窝孔内的,模柄的凸缘与上模座的窝孔采用 H7/js6 过渡配合。查阅本模具选用的压力机参数得知,模柄的公称直径为 30 mm。查相关设计手册选定为:模柄　B　30×70　JB/T 7646.3—2008。此模柄的打料杆孔径为 11 mm,可知打料杆直径为 10 mm,其带肩直径为 13 mm,考虑不影响推板活动距离,还必须在模柄孔处补充设计沉孔 $\phi14$ mm×4 mm(详见图 2-28)。

2. 固定板的选用及补充设计

在常规模具设计中,固定板主要有凸模固定板、凸凹模固定板和凹模固定板三种。它是将凸模、凸凹模或凹模按一定相对位置压入固定后,作为一个整体安装在上模座或下模座的板类零件。固定板材料为 Q235,也可采用 45 调质钢。国家标准中,固定板分为矩形和圆形两类,作为半成品供设计者选用。固定板外形与凹模相同,内形与相应的凸模、凸凹模或凹模固定部分采用过渡配合 H7/m6 或 H7/n6。固定板上还应设计相应的螺钉孔、圆柱销孔以及卸料螺钉过孔等,孔的位置要分布合理。本模具依据结构,主要有凸模固定板和凸凹模固定板两种,选用半成品规格为:凸模固定板 125 mm×100 mm×14 mm,凸凹模固定板 125 mm×100 mm×16 mm,圆柱销孔 $\phi 10H7$,螺钉孔 M8,相关过孔 $\phi 8.5$ mm(详见图2-34)。

3. 垫板的选用及补充设计

垫板的作用是直接承受和扩散凸模传递的压力,以降低模座所受的单位压力,防止模座被局部压陷。垫板材料为 45 钢,热处理硬度为 43～48HRC。与固定板一样,垫板半成品也已标准化。根据凹模外形,查相关设计手册可知垫板半成品规格为 125 mm×100 mm×6 mm。垫板上所有螺钉、圆柱销通过孔均为过孔,其孔径设计成比相应螺钉、圆柱销直径大 0.5 mm 为合适(详见图 2-29)。

4. 紧固件和连接件的选用

在冷冲压模具中,常用紧固件和连接件主要有内六角螺钉、圆柱销、卸料螺钉这三种,这些零件都已标准化,设计时只要选定其规格和紧定位置即可,不需要设计相应的图纸,只需在模具装配图明细栏的备注中写出相应的规格和类型。根据凹模厚度 20 mm,本模具选定内六角螺钉 M8,圆柱销 $\phi 10n6$,卸料螺钉 M6,长度按设计需要选定。

相关理论知识

一、模架及其零件

通常所说的模架由上模座、下模座、导柱、导套四个部分组成,一般标准模架不包括模柄。模架是整副模具的骨架,它是连接冲模主要零件的载体。模具的全部零件都固定在模架上面,并承受冲压过程中的全部载荷。模架的上模座和下模座分别与冲压设备的滑块和工作台固定。上、下模间的精确位置由导柱、导套的导向来实现。

1. 模架的分类与选用

冲模模架已经标准化。标准冲模模架主要有两大类:一类是由上、下模座和导柱、导套组成的导柱模模架;另一类是由弹压导板、下模座和导柱、导套组成的导板模模架。具体内容详见项目一。

2. 滑动导向模架主要零件的结构和设计要点

(1)模板

上、下模板的作用是直接或间接地安装冲模的所有零件,并分别与压力机的滑块和工作台连接,以传递压力。因此,上、下模板的强度和刚度是主要考虑的问题。一般情况下,模板因强度不够而产生破坏的可能性不大,但若刚度不够,则工作时会产生较大的弹性变形,导致模具的工作零件和导向零件迅速磨损。

设计冲模时,模板的尺寸规格一般根据模架类型和凹模周界尺寸从标准中选取。如果标准模板不能满足设计要求,可参考标准进行设计。设计时应注意以下几点:

①模板的外形尺寸根据凹模周界尺寸和安装要求确定。对于圆形模板,其直径应比凹模板直径大 30～70 mm;对于矩形模板,其长度应比凹模板长度大 40～70 mm,其宽度可以等于或略大于凹模板宽度,但应考虑有足够安装导柱、导套的位置。模板的厚度一般取凹模板厚度的 1.0～1.5 倍,考虑受力情况,上模板厚度可比下模板厚度小 5～10 mm。对于大型非标准模板,还必须根据实际需要,按铸件工艺性要求和铸件结构设计规范进行设计。

②所设计的模板必须与所选压力机工作台和滑块的有关尺寸相适应,并进行必要的校核,如下模板尺寸应比压力机工作台孔或垫板孔尺寸每边大 40～50 mm 等。

③上、下模板的导柱与导套安装孔的位置尺寸必须一致,其孔距公差要求在 ±0.01 mm以下。模板上、下面的平行度以及导柱、导套安装孔与模板上、下面的垂直度等要求应符合标准《冲模模架零件技术条件》(JB/T 8070—2008)中的有关规定。

④模板材料根据冲压力大小和模板的重要性选用。一般的模板选用 HT200 或HT250,也可选用 Q235 或 Q255;大型重要模板可选用 ZG35 或 ZG45。

此外,如果冲下的零件或废料需从下模板下面漏下,则应在冲模的下模板上开一个漏料孔。如果压力机的工作台面上没有漏料孔或漏料孔太小,或因顶件装置安装的影响而无法排料,则可在下模板底面开一条通槽,冲下的零件或废料可以从槽内排出,故称为排出槽。若冲模上有较多的冲孔,并且孔的距离很近,则可在下模板底面开一条公用的排出槽。对上模板也要根据模具结构进行必要的补充设计,例如,当采用推板、连接推杆结构的刚性打料装置时,在上模板上要设计相应的推板窝和凸缘模柄安装窝。

(2)导柱、导套

导柱、导套是保证上模相对于下模正确运动的导向零件,其结构形式和装配关系详见项目一。导柱、导套一般选用 20 钢制造。为了增强表面硬度和耐磨性,应进行表面渗碳处理,渗碳层厚度为 0.8～1.2 mm,渗碳后的淬火硬度为 58～62HRC。

导柱的外表面和导套的内表面淬硬后应进行磨削,其表面粗糙度 Ra 值应不大于0.8 μm(一般为 0.1～0.2 μm),其余部分为 Ra 1.6 μm。

二、连接件与紧固件

模具的连接件与紧固件有模柄、固定板、垫板、螺钉、销钉等。这些零件大多已标准化,设计时可按国家标准选用。

1. 模柄

标准化模柄的结构形式有多种,如图 2-21 所示。

压入式模柄与上模板孔以 H7/h6 配合并加销钉以防转动,主要用于上模板较厚而又没有开设推板孔或上模比较重的场合。旋入式模柄通过螺纹与上模板连接,并加螺钉防松,主要用于中小型有导柱的模具。凸缘模柄用 3～4 个螺钉紧固于上模板,主要用于大型模具或上模板中开设推板孔的中小型模具。槽形模柄和通用模柄均用于直接固定凸模,也可以称为带模板的模柄,主要用于简单模具中,更换凸模方便。浮动模柄的主要特点是压力机的压力通过凹球面模柄和凸球面垫块传递到上模,以消除压力机导向误差对模具导向精度的影响,主要用于硬质合金模等精密导柱模。对于推入式模柄,压力机的压力通过模柄接头、凹球面垫块和活动模柄传递到上模,它也是一种浮动模柄。因模柄一面开通(呈 U 形),所以使用时导柱、导套不宜离开,它主要用于精密模具上。

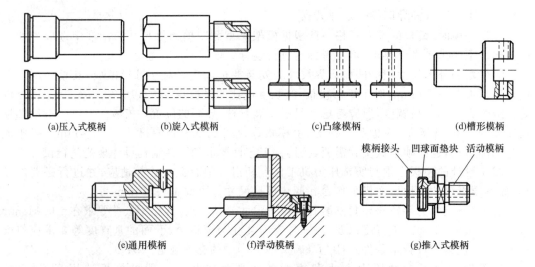

(a)压入式模柄　　(b)旋入式模柄　　　(c)凸缘模柄　　　(d)槽形模柄

(e)通用模柄　　　(f)浮动模柄　　　(g)推入式模柄

图 2-21　标准化模柄的结构形式

模柄的选用首先应根据模具的大小及零件精度等方面的要求确定模柄的类型,然后根据所选压力机的模柄孔尺寸确定模柄的规格。选择模柄时应注意模柄安装直径 d 和长度 L 应与滑块模柄孔尺寸相适应。模柄直径可取与模柄孔径相同,采用间隙配合 H11/d11,模柄长度应小于模柄孔深度 5~10 mm。

2. 固定板

固定板是将凸模、凸凹模或凹模按一定相对位置压入固定后,作为一个整体安装在上模板或下模板的模具零件。模具中最常见的是凸模固定板。固定板分为圆形固定板和矩形固定板两种,主要用于固定小型的凸模、凸凹模和凹模。

固定板的设计应注意以下几点:

(1)凸模固定板的厚度一般取凹模厚度的 60%~80%,其平面尺寸可与凹模、卸料板的外形尺寸相同,同时还应考虑紧固螺钉及销钉的位置。

(2)固定板上的凸模安装孔与凸模采用过渡配合 H7/m6 或 H7/n6,凸模压装后端面要与固定板一起磨平。

(3)固定板的上、下表面应磨平,并与凸模安装孔的轴线垂直。固定板基面和压装配合面的表面粗糙度 Ra 值为 0.8~1.6 μm,另一非基准面可适当降低要求。

(4)固定板一般采用 Q235 或 45 钢制造,无须热处理淬硬。

3. 垫板

垫板的作用是直接承受和扩散凸模传递的压力,以降低模板所受的单位压力,防止模板被局部压陷。模具中最为常见的是凸模垫板,它被装在凸模固定板与模板之间。模具是否加装垫板,要根据模板所受压力的大小进行判断。若模板所受单位压力大于模板材料的许用压应力,则需加装垫板。

垫板的外形尺寸可与固定板相同,其厚度一般取 3~10 mm。垫板材料为 45 钢,淬火硬度为 43~48HRC。垫板上、下表面应磨平,表面粗糙度 Ra 值为 0.8~1.6 μm,以保证平行度要求。为了便于模具装配,垫板上销钉过孔直径可比销钉直径大 0.3~0.5 mm,螺钉过孔也类似。

4. 螺钉与销钉

螺钉与销钉都是标准件,设计模具时按标准选用即可。螺钉用于固定模具零件,销钉起定位作用。模具中广泛应用的是内六角螺钉和圆柱销钉,其中 M6～M12 螺钉和 ϕ5～ϕ10 mm 销钉最为常用。

在模具设计中,选用螺钉、销钉应注意以下几点:

(1)螺钉要均匀布置,尽量置于被固定件的外形轮廓附近。当被固定件为圆形时,一般采用 3～4 个螺钉;当被固定件为矩形时,一般采用 4～6 个螺钉。销钉一般都用 2 个,且尽量远距离错开布置,以保证定位可靠。螺钉的大小应根据凹模厚度选用。

(2)螺钉之间、螺钉与销钉之间的距离以及螺钉、销钉距刃口和外边缘的距离均不应过小,以防降低强度。

(3)内六角螺钉通过孔及螺钉装配尺寸应合理,其具体数值可由相关设计手册查得。

(4)圆柱销钉孔的形式及装配尺寸可参考冷冲模设计手册。连接件的销钉孔应配合加工,以保证位置精度,销钉孔与销钉采用 H7/m6 或 H7/n6 过渡配合。

(5)弹压卸料板上的卸料螺钉用于连接卸料板,主要承受拉应力。根据卸料螺钉的头部形状,可将其分为内六角和圆柱头两种。圆形卸料板常用 3 个卸料螺钉,矩形卸料板一般用 4 或 6 个卸料螺钉。由于弹压卸料板在装配后应保持水平,故卸料螺钉的长度 L 应控制在一定的公差范围内。装配时要选用同一长度的螺钉,卸料螺钉孔的装配尺寸见冷冲模设计手册。

练 习

根据图 2-5 所示零件已确定的模具结构形式和前面已完成的相关设计内容,进一步对模具进行设计:选定模具的模架并进行必要的补充设计;选定其他标准件或标准半成品件并进行必要的补充设计。

任务六　模具装配图及零件图的绘制

学习目标

(1)掌握冲压模具装配图的画法,能正确绘制模具装配图。
(2)能正确绘制模具零件图。
(3)能合理制订模具装配图和零件图的技术要求。

微课21

模具装配图
及零件图的绘制

工作任务

1. 教师演示任务

根据图 2-1 所示冲压件零件图已确定的模具结构和前面已完成的计算与设计,绘制该倒装式复合冲裁模的装配图和零件图。

2. 学生训练任务

根据前面任务的学习和练习内容,绘制图 2-2 所示冲压件的模具装配图和零件图。

一、模具装配图的绘制

模具装配图是模具制造与装配的重要技术文件和依据,应清楚地表达模具各零件之间的相互装配关系及固定连接方式。模具装配图的一般布置情况如图 2-22 所示。

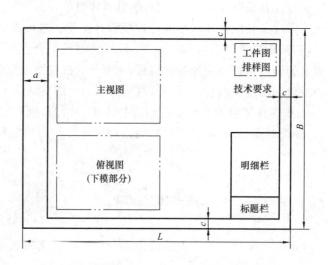

图 2-22　模具装配图的一般布置情况

1. 主视图

主视图是模具总装图的主体部分,一般可画成上、下模合模状态的剖视图,也可画成上、下模分开状态的剖视图。主视图中应标注模具闭合高度尺寸,合模状态时,条料和工件剖切面应涂黑,以使图面更清晰。

2. 俯视图

俯视图一般要反映出模具下模的上平面,也就是将模具上模卸下后,对下模进行俯视。对于对称零件,也可以一半表示上模的上平面,另一半表示下模的上平面。非对称零件如果需要,上、下模的俯视图可分别画出,上、下模均被俯视可见部分。有时为了了解模具零件之间的位置关系和零件标注的需要,对未见部分可用虚线表示。俯视图与主视图的中心线重合,并标注前后、左右平面轮廓尺寸。下模俯视图中应画出排样图的轮廓线图,用双点画线表示。

3. 侧视图、局部视图和仰视图

侧视图、局部视图和仰视图一般情况下不要求画出,只有当模具结构过于复杂,用主、俯视图难以表达清楚时,才有必要画出。

4. 工件图

工件图应表达出经模具冲裁后所得冲压件的形状和尺寸。工件图应严格按比例画出,其方向应与冲裁方向一致,同时要注明冲压件的名称、材料、厚度及有关技术要求。

5. 排样图

对于一般冲压模具,在装配图右上方还需绘制排样图。排样图的绘制方向应与操作时的送料方向一致。

6. 标题栏和明细栏

标题栏和明细栏应放在装配图的右下角,装配图中的所有零件(含标准件)都要详细地填写在明细栏中。标题栏和明细栏的格式不尽相同,图 2-23 所示的标题栏和明细栏格式仅供参考。

19	挡料销	1	45	GB/T 699—2015	A8×4×5
18	螺钉	4	45	GB/T 70.1—2008	M8×45
17	卸料板	1	Q235		
16	导柱	2	20	GB/T 2861.1—2008	A 22×130
15	凸模	1	T10A		56~60HRC
14	垫板	1	45		45~48HRC
13	螺钉	4	45	GB/T 70.1—2008	M8×56
12	防转销	1	35	GB/T 119.1—2000	A6×12
11	横销	1	35	GB/T 119.1—2000	A8×56
10	模柄	1	Q235	JB/T 7646.1—2008	A30×75
9	卸料螺钉	4	45	JB/T 7650.6—2008	10×80
8	上模座	1	HT200	GB/T 2855.1—2008	126×100×50
7	凸模固定板	1	45		
6	导套	2	20	GB/T 2861.6—2008	22H6×70×28
5	橡胶	4	聚氨酯橡胶		
4	导料销	2	45	GB/T 699—2015	A8×4×5
3	凹模	1	T10A		60~64HRC
2	销钉	2	35	GB/T 119.1—2000	A8×50
1	下模座	1	HT200	GB/T 2855.2—2008	126×100×56
序号	名称	数量	材料	标准	备注

落料模		比例		图号	
		质量		共 张 第 张	
设计					
绘图					
审核					

图 2-23 装配图标题栏和明细栏示例

7. 技术要求

技术要求中一般仅简要注明对本模具的使用、装配等要求和应注意的事项,例如冲压力的大小、所选设备的型号、模具标记及相关工具等。当模具有特殊要求时,应详细注明有关内容。

应当指出,模具装配图中的内容并非一成不变,在实际设计中可根据具体情况做出相应的增减。

按照前面已完成的设计与计算,根据已设计的各零件或组件的结构,可以画出图 2-1 所示冲压件倒装式复合冲裁模的装配图,如图 2-24 所示。

动画4

变压器铁芯
冲压件复合模

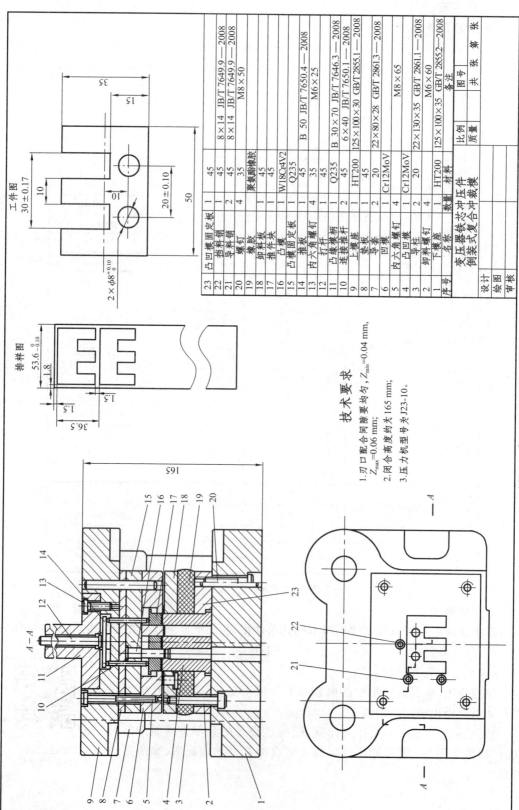

工件图

排样图

技术要求

1. 刃口配合间隙要均匀, $Z_{max} = 0.04$ mm, $Z_{min} = 0.06$ mm;
2. 闭合高度约大 165 mm;
3. 压力机型号为机床 J23-10。

序号	名称	数量	材料	备注
23	凸凹模固定板	1	45	8×14 JB/T 7649.9—2008
22	卸料销	1	45	8×14 JB/T 7649.9—2008
21	导料销	2	45	8×14 JB/T 7649.9—2008
20	螺钉	4	35	M8×50
19	橡胶	1	聚氨酯橡胶	
18	卸料板	1	45	
17	推件块	1	45	
16	凸件凸模	1	W18Cr4V2	
15	凸模固定板	1	Q235	
14	推板	1	45	B 50 JB/T 7650.4—2008
13	内六角螺钉	4	35	M6×25
12	打杆	1	45	
11	凸模模柄	2	Q235	B 30×70 JB/T 7646.3—2008
10	连接推杆	2	45	6×40 JB/T 7650.1—2008
9	上模座	1	HT200	125×100×30 GB/T 2855.1—2008
8	导套	2	20	22×80×28 GB/T 2861.3—2008
7	凹模模柄	1	Cr12MoV	
6	内六角螺钉	4	35	M8×65
5	凸凹模柄	1	Cr12MoV	
4	导柱	2	20	22×130×35 GB/T 2861.1—2008
3	卸料螺钉	4	45	M6×60
2	下模座	1	HT200	125×100×35 GB/T 2855.2—2008
1	名称	数量	材料	备注

变压器铁芯冲压件
倒装式复合冲裁模

比例		图号	
质量		共 张 第 张	
设计			
绘图			
审核			

图2-24 变压器铁芯冲压件倒装式复合冲裁模装配图

二、模具零件图的绘制

模具零件图是模具加工的重要依据,对于模具装配图中的非标准件,均需绘制零件图。有些标准件如有补充设计内容,也需画出零件图。绘制零件图时应尽量按该零件在装配图中的装配方位画出,不要任意旋转或颠倒,此外还应符合以下要求:

(1)视图要完整,且宜少勿多,以能将零件结构表达清楚为限。

(2)尺寸标注要齐全、合理,符合国家标准。

(3)制造公差、几何公差、表面粗糙度的选用要适当,既要满足模具加工质量的要求,又要考虑尽量降低制模成本。

(4)注明所用材料的牌号、热处理要求以及其他技术要求。技术要求通常放在标题栏的上方。

(5)对于装配图中有相关尺寸的零件,应尽量一起标注其尺寸和公差,以防出错。对装配图中位置要求相同的不同零件尺寸应加括号,表示两尺寸要求一致,如上模与下模的导柱、导套孔的位置,详见图 2-25~图 2-35。

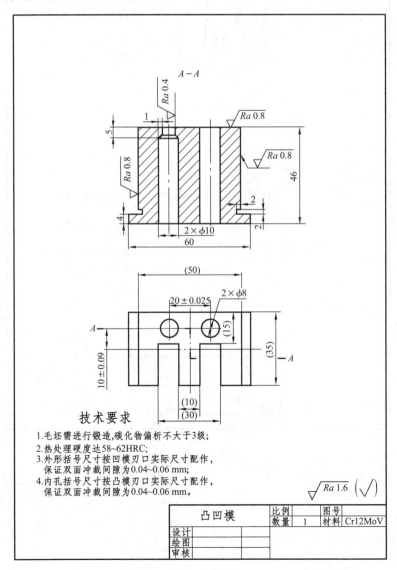

图 2-25 凸凹模零件图

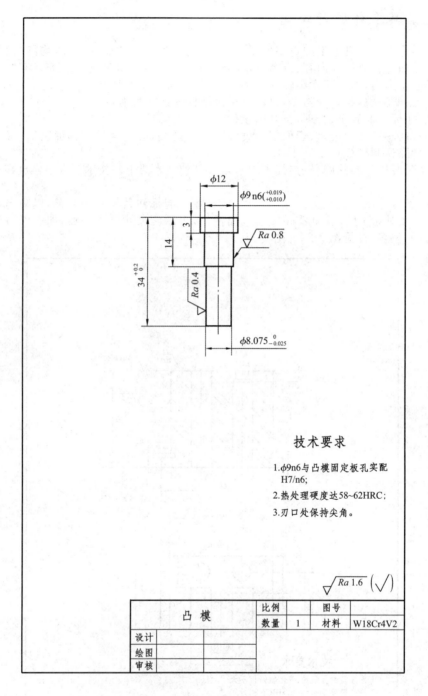

技术要求

1. $\phi 9 n6$ 与凸模固定板孔实配 H7/n6;

2. 热处理硬度达 58~62HRC;

3. 刃口处保持尖角。

凸 模		比例		图号	
		数量	1	材料	W18Cr4V2
设计					
绘图					
审核					

图 2-26　凸模零件图

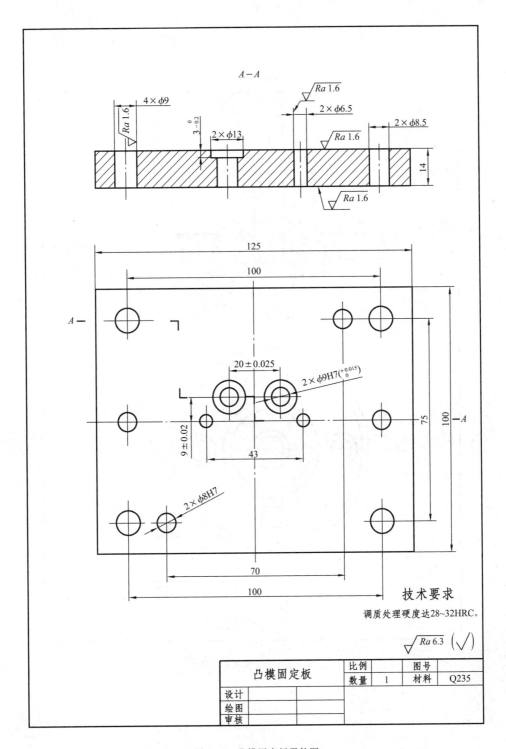

图 2-27 凸模固定板零件图

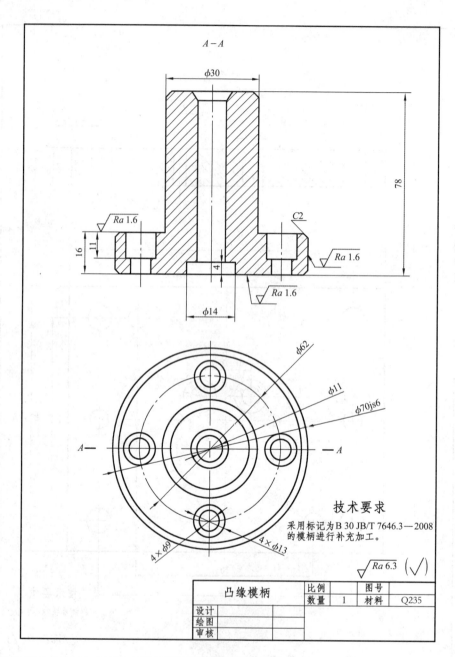

图 2-28　凸缘模柄零件图

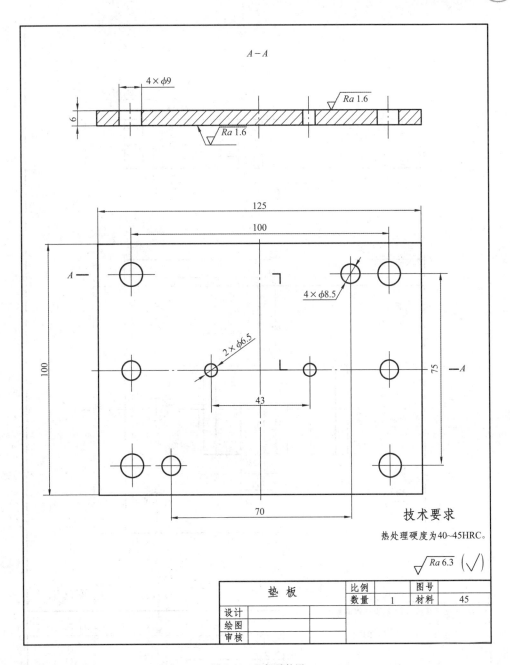

图 2-29 垫板零件图

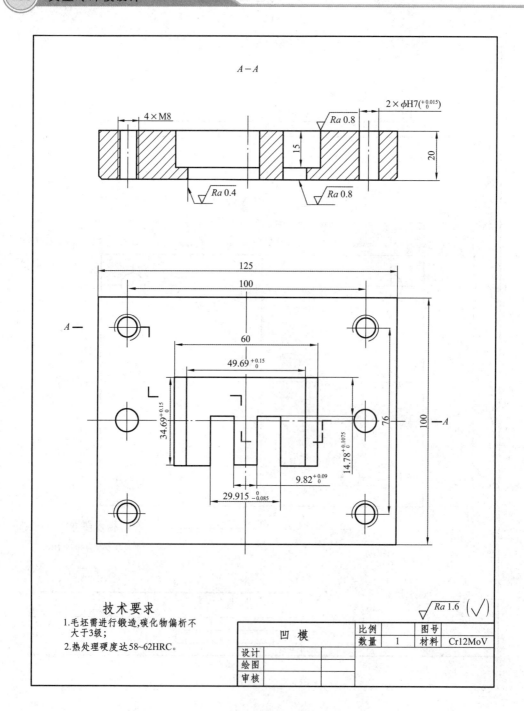

技术要求
1.毛坯需进行锻造,碳化物偏析不大于3级;
2.热处理硬度达58~62HRC。

凹 模		比例		图号	
		数量	1	材料	Cr12MoV
设计					
绘图					
审核					

图 2-30   凹模零件图

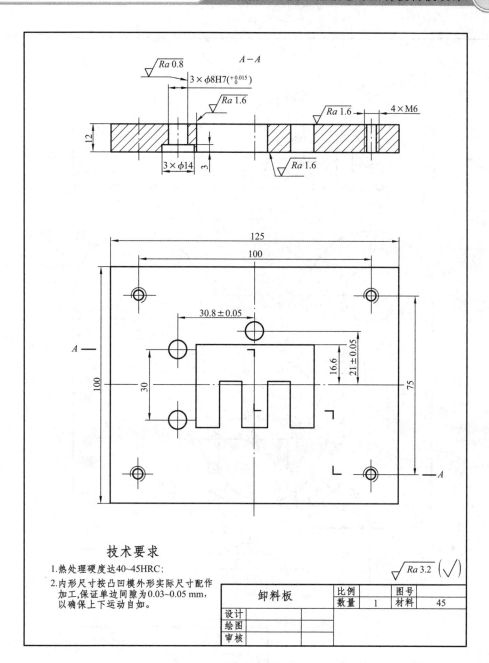

技术要求

1. 热处理硬度达40~45HRC;
2. 内形尺寸按凸凹模外形实际尺寸配作加工,保证单边间隙为0.03~0.05 mm,以确保上下运动自如。

卸料板	比例		图号	
	数量	1	材料	45
设计				
绘图				
审核				

图 2-31　卸料板零件图

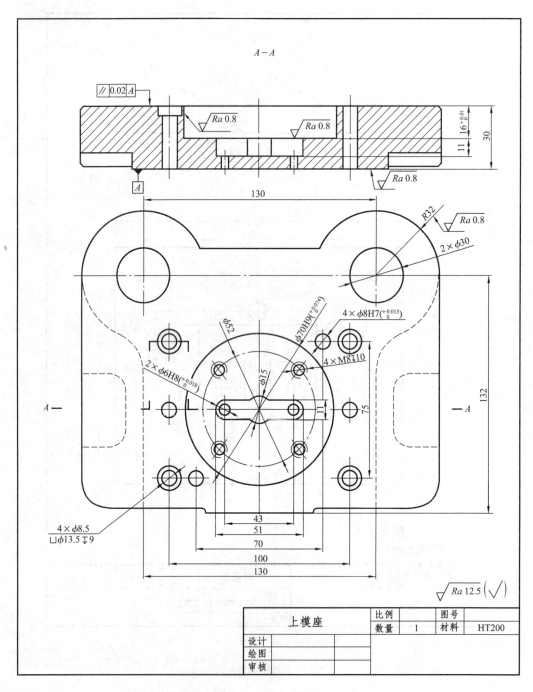

图 2-32　上模座零件图

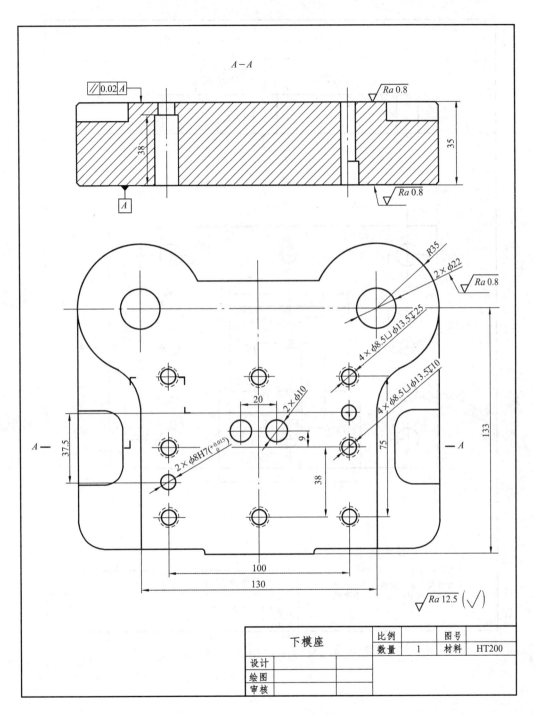

图 2-33 下模座零件图

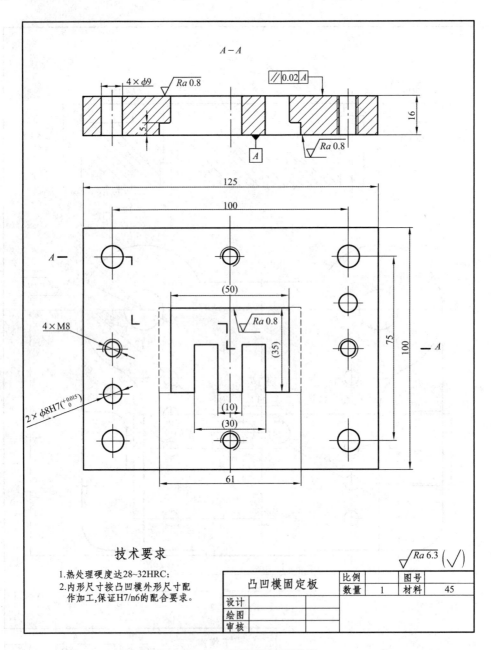

技术要求

1.热处理硬度达28~32HRC;
2.内形尺寸按凸凹模外形尺寸配
作加工,保证H7/n6的配合要求。

凸凹模固定板		比例		图号	
		数量	1	材料	45
设计					
绘图					
审核					

图 2-34 凸凹模固定板零件图

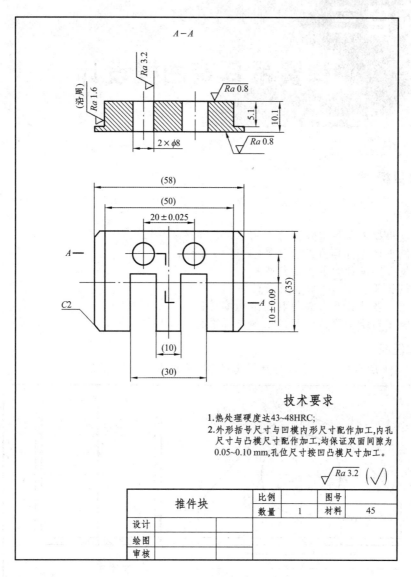

图 2-35　推件块零件图

技术要求

1. 热处理硬度达43~48HRC;
2. 外形括号尺寸与凹模内形尺寸配作加工,内孔尺寸与凸模尺寸配作加工,均保证双面间隙为0.05~0.10 mm,孔位尺寸按凹凸模尺寸加工。

推件块		比例		图号	
		数量	1	材料	45
设计					
绘图					
审核					

相关理论知识

详见"机械制图"课程的相关内容。

练习

根据前面任务的学习和练习内容,绘制图 2-5 所示冲压件的模具装配图和零件图。

项目三

弹簧吊耳弯曲模设计

● 学习目标

通过本项目的学习,学生能够熟练进行典型弯曲件弯曲工艺及模具的设计。具体目标如下:

(1)能根据弯曲件零件图确定总体冲压方案;

(2)能正确进行弯曲工艺计算;

(3)能合理设计弯曲模的结构;

(4)能合理设计工作零件;

(5)能合理设计弯曲模的其他结构零件;

(6)能正确绘制弯曲模装配图和非标准件的零件图。

● 工作任务

如图 3-1 所示的弹簧吊耳弯曲件零件图,要求完成以下任务:

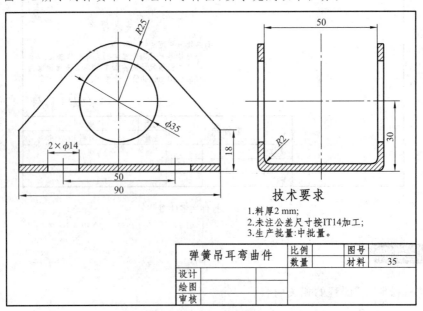

图 3-1 弹簧吊耳弯曲件零件图

(1)完成弯曲工艺设计;

(2)完成弯曲模设计;

(3)绘制弯曲模装配图;

(4)绘制模具非标准件零件图;

(5)编制设计计算说明书。

任务一 总体方案确定

学习目标

(1)能合理制订弯曲工艺方案。

(2)能合理确定模具的总体结构形式。

工作任务

1. 教师演示任务

制订弹簧吊耳弯曲件(图 3-1)的弯曲工艺方案并确定模具的总体结构形式。

2. 学生训练任务

制订门鼻弯曲件(图 3-2)的弯曲工艺方案并确定模具的总体结构形式。

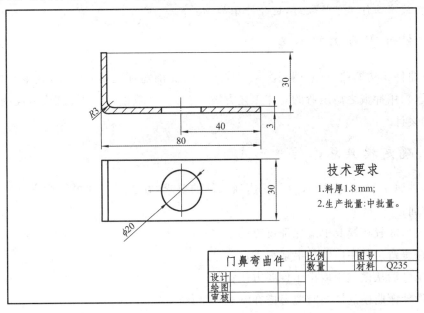

技术要求

1.料厚1.8 mm;

2.生产批量:中批量。

门鼻弯曲件	比例		图号	
	数量		材料	Q235
设计				
绘图				
审核				

图 3-2 门鼻弯曲件零件图

相关实践知识

制订弯曲工艺方案应先进行弯曲件工艺性分析,通常要从材料、结构及精度等方面对其冲压加工的适应性进行分析。

一、分析弯曲件的工艺性

1. 材料分析

35 钢属于优质碳素结构钢,具有良好的塑性和适当的强度,冲压工艺性能较好。

2. 结构(形状和尺寸)分析

(1)形状分析:该弯曲件属于典型的 U 形弯曲件,结构简单,左右对称,利于冲压成形。

(2)最小弯曲半径分析:两处弯曲半径均为 2 mm,经查表 3-2 可知,其最小弯曲半径 $r_{min}=0.8t=0.8×2=1.6$ mm(按弯曲线方向平行纤维),可见,工件内表面弯曲半径大于最小弯曲半径,故弯曲时工件外表面不会产生弯裂现象。

(3)弯曲件直边部分有圆孔,孔边距为 7.5 mm,大于 $2t$,故弯曲不会改变孔的形状,可以先冲孔,再弯曲,简化了冲压工艺。

(4)弯曲件直边高度最小值为 18 mm,大于 $r+2t=6$ mm,故容易弯曲成形。

(5)回弹分析:相对弯曲半径 $r/t=1<5$,若按自由弯曲考虑,则圆角半径回弹量较小,可以忽略;而中心角卸载后回弹量较大,查表 3-3 可知回弹量为 3°,超过了工件角度 90°的自由公差±1°,故需采取措施减小回弹量。最终决定采用校正弯曲来控制弯曲件的角度回弹量。

3. 精度分析

零件上所有尺寸均未注公差,属于自由尺寸,按 IT14 级加工。

结论:该弯曲件工艺性较好,适合冲压加工。

二、制订弯曲工艺方案

该弯曲件结构简单,可采用一次压弯成形。弯曲前需冲孔落料,考虑到生产批量中等、精度较低,采用冲裁之后压弯的总体工艺方案。在此,冲裁模设计不再赘述,仅阐释单工序压弯模的设计。

三、确定模具总体结构形式

该工件属于 U 形弯曲件,为保证达到工件的要求,在进行弯曲模结构设计时必须注意以下几方面:

(1)坯料放置在模具上应保证可靠的定位;

(2)在压弯过程中应防止毛坯滑动;

(3)压弯后从模具中取出工件要方便;

(4)设计弯曲模的结构时应考虑在制造与维修中减小回弹量;

(5)为了减小回弹量,在冲程结束时应使工件在模具中得到校正。

因此,最终确定的弯曲模总体结构形式(图 3-3)为:经冲裁后的毛坯由凹模及凹模固定板上的定位板定位,凸模下行与凹模共同对坯料施压,使之弯曲成形,弯曲后的工件留在凹模内,由弹性顶件结构将工件顶出,同时弹性顶件结构在压弯过程中还起到压料作用,防止坯料滑动。由于该设计拟采用校正弯曲代替自由弯曲来减小回弹量,故为了避免出现负回弹,模具上模应采用刚性推件装置。

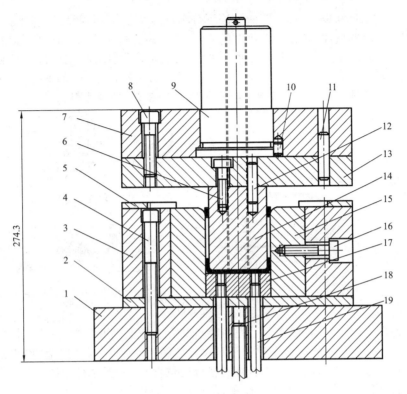

图 3-3　弯曲模总体结构形式

1—下模座；2—垫板；3—凹模固定板；4、6、8、16—内六角螺钉；5—定位板；7—上模座；9—压入式模柄；

10—防转销；11、12—销钉；13—凸模固定板；14—凸模；15—凹模；17—顶件块；18—带螺纹推杆；19—带肩推杆

相关理论知识

　　弯曲是利用金属的塑性变形，将板料、型材、棒材或管材等按照设计要求弯成一定曲率和角度的冲压工序，它属于成形工序，是冲压加工的基本工序之一。在冲压零件的生产中采用弯曲成形的零件种类繁多，图 3-4 所示为用弯曲方法加工的典型零件。

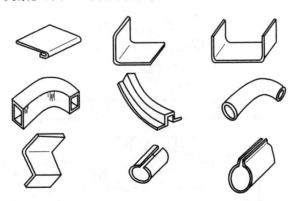

图 3-4　用弯曲方法加工的典型零件

根据所用的工具和设备不同,弯曲方法可分为在压力机上利用模具进行的压弯和在专用弯曲设备上进行的弯曲,如在折弯机上的折弯、滚弯机上的滚弯或辊压成形以及在拉弯机上的拉弯等,如图 3-5 所示。在这些弯曲方法中,最为灵活方便和应用广泛的是利用模具在压力机上对板料进行弯曲,它在冲压生产中占有很大的比例,如自行车车把、汽车底盘的纵横梁、安全挡板、各种电器零件的支架、电器插头、门窗铰链、插销座等。

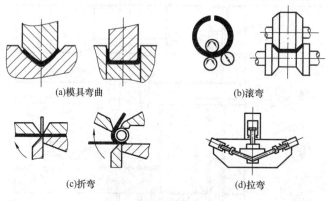

(a)模具弯曲　　　　　　　　　(b)滚弯

(c)折弯　　　　　　　　　(d)拉弯

图 3-5　常见弯曲方法

虽然各种弯曲方法不同,但变形过程和特点却存在着某些相同的规律。本项目主要介绍在压力机上对板料进行压弯的工艺和模具设计。图 3-6 所示为典型 V 形件弯曲模。平板坯料放在凹模上,由凹模两侧台阶及挡料销进行定位,凸模向下进行弯曲,成形后由顶杆顶出工件。弯曲过程中顶杆还起到压料作用,防止坯料发生偏移。

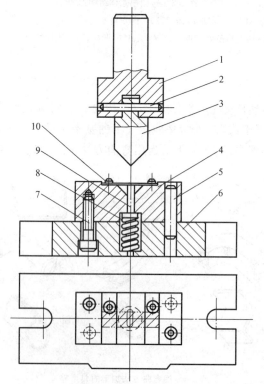

动画5

典型V形件弯曲模

图 3-6　典型 V 形件弯曲模

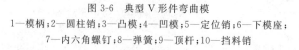

1—模柄;2—圆柱销;3—凸模;4—凹模;5—定位销;6—下模座;

7—内六角螺钉;8—弹簧;9—顶杆;10—挡料销

本任务内容涉及弯曲变形分析、弯曲件质量分析、弯曲件工艺性分析、弯曲工艺方案制订以及弯曲模典型结构等，下面进行一一阐述。

一、弯曲变形分析

1. 弯曲变形过程

以 V 形件的弯曲为例，图 3-7 所示为 V 形弯曲板料受力情况，图 3-8 所示为 V 形件弯曲变形过程。

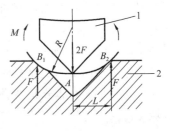

如图 3-8(a)所示，在开始弯曲时，坯料与凹模的两个肩部点接触，形成图 3-7 中的支点 B_1、B_2，这时凸模施加的压力在支点处产生反作用力，与外力构成弯矩，使板料产生弯曲。此时弯曲圆角半径很大，弯曲力矩很小，仅引起板料的弹性弯曲变形。

图 3-7　V 形弯曲板料受力情况
1—凸模；2—凹模

如图 3-8(b)所示，随着凸模的下压，坯料的内、外表面首先开始产生塑性变形，随后塑性变形向坯料内部扩展，同时凹模与坯料的接触点位置发生变化，支点沿着凹模斜面不断下移。

如图 3-8(c)所示，凸模继续下行，板料的弯曲变形程度进一步增大，弯曲变形区内弹性变形所占的比例已经很小。

如图 3-8(d)所示，支点以上部分（直边部分）在与凸模斜面接触后反向弯曲，向凹模方向变形，直至板料与凸、凹模完全贴合。弯曲过程中，弯曲力臂逐渐减小，即 $l_0 > l_1 > l_2 > l_k$；同时，弯曲圆角半径也逐渐减小，即 $r_0 > r_1 > r_2 > r$。若弯曲终了时，凸模与板料、凹模贴合后不再下压，则称为自由弯曲；若凸模继续下压而对板料再施加一定的压力，则称为校正弯曲，这时弯曲力将急剧增大。校正弯曲使弯曲件在压力机滑块下止点受到刚性镦压，减小了工件的回弹量。校正弯曲所需的弯曲力比自由弯曲所需的弯曲力大得多，一般为自由弯曲力的 5～10 倍。

微课22

弯曲变形分析

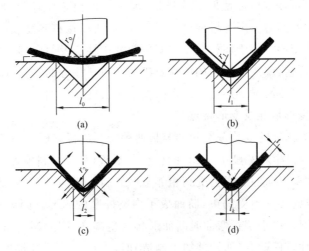

(a)　(b)

(c)　(d)

图 3-8　V 形件弯曲变形过程

2.弯曲变形特点

为观察坯料弯曲时的流动情况,便于分析坯料的变形特点,可以采用在弯曲前的板料侧面设置正方形网格的方法。通常采用机械刻线或照相腐蚀的方法制作网格,然后用工具显微镜观察并测量弯曲前、后网格形状和尺寸变化情况,进而分析变形时坯料的受力情况,如图3-9所示。

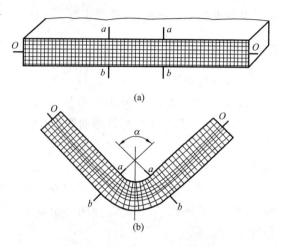

图3-9 坯料弯曲前、后的网格变化

通过观察网格的变化发现:

(1)弯曲圆角部分是弯曲变形的主要区域

通过观察可以发现,位于弯曲圆角部分的网格发生了显著的变化,网格由正方形变成扇形;靠近圆角部分的直边有少量变形,而其余直边部分的网格仍保持原状,没有发生变形,说明弯曲变形主要发生在圆角部分,即弯曲圆角部分是弯曲变形的主要区域。

(2)弯曲变形区三个方向的变形情况分析

①长度方向的变形情况及变形特点

由图3-9可以看出,靠近凹模的板料外侧纤维长度伸长,靠近凸模的板料内侧纤维长度缩短,说明在长度方向上内侧材料受压,外侧材料受拉。从内、外表面到板料中心,纤维缩短和伸长的程度逐渐减小,在缩短和伸长两个变形区之间一定存在一金属层,其长度在变形前、后没有变化,这层金属称为应变中性层。理解应变中性层的基本概念,对于计算小变形弯曲件的坯料尺寸很有帮助。

②厚度方向(径向)的变形情况及变形特点

由于内层长度方向缩短,因此厚度应增加,但由于凸模紧压坯料,厚度方向不易增加。外侧长度伸长,厚度要变薄。因为增厚量小于变薄量,所以材料厚度在弯曲变形区内有变薄现象,从而使在弹性变形时位于坯料厚度中间的应变中性层发生内移。弯曲变形程度越大,弯曲变形区变薄越严重,应变中性层的内移量越大。值得注意的是,弯曲时的厚度变薄不仅会影响零件的质量,多数情况下还会导致弯曲变形区长度的增加。

③宽度方向的变形情况及变形特点

对板料在宽度方向上的变化分宽板和窄板两种情况进行分析。一般将板料的相对宽度$B/t>3$的板称为宽板,相对宽度$B/t\leqslant3$的板称为窄板(B为板料宽度,t为板料厚度)。宽板弯曲时,板料在宽度方向的变形会受到相邻金属的制约,断面几乎不变,基本保持为矩形;窄板弯曲时,宽度方向几乎不受约束,断面成了内宽外窄的扇形。图3-10所示为这两种情况下的断面变化情况。由于窄板弯曲时断面形状发生畸变,因此当对弯曲件的侧面尺寸有一定要求或要和其他零件配合(如铰链加工制造)时,需要增加后续辅助工序。对于一般的板料弯曲来说,大部分属宽板弯曲。

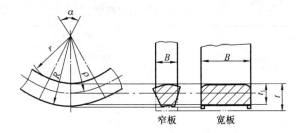

图 3-10　弯曲变形区的断面变化情况

3.弯曲变形区的应力和应变

取材料的微小立方单元体表述弯曲变形区的应力、应变状态。设 σ_θ、ε_θ 表示切向(纵向、长度方向)的应力和应变，σ_t、ε_t 表示径向(厚度方向)的应力和应变，σ_b、ε_b 表示宽度方向的应力和应变。板料弯曲时，弯曲变形区内的应力和应变状态取决于弯曲变形程度以及弯曲毛坯的相对宽度 B/t。随着变形程度的增加，内、外层的切向应力和应变都随之发生明显的变化，宽度和厚度方向的应力和应变也发生较大变化。板料的相对宽度不同，弯曲时的应力和应变状态也不同。宽板和窄板弯曲时，弯曲变形区的应力和应变状态在径向和切向是完全相同的，仅在宽度方向有所不同。

(1)应变状态

①切向：内侧材料受压，切向应变为压应变，即 ε_θ 为负值；外侧材料受拉，切向应变为拉应变，即 ε_θ 为正值。切向应变为绝对值最大的主应变。

②径向：根据塑性变形体积不变条件 $\varepsilon_\theta + \varepsilon_t + \varepsilon_b = 0$，$\varepsilon_t$、$\varepsilon_b$ 必定和最大切向应变 ε_θ 的符号相反。由于弯曲变形区内侧的切向主应变 ε_θ 为压应变，所以内侧的径向应变 ε_t 为拉应变；而由于在弯曲变形区外侧的切向主应变 ε_θ 为拉应变，所以外侧的径向应变 ε_t 为压应变。

③宽度方向：宽板弯曲时，因板料受到限制，弯曲后板料宽度几乎不变，所以内、外侧沿宽度方向的应变几乎为零，即 $\varepsilon_b = 0$，仅在两端有少量的应变；而窄板弯曲时，由于板料在宽度方向上可以自由变形，弯曲变形区内侧切向主应变 ε_θ 为压应变，所以弯曲变形区内侧的宽度方向应变 ε_b 为拉应变，而弯曲变形区外侧的宽度方向应变 ε_b 为压应变。

因此，从应变状态来看，宽板弯曲时的应变状态是平面的，而窄板弯曲时的应变状态是立体的。

(2)应力状态

①切向：内侧材料受压，切向应力为压应力，即 σ_θ 为负值；外侧材料受拉，切向应力为拉应力，即 σ_θ 为正值。切向应力为绝对值最大的主应力。

②径向：弯曲过程中，在凸模作用下，弯曲变形区内、外层材料在厚度方向相互挤压，内、外侧同时受压，径向应力 σ_t 均为负值。

③宽度方向：宽板弯曲时，在宽度方向材料流动受阻，变形困难，于是在弯曲变形区内侧产生阻止材料沿宽度方向增宽的压应力，即 σ_b 为负值；而在弯曲变形区外侧产生阻止材料沿宽度方向收缩的拉应力，即 σ_b 为正值。窄板弯曲时，由于材料在宽度方向上变形不受约束，因此内、外侧的应力均接近于零。

因此，从应力状态来看，宽板弯曲时的应力状态是立体的，而窄板弯曲时的应力状态是平面的。

板料弯曲时的应力、应变状态见表 3-1。

表 3-1　　　　　　　　　　　　　板料弯曲时的应力、应变状态

相对宽度	变形区域	应力、应变状态分析		
		应力状态	应变状态	特点
窄板 $\left(\dfrac{B}{t}\leqslant 3\right)$	内侧（受压）	σ_t，σ_θ	ε_t，ε_θ，ε_b	平面应力状态，立体应变状态
	外侧（受拉）	σ_t，σ_θ	ε_t，ε_θ，ε_b	
宽板 $\left(\dfrac{B}{t}>3\right)$	内侧（受压）	σ_t，σ_θ，σ_b	ε_t，ε_θ	立体应力状态，平面应变状态
	外侧（受拉）	σ_t，σ_θ，σ_b	ε_t，ε_θ	

二、弯曲件质量分析

弯曲件质量涉及弯裂、弯曲回弹、偏移、翘曲、畸变、表面擦伤及弯曲件底不平等问题，这就需要认真分析并在弯曲工艺及模具设计过程中采取措施尽量避免，以提高弯曲件的精度。下面分别对这些现象及其解决办法进行阐述。

微课23

弯曲件质量分析

1. 弯裂

在弯曲过程中，应变中性层以外的材料切向受拉，其中外侧变形量最大，当变形达到一定程度时，将会使弯曲变形区外层材料沿板宽方向产生裂纹而导致破坏，这种现象称为弯裂，如图 3-11 所示。

（1）变形程度与最小相对弯曲半径

如图 3-12 所示，设弯曲件应变中性层的曲率半径为 ρ，弯曲中心角为 α，内层表面弯曲半径为 r，则最外层金属的切向应变 ε_θ 是最大的，为

图 3-11　弯裂　　　　　　　图 3-12　弯曲半径和弯曲中心角

$$\varepsilon_\theta = \frac{1}{2r/t+1} \tag{3-1}$$

从式(3-1)可以看出,对于一定厚度的材料,弯曲半径越小,外层材料的伸长率越大,因此可以用相对弯曲半径 r/t 来表示弯曲变形程度。当外层材料的伸长率达到并超过材料的延伸率后,即 r/t 达到某一最小值 r_{min}/t 时,就会导致外层材料的弯裂。因此,r/t 是弯曲加工中的重要工艺参数。在自由弯曲保证坯料最外层材料不发生弯裂的前提下,所能获得的弯曲件内表面最小圆角半径与弯曲材料厚度的比值 r_{min}/t 称为最小相对弯曲半径,用它来表示弯曲时的成形极限。

(2)影响最小相对弯曲半径的因素

①材料的力学性能

影响材料最小相对弯曲半径的力学性能主要是塑性。材料的塑性越好,塑性变形的稳定性越强(均匀伸长率 δ_b 越大),许可的最小相对弯曲半径就越小。相反,塑性差的材料,其最小相对弯曲半径应大些。

②板料表面和侧面的质量

板料表面和侧面(剪切断面)的质量差时,容易造成应力集中并降低塑性变形的稳定性,使材料过早地被破坏。对于冲裁或剪切板料,若未经退火,则由于剪切断面存在冷变形硬化层,就会使材料塑性降低。在上述情况下均应选用较大的最小弯曲半径 r_{min}。

③弯曲线的方向

轧制钢板具有纤维组织,平行于纤维方向的塑性指标高于垂直于纤维方向的塑性指标。当工件的弯曲线与板料的纤维方向垂直时,其最小弯曲半径较小;反之,当工件的弯曲线与板料的纤维方向平行时,其最小弯曲半径较大。因此,在弯制 r/t 较小的工件时,其排样应使弯曲线尽可能垂直于板料的纤维方向。若工件有两个互相垂直的弯曲线,则应在排样时使两个弯曲线与板料的纤维方向呈 45°夹角,如图 3-13 所示。而当 r/t 较大时,可以不考虑纤维方向。

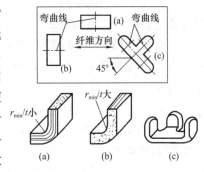

图 3-13 纤维方向对 r_{min}/t 的影响

④弯曲中心角

理论上,弯曲变形区外表面的变形程度只与 r/t 有关,而与弯曲中心角 α 无关。但实际上,由于接近圆角的直边部分也会产生一定的切向伸长变形,即扩大了弯曲变形区的范围,从而使弯曲变形区的变形得到一定程度的减小,所以最小相对弯曲半径可以小些。弯曲中心角越小,变形分散效应越显著。当 $\alpha > 70°$时,其影响明显减弱;当 $\alpha > 90°$时,对最小相对弯曲半径几乎无影响。

(3)最小弯曲半径的确定

由于上述各种因素的综合影响十分复杂,所以最小弯曲半径的数值一般用试验方法确定。考虑到使用的方便,将各种金属材料在不同状态下的最小弯曲半径数值归纳于表 3-2 中,以供参考。

表 3-2   最小弯曲半径 r_{min}

材料	退火状态		冷作硬化状态		材料	退火状态		冷作硬化状态	
	弯曲线的位置					弯曲线的位置			
	垂直于纤维方向	平行于纤维方向	垂直于纤维方向	平行于纤维方向		垂直于纤维方向	平行于纤维方向	垂直于纤维方向	平行于纤维方向
08、10、Q195、Q215	0.1t	0.4t	0.4t	0.8t	铝	0.1t	0.35t	0.5t	1.0t
15、20、Q235	0.1t	0.5t	0.5t	1.0t	纯铜	0.1t	0.35t	1.0t	2.0t
25、30、Q255	0.2t	0.6t	0.6t	1.2t	黄铜	0.1t	0.35t	0.35t	0.8t
35、40、Q275	0.3t	0.8t	0.8t	1.5t	半硬黄铜	0.1t	0.35t	0.5t	1.2t
45、50	0.5t	1.0t	1.0t	1.7t	磷青铜			1.0t	3.0t
55、60	0.7t	1.3t	1.3t	2.0t					

注：①当弯曲线与纤维方向呈一定角度时,可采用垂直和平行于纤维方向这两种情况的中间值。

②对冲裁或剪切后没有退火的毛坯进行弯曲时,应作为硬化的金属选用。

③弯曲时应使有毛刺的一边处于弯角的内侧。

④表中 t 为板料厚度。

（4）防止弯裂的措施

在一般情况下,不宜采用最小弯曲半径。当工件的弯曲半径小于表 3-2 中所列的数值时,为提高弯曲极限变形程度,常采取以下措施：

①经冷作硬化的材料,可采用热处理的方法恢复其塑性。对于剪切断面的硬化层,还可以采取先去除再弯曲的方法。

②清除冲裁毛刺时,若毛刺较小,则可以使有毛刺的一面处于弯曲受压的内缘（即有毛刺的一面朝向弯曲凸模）,以免因应力集中而开裂。

③对于低塑性的材料或厚料,可采用加热弯曲的方法。

④采取两次弯曲的工艺方法,即第一次弯曲采用较大的弯曲半径,然后退火,第二次再按工件要求的弯曲半径进行弯曲,这样就使弯曲变形区扩大,减小了外层材料的伸长率。

⑤对于较厚材料的弯曲,如结构允许,则可以采取先在弯角内侧开槽,然后再进行弯曲的工艺,如图 3-14 所示。

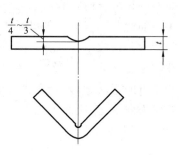

图 3-14   开槽后弯曲

2. 弯曲回弹

（1）弯曲回弹现象

常温下的塑性弯曲和其他塑性变形一样,由塑性变形和弹性变形两部分组成。当弯曲结束,外力撤除后,塑性变形被保存下来,而弹性变形则完全消失,产生了弯曲件的弯曲角度和弯曲半径与模具相应尺寸不一致的现象,称为弯曲回弹,如图 3-15 所示。

弯曲回弹现象的产生是由于卸载时,弯曲变形区产生了与加载方向相反的弹性回复:在切向,外层材料因回弹而缩短,内层材料因回弹而伸长。内、外层方向

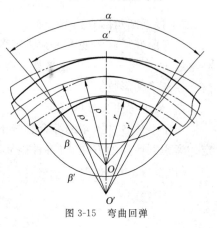

图 3-15   弯曲回弹

相反的回弹使弯曲件产生了以应变中性层为轴的同方向叠加的回弹变形。因此在弯曲变形中，由回弹引起的工件形状和尺寸的变化十分显著，比其他任何一种冲压工艺都显著得多，这对弯曲件的精度产生了较大的不利影响。弯曲回弹的表现形式有两种：

①弯曲半径变化

卸载前弯曲变形区的内半径为 r，卸载后增至 r'，其增量 $\Delta r = r' - r$。

②弯曲角度变化

卸载前弯曲中心角为 α，卸载后弯曲中心角为 α'，其减小值 $\Delta\alpha = \alpha - \alpha'$。

通常，Δr 和 $\Delta\alpha$ 的值大于零，称为正回弹；反之，称为负回弹。多数弯曲件呈现正回弹。

弯曲变形必然伴随着弯曲回弹现象的出现，而且弯曲回弹对弯曲件的尺寸精度有较大的影响。因此，如何控制弯曲回弹是弯曲工艺中一个极为重要的问题，同时也是极为棘手的问题。

(2)影响弯曲回弹的主要因素

为了进一步掌握弯曲回弹的规律，有必要对影响弯曲回弹的主要因素进行简要分析。

①材料的力学性能

回弹量与材料的力学性能有着密切的关系，与材料的屈服强度 σ_s 和硬化指数 n 成正比，与弹性模量 E 成反比，即 σ_s/E 的值越大，材料的回弹量也就越大。

需要特别注意的是，材料力学性能的波动会使控制弯曲件回弹更为困难。

如图 3-16(a)所示，两种材料的屈服强度 σ_s 基本相同，而弹性模量 E 不同（$E_1 > E_2$）。当弯曲件的变形程度相同时，卸载后，弹性模量大的退火软钢的回弹量小于弹性模量较小的软锰黄铜的回弹量。如图 3-16(b)所示，两种材料的弹性模量基本相同，而屈服强度不同。当弯曲件的变形程度相同时，卸载后，屈服强度高的经冷作硬化的软钢的回弹量大于屈服强度较低的退火软钢的回弹量。

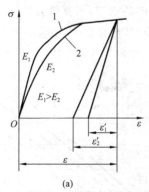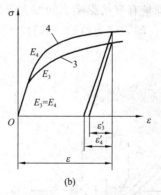

图 3-16 材料力学性能对弯曲回弹的影响

1、3—退火软钢；2—软锰黄铜；4—经冷作硬化的软钢

实际上，钢材的弹性模量相差无几，因此，选材时应尽量选择屈服强度 σ_s 和硬化指数 n 较小以及性能稳定的材料，以获得形状规则、尺寸精确的弯曲件。

②弯曲变形程度

图 3-17 所示为弯曲变形程度对弯曲回弹的影响。相对弯曲半径 r/t 越大，板料弯曲变形程度越小，在板料中性层两侧的纯弹性变形区增加越多，塑性变形区中的弹性变形所占的

比例同时也增大,即由图 3-17 中的几何关系可以看出,$\frac{\varepsilon_1'}{\varepsilon_1} > \frac{\varepsilon_2'}{\varepsilon_2}$,故回弹量越大,这也是 r/t 值较大的工件不易弯曲成形的原因。反之,相对弯曲半径 r/t 越小,弯曲变形程度越大,其中塑性变形和弹性变形的比例增大,但在总变形中,弹性变形所占的比例则相应地减小,因此回弹量较小。

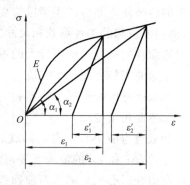

图 3-17 弯曲变形程度对弯曲回弹的影响

③弯曲中心角

弯曲中心角 α 越大,弯曲变形区越大,弯曲回弹的积累越大,回弹量也会增加。

④弯曲方式

由前述可知,板料的弯曲方式有自由弯曲和校正弯曲。自由弯曲回弹量大,校正弯曲回弹量小。校正弯曲力越大,回弹量越小,V 形件的校正弯曲有时甚至会产生负回弹。

在弯曲制件时,校正弯曲是在工作行程终了前凸模和凹模对板料施以很强的压缩作用,其压力远大于自由弯曲时所需的压力。较强的压力不仅使弯曲变形区的拉应力有所减小,在弯曲中性层附近还会出现和内区同样的压缩应力。随着校正弯曲力的增加,压应力区向板料的外表面逐渐扩展,使得板料的全部或大部分断面均承受压应力,这样外区和内区的回弹方向保持一致,回弹量相互抵消,因此校正弯曲时的回弹量比自由弯曲时的回弹量大大减小。

⑤模具结构

模具结构对弯曲回弹的影响随弯曲件形状与尺寸的不同而有较大差异。

图 3-18 所示为无底凹模内的自由弯曲,回弹量较大。另外,压制 U 形件时凸、凹模之间的间隙对回弹量有直接影响。间隙大,材料处于松动状态,回弹量就大;间隙小,材料被挤紧,回弹量就小。间隙值为负值,则可能出现零回弹,甚至负回弹,如图 3-19 所示。

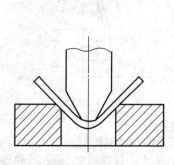

图 3-18 无底凹模内的自由弯曲

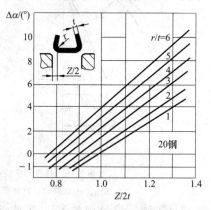

图 3-19 间隙对弯曲回弹的影响

然而最困难的问题是板料有一定的厚度公差范围,特别是若板料厚度的波动大,则间隙大小对弯曲回弹的影响更为明显。因此,设计模具间隙随料厚改变的弯曲模就显得尤为重要。

⑥弯曲件的形状

弯曲件形状复杂,一次弯曲成形角的数量越多,各部分的弯曲回弹相互牵制的作用越大,同时由于弯曲件表面与模具间摩擦的影响,弯曲件各部分的应力状态被改变了,使得回弹困难,因而回弹量减小。一般来说,弯曲中拉伸变形的比例越大,回弹量越小。例如,一次弯曲成形时,⌐⌐形制件的回弹量比 U 形制件小,U 形制件的回弹量比 V 形制件小。

(3)回弹量的初步确定

由于弯曲变形的复杂性和引起弯曲回弹原因的多样性,目前要准确地确定回弹量尚有一定困难,仅能通过定性分析和给出一些经验数据以避免模具设计和制造中的盲目性。在设计弯曲模时,一般按经验数据或计算法初步估算回弹量,再在试模中进行修正。

对于不同的相对弯曲半径,回弹量的确定方法也不同。

①$r/t \geqslant 10$ 的自由弯曲

当 $r/t \geqslant 10$ 时,由于弯曲半径较大,回弹量较大,故弯曲圆角半径及弯曲中心角均有较大变化。可根据材料的有关参数,用下列公式初步计算回弹补偿时弯曲凸模的圆角半径及中心角,如图 3-20 所示。

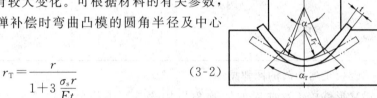

图 3-20 弯曲凸模修正

$$r_\text{T} = \frac{r}{1 + 3\dfrac{\sigma_\text{s} r}{Et}} \quad (3-2)$$

$$\alpha_\text{T} = \frac{r}{r_\text{T}} \alpha \quad (3-3)$$

式中 r_T——弯曲凸模圆角半径,mm;

       r——弯曲件圆角半径,mm;

       σ_s——材料的屈服强度,MPa;

       E——材料的弹性模量,MPa;

       t——板料厚度,mm;

       α_T——弯曲凸模圆弧中心角,(°);

       α——弯曲件圆弧中心角,(°)。

当进行板料为棒料(圆形断面)的弯曲时,其弯曲凸模圆角半径按下式计算:

$$r_\text{T} = \frac{1}{\dfrac{1}{r} + \dfrac{3.4\sigma_\text{s}}{Ed}} \quad (3-4)$$

式中,d 为棒材直径,mm。

②$r/t < 5$ 的自由弯曲

当进行 $r/t < 5$ 的自由弯曲时,弯曲半径的变化不大,故只考虑角度的回弹。当弯曲中心角为 90°时,部分材料的平均回弹角见表 3-3;当弯曲中心角不为 90°时,回弹角应做如下修改:

$$\Delta\alpha_x = \frac{\alpha}{90} \Delta\alpha_{90} \quad (3-5)$$

式中 $\Delta\alpha_x$——弯曲中心角为 α 时的回弹角;

       $\Delta\alpha_{90}$——弯曲中心角为 90°时的平均回弹角;

       α——制件的弯曲中心角。

表 3-3　　　　　　　　　　　单角自由弯曲 90°时的平均回弹角 $\Delta\alpha_{90}$

材料	r/t	平均回弹角 $\Delta\alpha_{90}$		
		$t<0.8$ mm	$t=0.8\sim2$ mm	$t>2$ mm
软钢($\sigma_b=350$ MPa)	<1	4°	2°	0°
软黄铜($\sigma_b\leqslant350$ MPa)	$1\sim5$	5°	3°	1°
铝、锌	>5	6°	4°	2°
中硬钢($\sigma_b=400\sim500$ MPa)	<1	5°	2°	0°
硬黄钢($\sigma_b=350\sim400$ MPa)	$1\sim5$	6°	3°	1°
硬青铜	>5	8°	5°	3°
	<1	7°	4°	2°
硬钢($\sigma_b>550$ MPa)	$1\sim5$	9°	5°	3°
	>5	12°	7°	6°
	<2	2°	3°	4°30′
硬铝 LY	$2\sim5$	4°	6°	8°30′
	>5	6°30′	10°	14°

③校正弯曲时的回弹角

V 形件校正弯曲时的回弹角可用表 3-4 中的公式计算,其中字符的含义如图 3-21 所示。

表 3-4　　　　　　　　　　　　V 形件校正弯曲时的回弹角

材料	回弹角 $\Delta\beta$			
	$\beta=30°$	$\beta=60°$	$\beta=90°$	$\beta=120°$
08、10、Q195	$0.75\dfrac{r}{t}-0.39$	$0.58\dfrac{r}{t}-0.80$	$0.43\dfrac{r}{t}-0.61$	$0.36\dfrac{r}{t}-1.26$
15、20、Q215、Q235	$0.69\dfrac{r}{t}-0.23$	$0.64\dfrac{r}{t}-0.65$	$0.434\dfrac{r}{t}-0.36$	$0.37\dfrac{r}{t}-0.58$
25、30、Q255	$1.59\dfrac{r}{t}-1.03$	$0.95\dfrac{r}{t}-0.94$	$0.78\dfrac{r}{t}-0.79$	$0.46\dfrac{r}{t}-1.36$
35、Q275	$1.51\dfrac{r}{t}-1.48$	$0.84\dfrac{r}{t}-0.76$	$0.79\dfrac{r}{t}-1.62$	$0.51\dfrac{r}{t}-1.71$

注:β 为弯曲角。

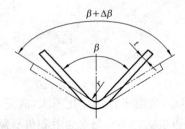

图 3-21　V 形件校正弯曲时的回弹角

(4)减小回弹量的措施

压弯中的弯曲件回弹会产生误差,很难得到合格的零件尺寸。生产中必须采取措施来减小回弹量,具体措施有:

①改进弯曲件的结构设计

从弯曲件结构方面考虑,可以在弯曲变形区压加强肋或压成形边翼,增加弯曲件的刚性和成形边翼的变形程度,从而减小回弹量,如图 3-22 所示。同时,尽量将弯曲件的 r/t 值控制在 $1\sim2$ 范围内,避免选用过大的 r/t 值。

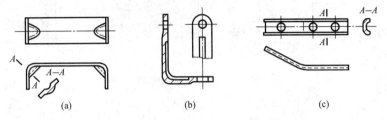

(a)   (b)   (c)

图 3-22 改进弯曲件的结构设计

另外,从选材方面考虑,应尽量选用弹性模量大、屈服极限小、力学性能稳定和厚度波动小的材料。

②从弯曲工艺方面减小回弹量

• 用校正弯曲代替自由弯曲,这是常用的、行之有效的减小回弹量的方法。

• 对冷作硬化的硬材料须先退火,降低其屈服强度 σ_s,减小回弹量,弯曲后再淬硬。对于回弹量较大的材料,必要时可采用加热弯曲的方法。

• 用拉弯法代替一般弯曲方法,拉弯用模具如图 3-23 所示。

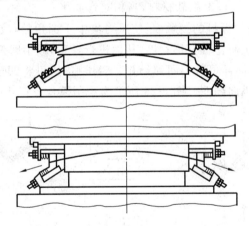

图 3-23 拉弯用模具

采用拉弯工艺的特点是在弯曲的同时使坯料承受一定的拉应力,拉应力的大小应使弯曲变形区内各点的合成应力稍大于材料的屈服强度 σ_s,使整个断面都处于塑性拉伸变形范围内,因内、外区应力、应变方向一致,故可大大减小零件的回弹量。拉弯时断面的切向应力分析如图 3-24 所示。拉弯主要用于相对弯曲半径很大且尺寸较大的零件的成形。

③从模具结构上采取措施

在实际生产中多从模具结构上采取措施以减小回弹量,常用方法如下:

• 对于较硬的材料,如 45、50、Q275 钢和 H62(硬)等,可根据回弹量对模具工作部分的形状和尺寸进行修正。

• 对于较软的材料,如 10、20、Q215、Q235 钢和 H62(软)等,当回弹角小于 5°时,可在模具上做出补偿角并取较小的凸、凹模间隙,如图 3-25 所示。

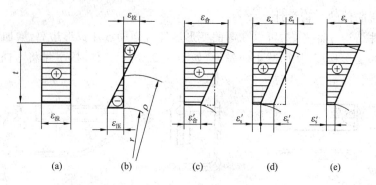

图 3-24　拉弯时断面的切向应力分析

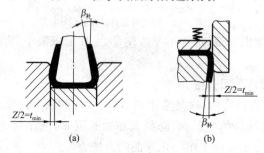

图 3-25　从模具结构上减小回弹量的措施(1)

* 对于厚度在 0.8 mm 以上的软材料,当相对弯曲半径 r/t 不大时,可把凸模做成局部凸起的形状,以减小凸模与板料的接触面,使压力集中于圆角处,改变弯曲过程中坯料内的应变状态,增加压应力,提高塑性变形程度,从而进行校正,减小回弹量,但易产生压痕;也可使凸模角度减小 2°~5°,同样可减小回弹量并减轻压痕;还可将凹模角度减小 2°,以减小回弹量和长尺寸弯曲件的纵向翘曲。图 3-26 所示为采用模具校正法减小回弹量。

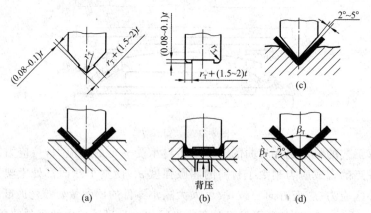

图 3-26　从模具结构上减小回弹量的措施(2)

* 对于 U 形件弯曲:当 r/t 较小时,可采取调整顶板压力的方法,也称背压法,如图 3-26(b)所示;当 r/t 较大,采用背压法无效时,可将凸模端面和顶板表面做成具有一定曲率的弧形,如图 3-27(a)所示。这两种加工方法的实质都是使底部产生的负回弹和角部产生的正回弹互相补偿。

还可采用摆动式凹模,而凸模侧壁应有补偿回弹角,如图 3-27(b)所示。当板料厚度负偏差较大时,可设计成凸、凹模间隙可调的弯曲模,如图 3-27(c)所示。

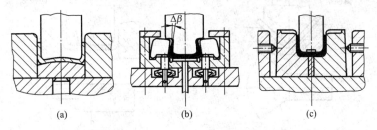

图 3-27　从模具结构上减小回弹量的措施(3)

此外,还可采用其他方法减小回弹量。如在弯曲件的端部加压,可以获得精确的弯边高度,且由于改变了弯曲变形区的应力状态,使弯曲变形区从内到外都处于压应力状态,从而减小了回弹量,如图 3-28 所示。

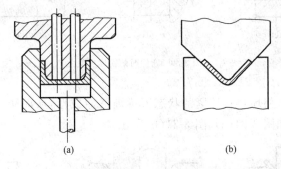

图 3-28　从模具结构上减小回弹量的措施(4)

采用橡胶凸模(或凹模),使坯料紧贴凹模(或凸模),以减小非弯曲变形区对回弹的影响,如图 3-29 所示。

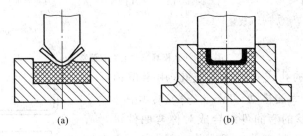

图 3-29　从模具结构上减小回弹量的措施(5)

3.偏移

(1)偏移现象的产生

坯料在弯曲过程中沿凹模圆角滑移时,会受到凹模圆角处摩擦阻力的作用,当坯料各边所受的摩擦阻力不等时,有可能使坯料在弯曲过程中沿零件的长度方向产生移动,致使零件两直边的高度不符合图样的要求,这种现象称为偏移。产生偏移的原因很多:图 3-30(a)、图 3-30(b)所示为由零件坯料形状不对称所造成的偏移;图 3-30(c)所示为由零件结构不对称所造成的偏移;图 3-30(d)、图 3-30(e)所示为由弯曲模结构不合理所造成的偏移。此外,凸模与凹模的圆角不对称、间隙不对称等,也会导致弯曲时产生偏移现象。

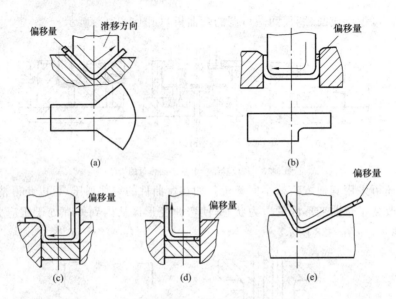

图 3-30　弯曲时的偏移现象

（2）克服偏移的措施

①采用压料装置，使坯料在压紧的状态下逐渐弯曲成形，从而防止坯料的滑移，而且能得到较平整的零件，如图 3-31（a）、图 3-31（b）所示。

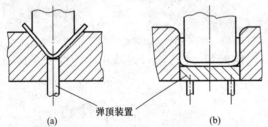

图 3-31　从模具结构上克服偏移

②利用坯料上的孔或先冲出工艺孔，用定位销插入孔内再弯曲，使坯料无法移动，如图 3-31（c）所示。

③将不对称形状的弯曲件组合成对称弯曲件进行弯曲，然后再切开，使坯料弯曲时受力均匀，不容易产生偏移，如图 3-32 所示。

④模具制造准确，间隙调整一致，特别是要保证凸、凹模圆角半径对称一致。

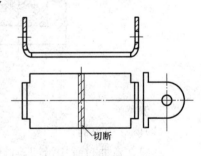

图 3-32　从工艺设计上克服偏移

4. 弯曲件表面擦伤或底不平

弯曲件表面擦伤（图 3-33）是指弯曲后在工件弯曲外表面产生的划痕等。产生的原因可能是有较硬的颗粒附在工件表面上，或凹模圆角半径太小，或凸模与凹模的间隙过小。解决的办法是适当增大凹模圆角半径，降低凹模的表面粗糙度，采用合理的凸、凹模间隙值以及保持模具和工件工作部分的清洁。

弯曲件底不平（图 3-34）主要是由压弯时板料与凸模底部没有靠紧所致，采用无底凹模或凹模底部无顶板的结构均会出现弯曲后底部不平的现象。解决的办法是采用带有压料顶板的模具,在压弯开始时顶板便对毛坯产生足够的压力。

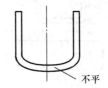

图 3-33　弯曲件表面擦伤　　　　　　　　图 3-34　弯曲件底不平

5.弯曲后的翘曲与剖面畸变

细而长的板料弯曲件,弯曲后纵向会产生翘曲变形,如图 3-35 所示。这是因为沿折弯线方向工件的刚度小,塑性弯曲时,外区宽度方向的压应力和内区的拉应变得以实现,致使折弯线翘曲。当板料弯曲件短而粗时,沿其纵向刚度大,宽度方向应变被抑制,翘曲则不明显。

剖面畸变现象:对于窄板弯曲,如图 3-10 所示;对于管材、型材弯曲,如图 3-36 所示。剖面畸变现象是由径向压应力所引起的。

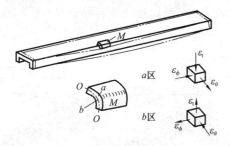

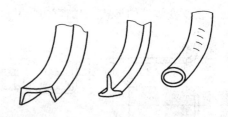

图 3-35　弯曲后纵向翘曲变形　　　　　图 3-36　管材、型材弯曲后的剖面畸变

另外,在薄壁管的弯曲中,还会出现内侧面因受压应力的作用而失稳起皱的现象,因此弯曲时管中应加填料或芯棒。

三、弯曲件工艺性分析

弯曲件的工艺性是指弯曲件的材料、结构(形状和尺寸)、精度及技术要求等对弯曲加工的适应性。具有良好工艺性的弯曲件,能简化弯曲工艺过程和提高自身精度,并有利于模具的设计和制造。弯曲件工艺性主要受成形极限、形状结构和成形精度等方面的限制。

1.材料分析

利于弯曲成形并保证工件质量的弯曲材料应具有足够的塑性,屈强比(σ_s/σ_b)小,屈服强度和弹性模量的比值(σ_s/E)小,如软钢、黄铜和铝等。而脆性大的材料,如磷青铜、铍青铜和弹簧钢等,其最小相对弯曲半径大,回弹量大,不利于成形。

2.结构分析

(1)弯曲件形状

若弯曲件形状简单、对称,弯曲半径左右一致(图 3-37(a)),则弯曲变形时坯料受力均衡而无偏移,有利于弯曲成形。如果弯曲件形状不对称,坯料在弯曲过程中就会偏移(图 3-37(b)),从而导致工件形状及尺寸精度难以保证。

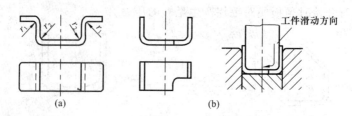

图 3-37　形状对称和不对称的弯曲件

（2）弯曲半径

弯曲件的弯曲半径不宜小于最小弯曲半径，以防弯裂；当然，也不宜过大，因为过大时会受到回弹的影响，弯曲的角度与弯曲半径的精度都不易保证。

（3）弯边高度

弯曲件的弯边高度不宜过小，其值应满足 $h>r+2t$（图 3-38(a)）。当 h 较小时，弯边在模具上支持的长度过小，不容易形成足够的弯矩，很难得到形状准确的工件。若 $h<r+2t$，则须先压槽，或增加弯边高度，弯曲后再切掉（图 3-38(b)）。如果所弯直边带有斜角，则在斜边高度小于 $r+2t$ 的区段不可能弯曲到要求的角度，而且此处也容易开裂（图 3-38(c)），因此必须改变零件的形状，增加弯边尺寸（图 3-38(d)）。

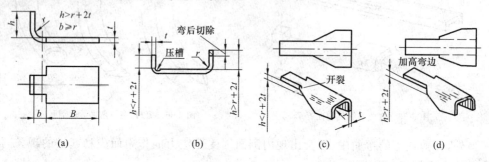

图 3-38　弯曲件的弯边高度

（4）工件结构

在局部弯曲某一段边缘时，为避免弯曲根部撕裂，应减小不弯曲部分的长度 B，使其退出弯曲线之外，即 $b \geqslant r$（图 3-38(a)）。如果零件的长度不能减小，则应在弯曲部分与不弯曲部分之间切工艺槽（图 3-39(a)），或在弯曲前冲出工艺孔（图 3-39(b)）。

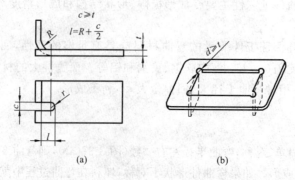

图 3-39　加冲工艺槽和工艺孔

（5）弯曲件的孔边距离

弯曲有孔的工序件时，如果孔位于弯曲变形区内，则弯曲时孔要发生变形，为此必须使孔处于弯曲变形区外（图 3-40（a））。一般孔边至弯曲半径 r 中心的距离按料厚确定：当 $t<2$ mm 时，$l \geqslant t$；当 $t \geqslant 2$ mm 时，$l \geqslant 2t$。

如果孔边至弯曲半径 r 中心的距离过小，为防止弯曲时孔变形，可在弯曲线上冲工艺孔（图 3-40（b））或工艺槽（图 3-40（c））。如对零件孔的精度要求较高，则应弯曲后再冲孔。

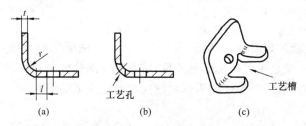

图 3-40 弯曲件的孔边距离

（6）尺寸标注对弯曲件工艺性的影响

图 3-41 所示为弯曲件孔的位置尺寸的三种标注方法。对于图 3-41（a）所示的标注方法，孔的位置精度不受坯料展开长度和回弹的影响，将大大简化工艺设计。因此，在不要求弯曲件有一定装配关系时，应尽量考虑冲压工艺的方便来标注尺寸。

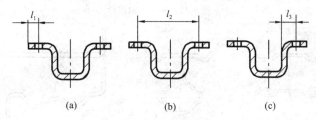

图 3-41 弯曲件孔的位置尺寸的标注方法

3. 弯曲件的精度

受坯料定位、偏移、翘曲和回弹等因素的影响，弯曲的工序数目越多，精度越低。对弯曲件的精度要求应合理，一般弯曲件长度的尺寸公差等级在 IT13 级以下，角度公差大于 $15'$。弯曲件未注公差的长度尺寸的极限偏差和角度的自由公差见表 3-5 和表 3-6。

表 3-5　　　　　　　　　　　　弯曲件未注公差的长度尺寸的极限偏差　　　　　　　　　　　　mm

长度尺寸 l		3～6	6～18	18～50	50～120	120～260	260～500
板料厚度 t	≤2	±0.3	±0.4	±0.6	±0.8	±1.0	±1.5
	2～4	±0.4	±0.6	±0.8	±1.0	±1.5	±2.0
	>4	—	±0.8	±1.0	±1.5	±2.0	±2.5

表 3-6　　　　　　　　　　　　　　　　弯曲件角度的自由公差

	l/mm	<6	6～10	10～18	18～30	30～50
	Δβ	±3°	±2°30′	±2°	±1°30′	±1°15′
	l/mm	50～80	80～120	120～180	180～260	260～360
	Δβ	±1°	±50′	±40′	±30′	±25′

四、弯曲工艺方案制订

(1)对于形状简单的弯曲件,如 V 形、U 形、Z 形件等,可以采用一次弯曲成形的方法,如图 3-42 所示。

图 3-42　一次弯曲成形

(2)对于形状复杂的弯曲件,一般采用两次或多次弯曲成形的方法,如图 3-43～图 3-45 所示。弯曲的次序一般是先弯两端部分外角,后弯中间部分内角;弯曲的原则是前次弯曲要给后次弯曲提供可靠定位,后次弯曲不影响前次弯曲已成形的形状。

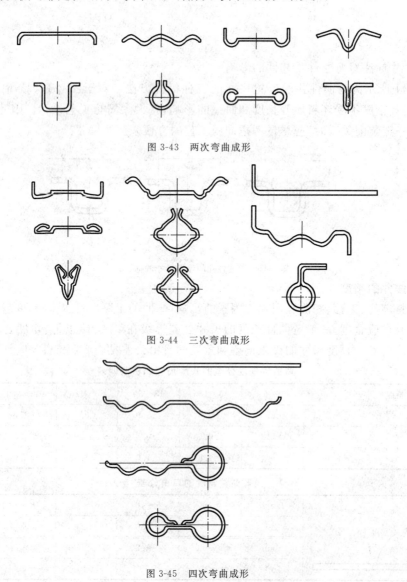

图 3-43　两次弯曲成形

图 3-44　三次弯曲成形

图 3-45　四次弯曲成形

（3）对于生产批量大和尺寸特别小的工件，应将多道工序安排在一副级进模中，这样有利于弯曲件的定位和保证成形质量，使操作方便、安全，提高生产率。

（4）对于形状不对称的弯曲件，应尽可能组合成对称式进行弯曲，然后经剖切工序得到工件。

（5）当弯曲件相对弯曲半径 r/t 小于或接近其极限值，或弯曲件尺寸精度要求较高，对表面形状和平整度有特殊要求时，应在弯曲之后增加整形或校平工序。

（6）注意带孔弯曲件的冲压加工顺序。孔边与弯曲变形区的间距较大时，可以先冲孔，后弯曲。如果孔边在弯曲变形区附近，或孔与基准面的位置尺寸有严格要求，则应在弯曲成形后再冲孔。

五、弯曲模典型结构

常见的弯曲模结构类型有单工序弯曲模、级进模、复合模和通用弯曲模。下面对一些比较典型的单工序弯曲模的结构进行介绍，而级进模、复合模和通用弯曲模详见"拓展知识"部分。

单工序弯曲模根据工件形状，分为 V 形件弯曲模、U 形件弯曲模、⊔形件弯曲模、Z 形件弯曲模、圆形件弯曲模、铰链件弯曲模等。

1. V 形件弯曲模

V 形件形状简单，能一次弯曲成形。V 形件的弯曲方法通常有沿弯曲件的角平分线方向的 V 形弯曲法和垂直于一直边方向的 L 形弯曲法。

图 3-46（a）所示为简单的 V 形件弯曲模，其特点是结构简单、通用性好，但弯曲时坯料容易偏移，影响零件精度。

图 3-46（b）～图 3-46（d）分别为带有定位尖、顶杆、V 形顶板的模具结构，可以防止坯料滑动，提高零件精度。

微课24

弯曲模典型结构（一）

图 3-46（e）所示为 L 形弯曲模，由于有顶板及定位销，故可以有效防止弯曲时坯料的偏移，得到边长偏差为±0.1 mm 的零件。反侧压块的作用是克服上、下模之间水平方向的错移力，同时也对顶板起导向作用，防止其窜动。

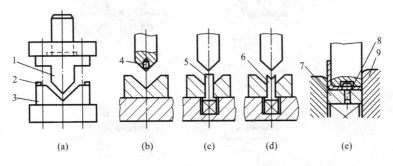

图 3-46　V 形件弯曲模的一般结构形式
1—凸模；2—定位板；3—凹模；4—定位尖；5—顶杆；
6—V 形顶板；7—顶板；8—定位销；9—反侧压块

图 3-47 所示为 V 形件精弯模，两块活动凹模通过转轴铰接，定位板（或定位销）固定在活动凹模上。弯曲前顶杆将转轴顶到最高位置，使两块活动凹模成一平面。在弯曲过程中坯料始终与活动凹模和定位板接触，不会产生相对滑动和偏移，因此弯曲件表面不会有损

伤,其质量较高。这种结构特别适用于有精确孔位的小零件以及没有足够的定位支承面、窄长的形状复杂的零件。

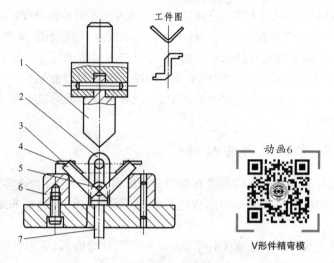

图 3-47　V形件精弯模

1—凸模;2—支架;3—定位板;4—活动凹模;5—转轴;6—支承板;7—顶杆

2. U 形件弯曲模

根据弯曲件的要求,常用的 U 形件弯曲模有图 3-48 所示的几种结构形式。

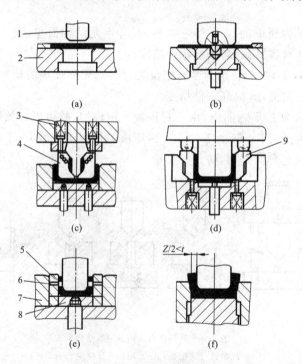

图 3-48　U形件弯曲模的结构形式

1—凸模;2—凹模;3—弹簧;4—凸模活动镶块;

5、9—凹模活动镶块;6—定位销;7—转轴;8—顶板

图 3-48(a)所示的结构最为简单,用于底部不要求平整的弯曲件。

图 3-48(b)所示的结构用于底部要求平整的弯曲件。

图 3-48(c)所示的结构用于料厚公差较大而外侧尺寸要求较高的弯曲件,其凸模为活动结构,可随料厚自动调整凸模横向尺寸。

图 3-48(d)所示的结构用于料厚公差较大而内侧尺寸要求较高的弯曲件,凹模两侧为活动结构,可随料厚自动调整凹模横向尺寸。

图 3-48(e)所示为 U 形件精弯模,两侧的凹模活动镶块用转轴分别与顶板铰接。弯曲前顶杆将顶板顶出凹模面,同时顶板与凹模活动镶块成一平面,镶块上有定位销供工序件定位用。弯曲时工序件与凹模活动镶块一起运动,这样就保证了两侧孔的同轴。

图 3-48(f)所示为弯曲件两侧壁厚变薄的弯曲模。

图 3-49 所示为弯曲角小于 90°的 U 形件弯曲模。压弯时凸模首先将坯料弯成 U 形,当凸模继续下压时,两侧的转动凹模使坯料最后被压弯成弯曲角小于 90°的 U 形件。凸模上升,弹簧使转动凹模复位,U 形件则沿垂直于图面方向从凸模上被卸下。

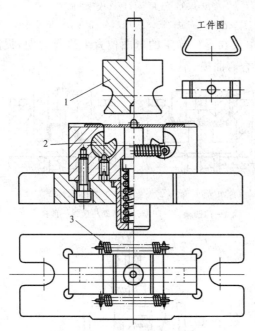

图 3-49　弯曲角小于 90°的 U 形件弯曲模
1—凸模;2—转动凹模;3—弹簧

3.冂形件弯曲模

冂形件可以一次弯曲成形,也可以两次弯曲成形。

图 3-50 所示为冂形件一次成形弯曲模,可以看出,在弯曲过程中由于凸模肩部妨碍了坯料的转动,坯料通过凹模圆角的摩擦力增大,使弯曲件侧壁容易被擦伤和变薄,同时弯曲件两肩部与底面不易平行。特别是当板料厚、弯曲件直壁高、圆角半径小时,这一现象更为严重。

图 3-51 所示为冂形件两次成形弯曲模,先弯外角后弯内角,采用两副模具弯曲。为了保证弯内角时凹模有足够的强度,弯曲件高度 H 应大于 $(12\sim15)t$(t 为料厚)。

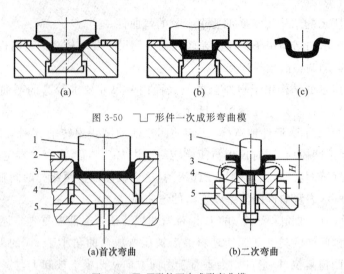

图 3-50　⊔形件一次成形弯曲模

(a)首次弯曲　　　(b)二次弯曲

图 3-51　⊔形件两次成形弯曲模

1—凸模;2—定位板;3—凹模;4—顶板;5—下模座

为了保证弯曲过程中仅在零件确定的弯曲位置上进行弯曲,提高弯曲件质量,可采用图3-52、图3-53 所示的复合弯曲模。

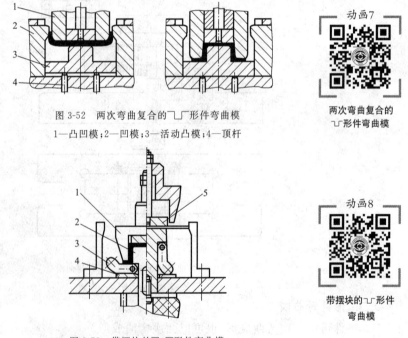

图 3-52　两次弯曲复合的⊔形件弯曲模

1—凸凹模;2—凹模;3—活动凸模;4—顶杆

动画7

两次弯曲复合的
⊔形件弯曲模

动画8

带摆块的⊔形件
弯曲模

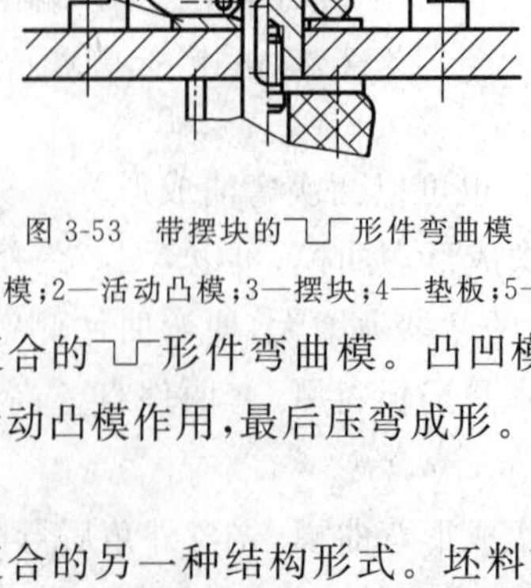

图 3-53　带摆块的⊔形件弯曲模

1—凹模;2—活动凸模;3—摆块;4—垫板;5—推板

图 3-52 所示为两次弯曲复合的⊔形件弯曲模。凸凹模下行,先使坯料通过凹模压弯成 U 形;凸凹模继续下行,与活动凸模作用,最后压弯成形。这种结构需要凹模下腔空间较大,以方便零件侧边的转动。

图 3-53 所示为两次弯曲复合的另一种结构形式。坯料靠两侧导板定位,凹模下行,利用活动凸模的弹压力先将坯料弯成 U 形。凹模继续下行,当推板与凹模底面接触时,强迫

活动凸模向下运动,在铰接于活动凸模侧面的一对摆块的作用下最后压弯成形。这种模具结构较复杂。

4. Z形件弯曲模

Z形件一次弯曲即可成形。图 3-54(a)所示的结构简单,无压料装置,压弯时坯料易滑动,只适用于精度要求不高的零件。

微课25

弯曲模典型结构(二)

图 3-54(b)、图 3-54(c)所示为有顶板和定位销的 Z 形件弯曲模,能有效防止坯料的偏移。反侧压块的作用是克服上、下模之间水平方向的错移力,同时也能为顶板进行导向。

图 3-54(c)所示的 Z 形件弯曲模,在冲压前活动凸模在橡皮的作用下与凸模端面齐平。冲压时活动凸模与顶板将坯料夹紧,由于橡皮弹力较大,故可推动顶板下移,使坯料左端弯曲成形。当顶板接触下模座后,橡皮压缩,则凸模相对于活动凸模下移,从而将坯料右端弯曲成形。当压块与上模座相碰时,整个零件得到校正。

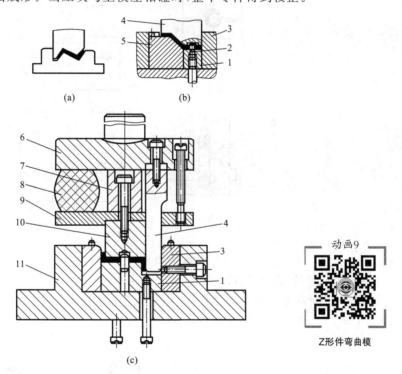

图 3-54 Z 形件弯曲模

1—顶板;2—定位销;3—反侧压块;4—凸模;5—凹模;6—上模座;

7—压块;8—橡皮;9—凸模托板;10—活动凸模;11—下模座

5. 圆形件弯曲模

圆形件的尺寸大小不同,其弯曲方法也不同,一般按直径分为小圆形件和大圆形件两种。

(1)小圆形件($d \leqslant 5$ mm)

弯小圆的方法是先弯成 U 形,再将 U 形弯成圆形。用两副简单模具弯小圆的方法如图 3-55(a)所示。由于零件小,分两次弯曲操作不便,故可将两道工序合并。图 3-55(b)所示为有侧楔的一次弯曲模,上模下行时,芯棒将坯料弯成 U 形,上模继续下行,侧楔推动活动凹模将 U 形弯成圆形。

图 3-55(c)所示的也是一次弯曲模。上模下行时,压板将滑块往下压,滑块带动芯棒将坯料弯成 U 形。上模继续下行,凸模再将 U 形弯成圆形。如果工件精度要求较高,可以旋转工件连冲几次,以获得较好的圆度。一般圆形件弯曲后,必须用手将零件从芯轴凸模上取下,操作比较麻烦。

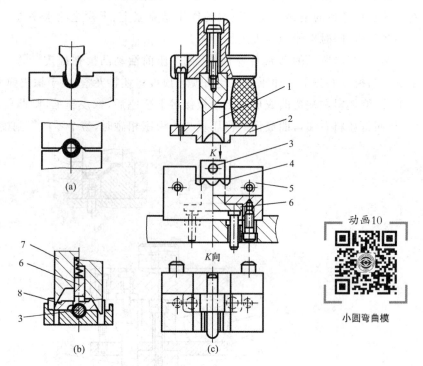

图 3-55 小圆弯曲模

1—凸模;2—压板;3—芯棒;4—坯料;5—凹模;6—滑块;7—侧楔;8—活动凹模

(2)大圆形件($d \geqslant 20$ mm)

图 3-56 所示为大圆三次弯曲模,采用三道工序弯大圆的方法生产率低,适用于板料较厚的工件。

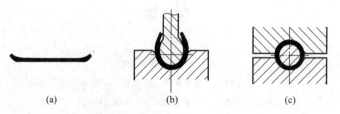

图 3-56 大圆三次弯曲模

图 3-57 所示为大圆两次弯曲模。采用两道工序弯大圆,应先预弯成 3 个 120°的波浪形,然后再用第二副模具弯成圆形,零件沿凸模轴线方向被取下。

图 3-58 所示为带摆动凹模的一次弯曲成形模,凸模下行先将坯料压成 U 形,凸模继续下行,摆动凹模将 U 形弯成圆形。零件可沿凸模轴线方向推开支承被取下。这种模具生产率较高,但由于回弹使零件接缝处留有缝隙和少量直边,故零件精度差,模具结构也较复杂。

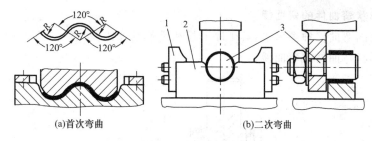

(a)首次弯曲   (b)二次弯曲

图 3-57   大圆两次弯曲模
1—定位板;2—凹模;3—凸模

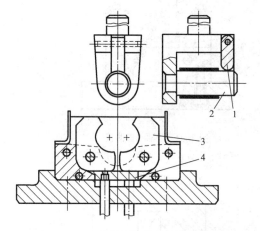

带摆动凹模的一次
弯曲成形模

图 3-58   带摆动凹模的一次弯曲成形模
1—支承;2—凸模;3—摆动凹模;4—顶板

6. 铰链件弯曲模

图 3-59 所示为铰链件弯曲模。其中图 3-59(a)所示为预弯模;图 3-59(b)所示为立式卷圆模,其结构较简单;图 3-59(c)所示为卧式卷圆模,有压料装置,操作方便,零件质量较好。卷圆通常采用推圆法。

铰链件弯曲模

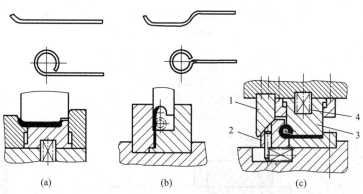

(a)   (b)   (c)

图 3-59   铰链件弯曲模
1—斜楔;2—凹模;3—凸模;4—弹簧

7. 其他形状弯曲件的弯曲模

其他形状的弯曲件种类繁多,其工序安排和模具设计比较灵活。图 3-60~图 3-62 所示为几种其他形状弯曲件的弯曲模。

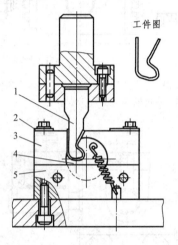

滚轴式弯曲模

图 3-60　滚轴式弯曲模
1—凸模;2—定位板;3—凹模;4—滚轴;5—挡板

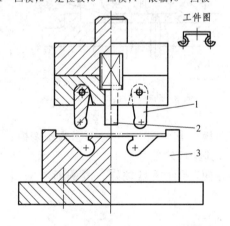

带摆动凸模的弯曲模

图 3-61　带摆动凸模的弯曲模

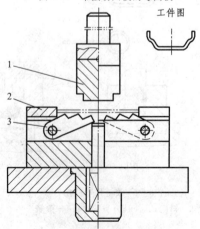

带摆动凹模的弯曲模

图 3-62　带摆动凹模的弯曲模
1—凸模;2—定位板;3—摆动凹模

拓展知识

以上介绍了典型的单工序弯曲模,下面对级进模、复合模及通用弯曲模做简要介绍。

一、级进模

采用级进模进行多工位冲裁、弯曲、切断等工艺成形,可提高生产率和安全性,保证产品质量。冲孔、切断、弯曲级进模如图 3-63 所示。

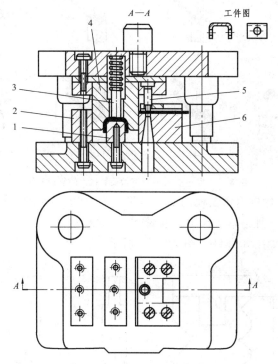

图 3-63　冲孔、切断、弯曲级进模
1—弯曲凸模;2—挡块;3—顶件销;4—凸凹模;5—冲孔凸模;6—冲孔凹模

二、复合模

对于尺寸不大的弯曲件,还可以采用复合模,即在压力机一次行程中,在模具同一位置上完成落料、弯曲、冲孔等几道工序。图 3-64(a)、图 3-64(b)为切断、弯曲复合模结构简图。图 3-64(c)所示为落料、弯曲、冲孔复合模,其结构紧凑,零件精度高,但凸凹模修磨困难。

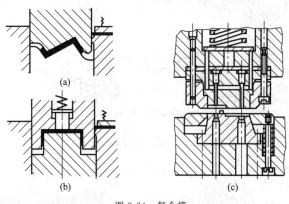

(a)

(b)

(c)

图 3-64　复合模

三、通用弯曲模

对于小批生产或试制生产的零件,因为生产量小、品种多、尺寸经常改变,所以在大多数情况下不使用专用的弯曲模,生产中常采用通用弯曲模。

采用通用弯曲模不仅可以制造一般的 V 形、U 形、⎍ 形件,还可以制造精度不高的形状复杂的零件。图 3-65 所示为经过多次 V 形弯曲而制造出的复杂零件。

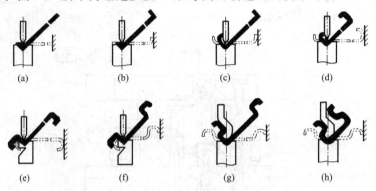

(a) (b) (c) (d)

(e) (f) (g) (h)

图 3-65　经过多次 V 形弯曲而制造出的复杂零件

图 3-66 所示为折弯机用弯曲模的端面形状。图 3-66(a)所示为在凹模的 4 个面上分别制出适合弯制零件的几种槽口。凸模有直臂式、曲臂式两种,将零件的圆角半径制成多种尺寸,以便按需要更换,如图 3-66(b)、图 3-66(c)所示。

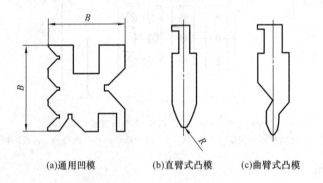

(a)通用凹模　　　　　(b)直臂式凸模　　　　　(c)曲臂式凸模

图 3-66　折弯机用弯曲模的端面形状

图 3-67 所示为通用 V 形弯曲模。凹模由两块组成,它具有 4 个工作面,以供弯曲多种角度用。凸模按零件弯曲角和圆角半径大小更换。

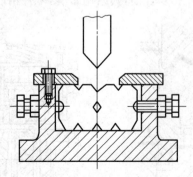

图 3-67　通用 V 形弯曲模

练 习

1. 解释下列名词：

应变中性层　校正弯曲　弯曲回弹　偏移　弯裂　最小相对弯曲半径

2. 试判断以下表述是否正确。

(1) 弯曲过程中应变中性层的位置保持不变。

(2) 当板料纤维方向与弯曲线方向垂直时，可采用较小的最小弯曲半径。

(3) 当工件的内表面弯曲半径小于最小弯曲半径推荐值时，可以一次弯曲成形。

3. 回答下列问题：

(1) 弯曲变形的特点是什么？

(2) 提高弯曲变形程度的方法有哪些？

(3) 减小回弹量的措施有哪些？

(4) 防止偏移的措施有哪些？

任务二　冲压工艺计算

学习目标

(1) 能初步确定坯料尺寸。

(2) 能正确计算弯曲中的冲压力。

微课26

冲压工艺计算

工作任务

1. 教师演示任务

(1) 计算图 3-1 所示弯曲件的坯料尺寸。

(2) 计算弯曲图 3-1 所示弯曲件所需的冲压力。

2. 学生训练任务

(1) 计算图 3-2 所示弯曲件的坯料尺寸。

(2) 计算弯曲图 3-2 所示弯曲件所需的冲压力。

相关实践知识

一、计算坯料尺寸

该弯曲件的圆角半径为 2 mm，料厚为 2 mm，属于有圆角半径（$r > 0.5t$）的弯曲件。根据弯曲变形特点，弯曲件圆角部分是弯曲的主要变形区，而直边部分几乎不参与变形，而且变形程度不大，变形区坯料变薄不严重，故认为应变中性层的长度等于弯曲部分坯料的展开尺寸,此时可按应变中性层展开原理来计算。

根据相对弯曲半径 r/t 查表 3-7,得应变中性层位移系数 $x=0.32$,则变形区应变中性层曲率半径为

$$\rho = r + xt = 2 + 0.32 \times 2 = 2.64 \text{ mm}$$

表 3-7　　　　　　　　　　　　　　应变中性层位移系数 x

r/t	0.1	0.2	0.3	0.4	0.5	0.6	0.7	0.8	1	1.2
x	0.21	0.22	0.23	0.24	0.25	0.26	0.28	0.3	0.32	0.33
r/t	1.3	1.5	2	2.5	3	4	5	6	7	≥8
x	0.34	0.36	0.38	0.39	0.4	0.42	0.44	0.46	0.48	0.5

则坯料展开总长度为

$$L_z = l_1 + l_2 + \frac{\pi \rho \alpha}{180} = (50 - 2 \times 2) + (25 + 30 - 2 \times 2) \times 2 + 2 \times \frac{3.14 \times 2.64 \times 90}{180} = 156.29 \text{ mm}$$

取整为 156 mm。

由于板料属于宽板,故变形前、后宽度方向的尺寸可认为是几乎不变的。零件宽度尺寸为 90 mm,故毛坯尺寸为 156 mm×90 mm。弯曲件平面展开图如图 3-68 所示。

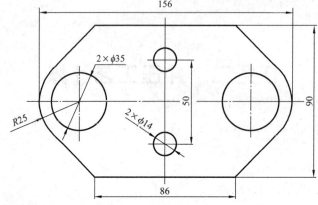

图 3-68　弯曲件平面展开图

二、计算弯曲力

为控制弯曲回弹,该零件采用校正弯曲。

查表 3-9,取单位面积校正弯曲力 $p=120$ MPa,故校正弯曲力为

$$F_{校} = Ap = (50 + 2 \times 2) \times 90 \times 120 = 583\ 200 \text{ N} = 583.2 \text{ kN}$$

对于校正弯曲,由于校正弯曲力比顶件力大得多,故可将顶件力忽略。

生产中为了安全起见,取 $F_g \geqslant 1.8F_{校} = 1.8 \times 583.2 = 1\ 049.76$ kN,根据压弯力大小,初选设备为 J23-125 型压力机。

相关理论知识

一、计算坯料尺寸

1. 有圆角半径($r > 0.5t$)的弯曲

由于变薄不严重,故按应变中性层(应变中性层的位置如图 3-69 所示)展开原理,即坯

料展开总长度等于弯曲件直边部分和圆角部分长度之和(图 3-70)：

$$L_z = l_1 + l_2 + \frac{\pi\rho\alpha}{180} = l_1 + l_2 + \frac{\pi\alpha(r+xt)}{180} \tag{3-6}$$

式中　L_z——坯料展开总长度,mm；

　　　ρ——应变中性层曲率半径,mm；

　　　α——弯曲中心角,($°$)；

　　　r——零件的内弯曲半径,mm；

　　　t——板料厚度,mm；

　　　x——应变中性层位移系数。

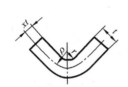

图 3-69　应变中性层的位置

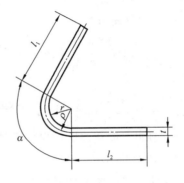

图 3-70　有圆角半径的弯曲

2. 无圆角半径($r<0.5t$)的弯曲

由于弯曲变形时不但零件的圆角部分会产生严重变薄现象,而且与其相邻的直边部分也会产生变薄现象,故应按变形前、后体积不变的条件来确定坯料展开总长度。通常采用表 3-8 中的经验公式进行计算。

表 3-8　　　　　　　　　　　　　$r<0.5t$ 时的坯料展开总长度计算公式

简图	计算公式	简图	计算公式
	$L_z = l_1 + l_2 + 0.4t$		$L_z = l_1 + l_2 + l_3 + 0.6t$ (一次同时弯曲 2 个角)
	$L_z = l_1 + l_2 - 0.43t$		$L_z = l_1 + 2l_2 + 2l_3 + t$ (一次同时弯曲 4 个角)
			$L_z = l_1 + 2l_2 + 2l_3 + 1.2t$ (分两次弯曲 4 个角)

值得注意的是,用表 3-8 中的公式进行计算时,很多因素没有考虑,因而可能产生较大的误差,所以只能用于形状比较简单、尺寸精度要求不高的弯曲件。对于形状比较复杂或精度要求较高的弯曲件,在利用表 3-8 中的公式初步计算出坯料展开总长度后,还需反复试弯、不断修正,才能最后确定坯料的形状和尺寸。故在生产中宜先制造弯曲模,后制造落料模。

二、计算弯曲力

弯曲力是设计弯曲模和选择压力机的重要依据,特别是在弯曲坯料较厚、弯曲线较长、相对弯曲半径较小、材料强度较大而压力机的公称压力有限的情况下,必须对弯曲力进行计算。材料弯曲时,开始是弹性弯曲,其后是变形区内、外层纤维首先进入塑性状态,并逐步向板的中心扩展而进行自由弯曲,最后是凸、凹模与坯料互相接触并冲击零件的校正弯曲。

由于弯曲力受材料性能、零件形状、弯曲方法及模具结构等诸多因素的影响,故生产中通常采用经验公式进行计算。

1. 自由弯曲时的弯曲力计算

V 形件的自由弯曲力为

$$F_{自} = \frac{0.6KBt^2\sigma_b}{r+t} \tag{3-7}$$

U 形件的自由弯曲力为

$$F_{自} = \frac{0.7KBt^2\sigma_b}{r+t} \tag{3-8}$$

式中　$F_{自}$——自由弯曲在冲压行程结束时的弯曲力,N;

B——弯曲件的宽度,mm;

t——弯曲材料的厚度,mm;

r——弯曲件的内弯曲半径,mm;

σ_b——材料的抗拉强度,MPa;

K——安全系数,一般取 1.3。

2. 校正弯曲时的弯曲力计算

$$F_{校} = Ap \tag{3-9}$$

式中　$F_{校}$——校正弯曲力,N;

A——被校正部分的投影面积,mm^2;

p——单位面积校正弯曲力,MPa,其值见表 3-9。

表 3-9　　　　　　　　　　　　　　　单位面积校正弯曲力 p　　　　　　　　　　　　　　MPa

材料	料厚 t/mm		材料	料厚 t/mm	
	<3	3~10		<3	3~10
铝	30~40	50~60	10~20 钢	80~100	100~120
黄铜	60~80	80~100	25~35 钢	100~120	120~150

3. 顶件力或压料力的计算

若弯曲模设有顶件装置或压料装置,则其顶件力或压料力可近似取自由弯曲力的30%~80%,即

$$F_d(或 F_y) = (0.3 \sim 0.8)F_{自} \tag{3-10}$$

4. 确定压力机的公称压力

对于有压料装置的自由弯曲:

$$F_g \geqslant (1.2 \sim 1.3)(F_{自} + F_y) \tag{3-11}$$

对于校正弯曲,由于校正弯曲力比压料力或顶件力大得多,故压料力或顶件力一般可以

忽略,公称压力按校正弯曲力来计算。

$$F_g \geqslant (1.2 \sim 1.3)F_{校}$$ (3-12)

拓展知识

对于 $r=(0.6 \sim 3.5)t$ 的铰链件,如图 3-71 所示,通常采用卷圆的方法成形(图3-59),在卷圆过程中坯料增厚,应变中性层外移,其坯料展开总长度 L_z 可按下式近似计算:

$$L_z = l + 1.5\pi(r + x_1 t) + r \approx l + 5.7r + 4.7x_1 t$$ (3-13)

式中,x_1 为铰链件弯曲时的应变中性层位移系数,见表 3-10。

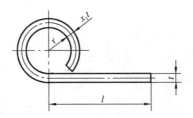

图 3-71　铰链件

表 3-10　　　　　　　　　　　　铰链件弯曲时的应变中性层位移系数 x_1

r/t	$0.5 \sim 0.6$	$0.6 \sim 0.8$	$0.8 \sim 1$	$1 \sim 1.2$	$1.2 \sim 1.5$
x_1	0.76	0.73	0.7	0.67	0.64
r/t	$1.5 \sim 1.8$	$1.8 \sim 2$	$2 \sim 2.2$	>2.2	
x_1	0.61	0.58	0.54	0.5	

练 习

1. 试判断以下表述是否正确。

(1)对于施力行程较大的深弯曲,压力机的公称压力为总冲压力的 1.6~2.0 倍。

(2)当采用校正弯曲时,压料力和卸料力可以忽略。

(3)计算弯曲件坯料展开总长度的依据是应变中性层。

2. 计算图 3-72 所示弯曲件的坯料尺寸。(材料为 45 钢,料厚为 3 mm)

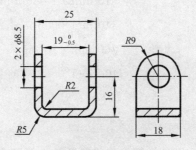

图 3-72　弯曲件

任务三　冲压设备的选用

学习目标

微课27

冲压设备的选用

（1）能初选压力机。

（2）能进行压力机的校核。

工作任务

1.教师演示任务

选择加工图 3-1 所示的弯曲件所用的压力机。

2.学生训练任务

选择加工图 3-2 所示的弯曲件所用的压力机。

相关实践知识

冲压设备的选用是工艺设计中的一项重要内容，它直接关系到设备的合理使用、安全、产品质量、模具寿命、生产率和成本等一系列重要问题。

根据弯曲力的大小，选取 JH23-125 型开式双柱可倾压力机，其主要技术参数如下：

公称压力	1 250 kN
滑块行程	145 mm
最大闭合高度	480 mm
闭合高度调节量	110 mm
滑块中心到床身的距离	380 mm
工作台尺寸	710 mm×1 080 mm
工作台孔尺寸	340 mm×500 mm
模柄孔尺寸	ϕ60 mm×80 mm
工作台垫板厚度	100 mm

相关理论知识

冲压设备的选用主要包括设备类型和规格参数的选择两个方面。

一、初选压力机

初选压力机主要是在选定类型的基础上，根据总冲压力确定压力机吨位。

1.压力机类型的选择

生产中,主要根据冲压工序的性质、生产批量的大小、冲压件的几何尺寸和精度要求等来选择冲压设备的类型。具体如下:

(1)小型冲压件选用开式机械压力机;

(2)大中型冲压件选用双柱闭式机械压力机;

(3)导板模或要求导套不离开导柱的模具选用偏心压力机;

(4)大量生产的冲压件选用高速压力机或多工位自动压力机;

(5)校平、整形和温热挤压工序选用摩擦压力机;

(6)薄板冲裁、精密冲裁选用刚度高的精密压力机;

(7)形状复杂的大型拉深件选用双动或三动压力机;

(8)小批生产的大型厚板件的成形工序多采用液压机。

对于中小型冲裁件、弯曲件或浅拉深件的冲压生产,常采用开式曲柄压力机。虽然 C 形床身的开式压力机刚度不够好,冲压力过大会引起床身变形,以致冲模间隙分布不均,但是它具有三面敞开的空间,操作方便,并且容易安装机械化的附属装置,成本低廉,目前仍然是生产中小型冲压件的主要设备。

摩擦压力机结构简单、造价低,冲压时不会因为板料厚度波动等原因而引起设备或模具的损坏,因而在小批生产中常用于弯曲、成形、校平、整形等工序。

2.压力机规格的初步选择

根据总冲压力 F_z 小于压力机公称压力 F_g 这一条件来初步确定压力机规格。

一般情况下,压力机的公称压力应不小于总冲压力的 1.3 倍。对于施力行程小的冲压工序(如冲裁、浅弯曲、浅拉深),$F_g \geqslant (1.1 \sim 1.3)F_z$;对于施力行程大的冲压工序(如深弯曲、深拉深),$F_g \geqslant (1.6 \sim 2.0)F_z$。

二、校核压力机

压力机的校核主要是从滑块行程、滑块行程次数及模具总体尺寸与压力机相关尺寸是否相适应等几个方面来进行。

1.滑块行程

滑块行程的大小应能保证毛坯或半成品的放入以及成形零件的取出。一般冲裁、精压工序所需行程较小;弯曲、拉深工序则需要较大的行程,其行程应不小于成品零件高度的 2.5 倍。

2.滑块行程次数

滑块行程次数应根据效率要求、材料允许的变形速度及操作的可能性等来综合确定。

3.工作台尺寸和工作台孔尺寸

(1)压力机工作台或垫板平面的长、宽尺寸一般应大于模具的下模座尺寸,且每边留出 50~70 mm,以便固定。

(2)当冲压件或废料从下模漏出时,工作台孔尺寸必须大于漏料件尺寸。

(3)对于有弹顶装置的模具,工作台孔尺寸还应大于弹顶器外形尺寸。

4. 模柄孔尺寸

模柄孔直径应与模柄直径相同,模柄孔深度应大于模柄夹持部分的长度。

5. 闭合高度

冲模的闭合高度必须在压力机的最大装模高度和最小装模高度之间,一般取

$$H_{\min}-H_1+10\leqslant H\leqslant H_{\max}-H_1-5 \tag{3-14}$$

式中　$H_{\max}$——最大闭合高度,即连杆调到最短(曲拐轴式压力机的行程调到最小)时压力机的闭合高度,mm;

$H_{\min}$——最小闭合高度,即连杆调到最长(曲拐轴式压力机的行程调到最大)时压力机的闭合高度,$H_{\min}=H_{\max}-L$(L 为连杆调节长度),mm;

H_1——压力机工作垫板厚度,mm;

$(H_{\max}-H_1)$——压力机最大装模高度,mm;

$(H_{\min}-H_1)$——压力机最小装模高度,mm;

H——模具的闭合高度,mm。

任务四　模具零部件(非标准件)设计

学习目标

(1)能合理确定弯曲模工作零件的结构及尺寸。
(2)能合理确定弯曲凸、凹模间隙。
(3)能合理确定弯曲凸、凹模的材料及热处理条件。

工作任务

1. 教师演示任务

设计图 3-1 所示弯曲件的弯曲模工作零件的结构、尺寸并确定弯曲凸、凹模间隙。

2. 学生训练任务

设计图 3-2 所示弯曲件的弯曲模工作零件的结构、尺寸并确定弯曲凸、凹模间隙。

相关实践知识

一、工作零件的设计

1. 设计工作部分的结构尺寸

(1)凸模圆角半径

工件的弯曲圆角半径较小,但不小于工件材料所允许的最小弯曲半径($r_{\min}=0.3t=0.6$ mm),故凸模圆角半径 r_{T} 可取弯曲件的内弯曲半径 $r=2$ mm。

微课28

工作零件的设计

（2）凹模圆角半径

凹模圆角半径不能过小，以免增加弯曲力，擦伤工件表面。此工件两边弯曲高度相同，属于对称弯曲，凹模两边圆角半径应大小一致。该工件厚度 $t = 2$ mm，故凹模圆角半径 $r_A = 2t = 4$ mm。

（3）凹模工作部分深度的设计计算

凹模工作部分的深度将决定板料的进模深度，同时也影响弯曲件直边的平行度，对工件的尺寸精度有一定的影响。此弯曲件的直边高度为 55 mm，料厚 2 mm，查表得凹模端面高出工件高度为 $h_0 + r_A = 4 + 4 = 8$ mm。

（4）凸、凹模间隙

弯曲模的凸、凹模间隙指单边间隙 $Z/2$。考虑到适当减小间隙可以减小回弹量，故单边间隙按 $(0.95 \sim 1)t$ 选取，取为 2 mm。

（5）凸、凹模横向尺寸及其公差

依据产品零件图得知工件内形尺寸，故设计凸、凹模时应以凸模为设计基准，间隙取在凹模上。

尺寸 50 的公差按 IT14 级选取，查表得 $\Delta = 0.62$。凸、凹模的制造公差分别按 IT8、IT9 由公差等级表选取。

凸模横向尺寸为

$$L_T = (L + 0.75\Delta)_{-\delta_T}^{0} = (50 + 0.75 \times 0.62)_{-0.039}^{0} = 50.47_{-0.039}^{0} \text{ mm}$$

凹模横向尺寸为

$$L_A = (L_T + Z)_{0}^{+\delta_A} = (50.47 + 2 \times 2)_{0}^{+0.062} = 54.47_{0}^{+0.062} \text{ mm}$$

2. 确定弯曲凸、凹模的材料及热处理条件

生产批量为中批量，弯曲件材料为 35 钢，属于一般材料，凸、凹模结构较简单，根据弯曲模常用材料及工作硬度（见表 3-11），选择弯曲凸、凹模的材料为 T10A，淬火及回火热处理硬度达 57～60HRC。

表 3-11　　　　　　　　　　弯曲模常用材料及工作硬度

使用条件	推荐使用钢号	代用钢号	工作硬度（HRC）
轻型简单	T10A		57～60
简单易裂	T7A	9CrWMn	54～56
轻型复杂	MnCrWV		57～60
大量生产	Cr12MoV		57～60
高强度钢板及奥氏体钢	Cr12MoV	—	65～67（渗碳）

3. 绘制弯曲凸、凹模结构图

弯曲凸、凹模结构图如图 3-73 和图 3-74 所示。

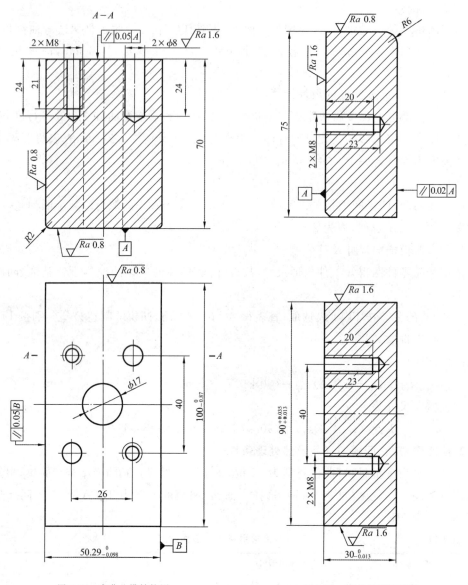

图 3-73　弯曲凸模结构图　　　　　　图 3-74　弯曲凹模结构图

二、其他非标准件设计

　　该模具的结构中除了螺钉、销钉及模柄为标准件外，其余零件均为非标准件，其零件图见任务六。

相关理论知识

　　下面主要讲述弯曲模工作部分结构参数的确定。弯曲模工作部分的尺寸如图 3-75 所示。

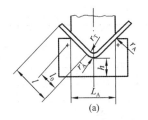 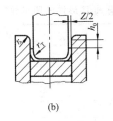 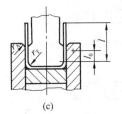

(a)　　　　　　　(b)　　　　　　　(c)

图 3-75　弯曲模工作部分的尺寸

1. 凸模圆角半径

当工件的相对弯曲半径 r/t 较小时,凸模圆角半径 r_T 等于工件的弯曲半径,但不应小于最小弯曲半径。

当 $r/t>10$ 时,应考虑回弹,将凸模圆角半径 r_T 加以修正。

2. 凹模圆角半径

凹模圆角半径 r_A 不能过小,以免擦伤工件表面,影响冲模寿命。凹模两边的圆角半径应一致,否则在弯曲时坯料会发生偏移。r_A 值通常根据板料厚度选取:$t<2$ mm 时,$r_A=(3\sim6)t$;$t=2\sim4$ mm 时,$r_A=(2\sim3)t$;$t>4$ mm 时,$r_A=2t$。

V 形弯曲凹模的底部可开退刀槽或取圆角半径 $r_A=(0.6\sim0.8)(r_T+t)$(图 3-75(a))。

3. 凹模深度

若凹模深度 l_0 过小,则坯料两端未受压部分太多,工件回弹量大且不平直,影响工件质量。若凹模深度 l_0 过大,则浪费模具钢材,且需冲床有较大的工作行程。

弯曲 V 形件的凹模深度 l_0 和底部最小厚度 h 值可查表 3-12,应保证凹模横向尺寸 L_A 不能大于弯曲坯料展开总长度的 80%(图 3-75(a))。

表 3-12　　　　弯曲 V 形件的凹模深度 l_0 和底部最小厚度 h　　　　mm

弯曲件边长 l	板料厚度 t					
	<2		2~4		>4	
	l_0	h	l_0	h	l_0	h
10~25	10~15	20	15	22	—	—
25~50	15~20	22	25	27	30	32
50~75	20~25	27	30	32	35	37
75~100	25~30	32	35	37	40	42
100~150	30~35	37	40	42	50	47

对于弯边高度不大或要求两边平直的 U 形件,凹模深度应大于零件的高度,如图 3-75(b)所示,其中 h_0 值见表 3-13;对于弯边高度较大而平直度要求不高的 U 形件,可采用图 3-75(c)所示的凹模形式,凹模深度 l_0 值见表 3-14。

表 3-13　　　　　　　　弯曲 U 形件的凹模深度 h_0　　　　　　　　mm

板料厚度 t	<1	1~2	2~3	3~4	4~5	5~6	6~7	7~8	8~10
h_0	3	4	5	6	8	10	15	20	25

表 3-14　　　　　　　　　　　　**弯曲 U 形件的凹模深度 l_0**　　　　　　　　　　mm

弯曲件边长 l	凹模深度 l_0				
	$t<1$	$t=1\sim2$	$t=2\sim4$	$t=4\sim6$	$t=6\sim10$
<50	15	20	25	30	35
50~75	20	25	30	35	40
75~100	25	30	35	40	40
100~150	30	35	40	50	50
150~200	40	45	55	65	65

注:t 为板料厚度。

4. 凸、凹模间隙

V 形件弯曲模的凸、凹模间隙是靠调整压力机的闭合高度来控制的,设计时可以不考虑。对于 U 形件弯曲模,则应当选择合适的凸、凹模间隙。间隙过小,会使工件弯边厚度变薄,降低凹模寿命,增大弯曲力;间隙过大,则回弹量大,降低工件的精度。U 形件弯曲模的凸、凹模单边间隙一般可按以下方法计算:弯曲钢板,$Z/2=(1.05\sim1.5)t$;弯曲有色金属,$Z/2=(1\sim1.1)t$。

当工件精度要求较高时,其间隙应适当缩小,取 $Z=t$。

5. U 形件弯曲凸、凹模横向尺寸及其公差

确定 U 形件弯曲凸、凹模横向尺寸及其公差的原则:标注工件外形尺寸时应以凹模为基准,间隙取在凸模上;标注工件内形尺寸时应以凸模为基准,间隙取在凹模上。而凸、凹模的尺寸及其公差则应根据工件的尺寸、公差、回弹情况以及模具磨损规律而定。图 3-76 中的 Δ' 为弯曲件横向尺寸偏差。

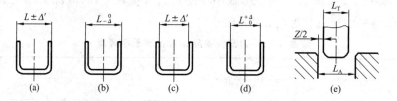

图 3-76　标注在内形和外形上的弯曲件及模具尺寸

(1)尺寸标注在外形上的弯曲件,应以凹模为基准件,先确定凹模尺寸,再减去间隙值,从而确定凸模尺寸。

当弯曲件为双向对称偏差时(图 3-76(a)),凹模横向尺寸为

$$L_A=(L-0.5\Delta)^{+\delta_A}_0 \tag{3-15}$$

当弯曲件为单向偏差时(图 3-76(b)),凹模横向尺寸为

$$L_A=(L-0.75\Delta)^{+\delta_A}_0 \tag{3-16}$$

凸模横向尺寸为

$$L_T=(L_A-Z)^0_{-\delta_T} \tag{3-17}$$

(2)尺寸标注在内形上的弯曲件,应以凸模为基准件,先确定凸模尺寸,再加上间隙值,从而确定凹模尺寸。

当弯曲件为双向对称偏差时(图 3-76(c)),凸模横向尺寸为

$$L_\mathrm{T} = (L + 0.5\Delta)_{-\delta_\mathrm{T}}^{\;0} \tag{3-18}$$

当弯曲件为单向偏差时(图 3-76(d)),凸模横向尺寸为

$$L_\mathrm{T} = (L + 0.75\Delta)_{-\delta_\mathrm{T}}^{\;0} \tag{3-19}$$

凹模横向尺寸为

$$L_\mathrm{A} = (L_\mathrm{T} + Z)_{0}^{+\delta_\mathrm{A}} \tag{3-20}$$

式中　L_T、L_A——凸、凹模横向尺寸,mm;

　　　L——弯曲件的公称尺寸,mm;

　　　Δ——弯曲件横向尺寸公差,mm;

　　　δ_T、δ_A——凸、凹模制造公差,mm。可采用 IT7~IT9 级精度,一般取凸模精度比凹模精度高一级。

练　习

计算图 3-72 所示弯曲件所用弯曲模工作零件的工作部分尺寸。

任务五　模架及标准件的选择

学习目标

(1)能合理选用弯曲模模架。
(2)能合理选用模柄及连接、紧固零件等标准件。

工作任务

1. 教师演示任务
选择图 3-1 所示弯曲件的弯曲模模架及标准件。

2. 学生训练任务
选择图 3-2 所示弯曲件的弯曲模模架及标准件。

相关实践知识

一、模架设计

该模具结构简单,板料较厚,工件精度不高,为了简化模具结构、减小外形尺寸并降低成本,采取自行设计模座的方式进行设计,下模座零件图见任务六。

二、模柄及连接、紧固零件等标准件的选用

1. 模柄的选用

选压入式模柄,与上模座连接方便,其规格根据压力机模柄孔尺寸选"B　60×115"(参照 JB/T 7646.1—2008)。

2. 连接、紧固零件的选用

螺钉选择内六角螺钉,具体规格及标准详见装配图。

相关理论知识

关于模架等标准件的选择方法详见项目一,在此不再一一赘述。

练 习

选择加工图 3-72 所示弯曲件所用模具中的标准件。

任务六　模具装配图及零件图的绘制

学习目标

能绘制弯曲模装配图及非标准件零件图。

工作任务

1. 教师演示任务

绘制图 3-1 所示弯曲件的弯曲模装配图及非标准件零件图。

2. 学生训练任务

绘制图 3-2 所示弯曲件的弯曲模装配图及非标准件零件图。

相关实践知识

一、绘制弯曲模装配图

弹簧吊耳弯曲模装配图如图 3-77 所示。

二、绘制弯曲模非标准件零件图

弹簧吊耳弯曲模非标准件零件图如图 3-78~图 3-86 所示。

动画16

弹簧吊耳弯曲模

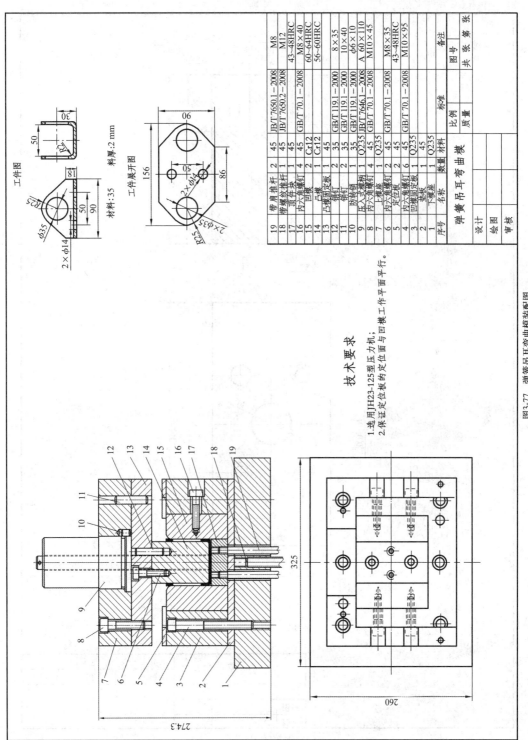

序号	名称	数量	材料	标准	备注
19	带肩推杆	2	45	JB/T 7650.1—2008	M8
18	带螺纹推杆	1	45	JB/T 7650.2—2008	M12
17	顶件块	1	45		43~48HRC
16	内六角螺钉	4	45	GB/T 70.1—2008	M8×40
15	凸模	1	Cr12		60~64HRC
14	凹凹模	1	Cr12		56~60HRC
13	凸模固定板	1	45		
12	销钉	2	35	GB/T 119.1—2000	8×35
11	销钉	1	35	GB/T 119.1—2000	10×40
10	弹簧	2		GB/T 119.1—2000	φ6×10
9	压入式模柄	1	Q235	JB/T 7646.1—2008	A 60×110
8	内六角螺钉	4	45	GB/T 70.1—2008	M10×45
7	上模座	1	Q235		
6	内六角螺钉	2	45	GB/T 70.1—2008	M8×35
5	内六角螺钉	2	45	GB/T 70.1—2008	43~48HRC
4	定位板	1	45		
3	凹模固定板	1	45		
2	下模座	1	Q235		
1	内六角螺钉	1	Q235	GB/T 70.1—2008	M10×95

弹簧吊耳弯曲模

设计		比例		图号	
绘图		质量		共 张 第 张	
审核					

工件图

料厚:2 mm

材料:35

工件展开图

技术要求

1. 选用JH23-125型压力机;
2. 保证定位板的定位面与凹模工作平面平行。

图3-77　弹簧吊耳弯曲模装配图

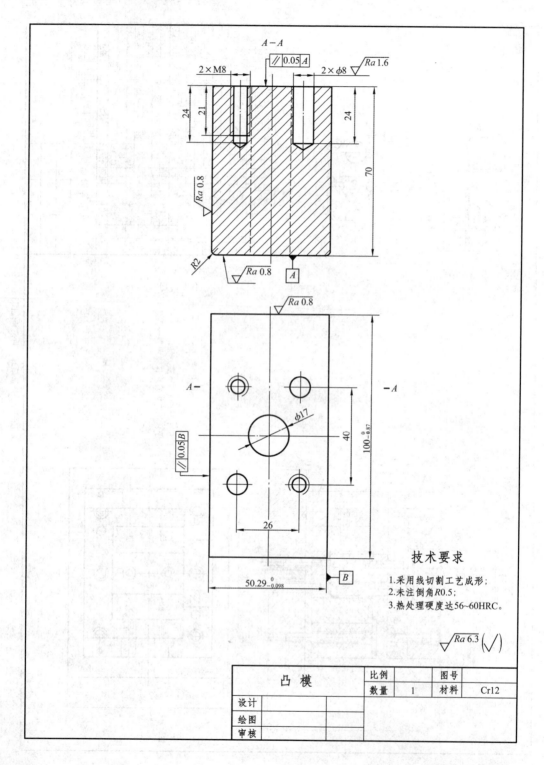

图 3-78 凸模零件图

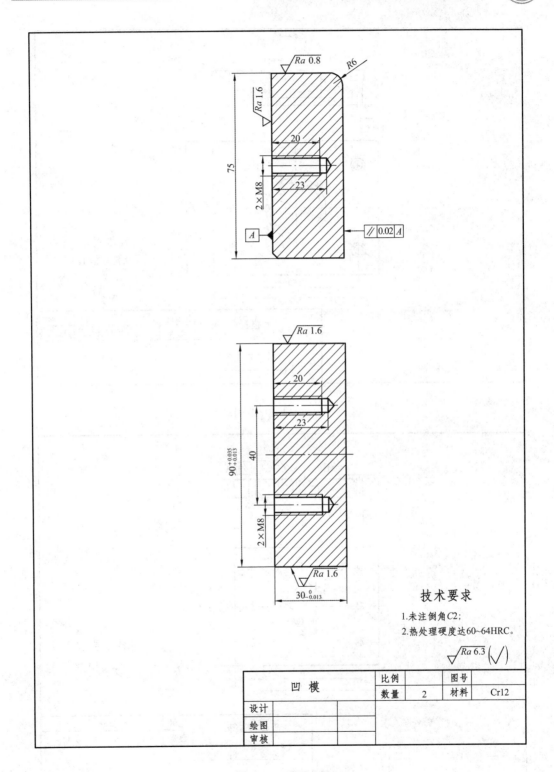

图 3-79　凹模零件图

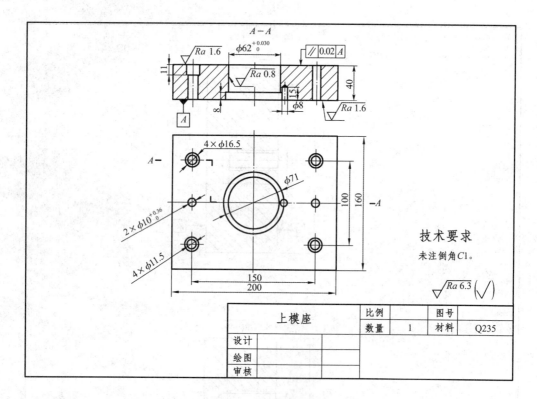

图 3-80 上模座零件图

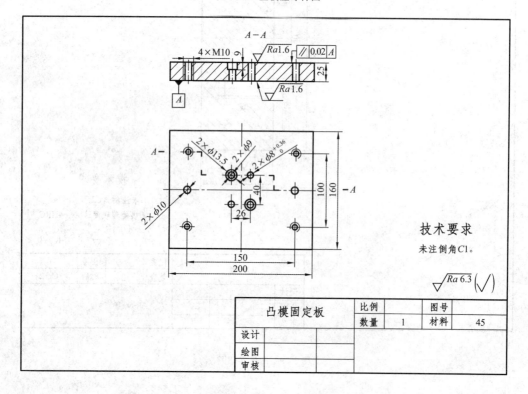

图 3-81 凸模固定板零件图

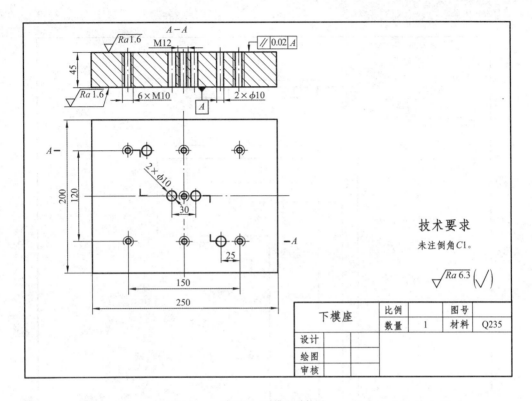

图 3-82　下模座零件图

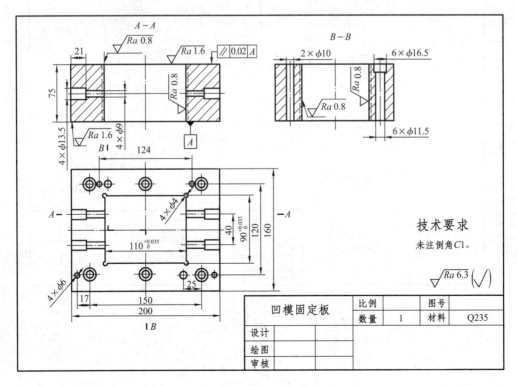

图 3-83　凹模固定板零件图

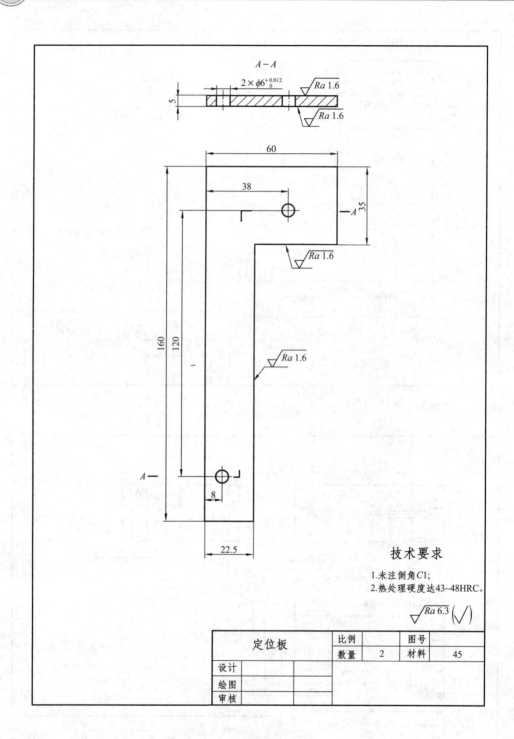

图 3-84 定位板零件图

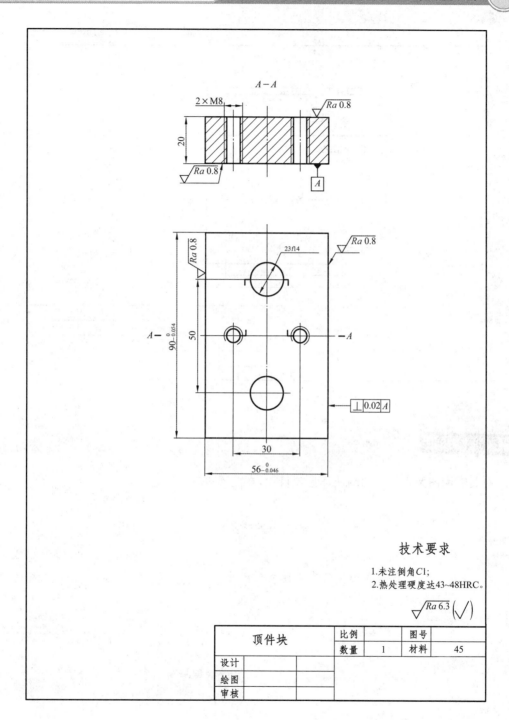

技术要求

1.未注倒角C1；
2.热处理硬度达43~48HRC。

图 3-85 顶件块零件图

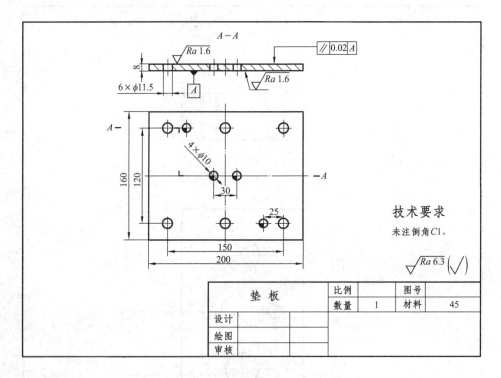

图 3-86 垫板零件图

相关理论知识

有关装配图及零件图的画法详见项目一,在此不再一一赘述。

练习

绘制图 3-72 所示弯曲件的弯曲模装配图及零件图。

项目四

筒形件拉深模设计

● **学习目标**

通过本项目的学习,使学生能熟练运用拉深模设计的基本原理和方法,设计出简单的筒形件拉深模。具体目标如下:

(1)能根据筒形拉深件零件图合理确定模具的总体结构形式和压力机型号;

(2)能对筒形拉深件进行合理的工艺性分析;

(3)能合理地选用筒形拉深件的拉深系数;

(4)能合理地进行工作零件的设计;

(5)能合理地选择标准模架及其他标准件;

(6)能正确地绘制模具装配图和非标准件零件图。

● **工作任务**

根据图 4-1 所示筒形拉深件零件图完成以下任务:

(1)完成整套筒形件拉深模的设计;

(2)绘制模具二维装配图;

(3)绘制工作零件等主要零件的二维工程图。

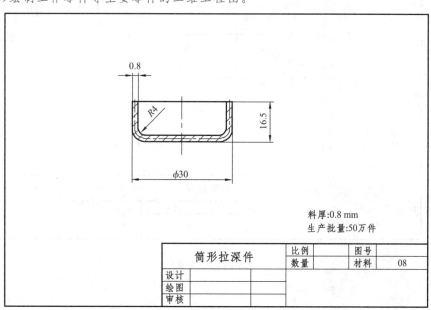

| 料厚:0.8 mm |
| 生产批量:50万件 |

筒形拉深件		比例		图号	
		数量		材料	08
设计					
绘图					
审核					

图 4-1　筒形拉深件零件图(一)

任务一　总体方案确定

学习目标

(1)能正确分析筒形拉深件的结构特点和技术要求。

(2)能对筒形拉深件进行合理的工艺性分析。

(3)能合理地选择筒形拉深件的拉深工艺方案。

(4)能合理地确定模具的总体结构形式。

工作任务

1. 教师演示任务

根据图 4-1 所示的筒形拉深件零件图,分析该拉深件的结构特点和技术要求,选择合理的成形方案和模具总体结构形式,确定压力机的型号。

2. 学生训练任务

根据图 4-2 所示的筒形拉深件零件图,分析该拉深件的结构特点和技术要求,选择合理的成形方案和模具总体结构形式,确定压力机的型号。

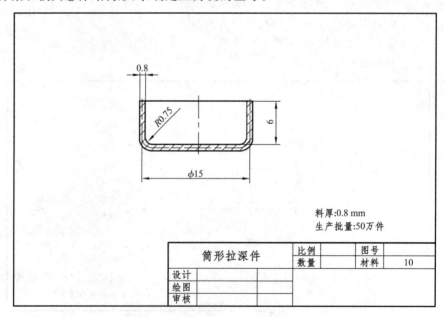

料厚:0.8 mm
生产批量:50万件

筒形拉深件		比例		图号	
		数量		材料	10
设计					
绘图					
审核					

图 4-2　筒形拉深件零件图(二)

相关实践知识

一、分析零件图

该拉深件结构简单,材料为 08 钢,料厚 0.8 mm,零件精度为 IT14 级,尺寸较小,生产批量较大,属于普通冲压件。

二、零件工艺性分析

1.材料分析

08 钢为优质碳素结构钢,属于深拉深级别钢,具有良好的拉深成形性能,强度、硬度很低,而塑性、韧性极好,具有良好的冷变形性和焊接性,正火后切削加工性尚可,退火后磁导率较高,剩磁较少,但淬透性、淬硬性极低,主要用来制造冷冲压的拉深件。

2.结构工艺性分析

该零件为带凸缘的简形件,凸缘形状为圆形,零件为轴对称件,厚度 0.8 mm,对拉深较为有利。拉深时坯料形状应为圆形,拉深结束后由切边工序保证凸缘外形尺寸。此外,零件底部圆角半径为 4 mm,不满足拉深件底部圆角半径大于一倍料厚、口部圆角半径大于两倍料厚的要求,可以直接拉深到零件图上的要求。此拉深件属于不变薄拉深件。

3.精度分析

零件图上未注精度公差,因此可按 IT14 级考虑,精度较低,采用普通冲裁即可满足零件的精度要求。拉深件的口部一般是不整齐的,需要通过切边来满足凸缘外形尺寸的要求。

三、工艺方案的确定和分析

1.工艺方案的确定

根据零件工艺性分析,其基本工序有落料和拉深。按其模具结构生产,可得以下两种方案:

(1)用单工序模进行生产,先落料、后拉深;

(2)用落料拉深复合模进行生产。

2.工艺方案的分析

方案 1:模具结构简单,但需要两道工序、两套模具,生产率低,难以满足零件的年产量要求。

方案 2:只需一套模具,零件的尺寸精度较高,且生产率高。尽管方案 2 的模具结构与方案 1 相比较为复杂,但由于零件几何形状简单且对称,模具制造并不困难。

通过对两种方案的分析,采用方案 2 为佳。

四、确定模具总体结构形式

从前面的分析可知,本模具为落料拉深复合模,这种模具一般设计成先落料、后拉深,为此,拉深凸模应低于落料凹模一个板料厚度。压料圈既起压料作用,又起顶件作用。凸凹模在上模,拉深凸模在下模,由于有顶件作用,上模回程时制件可能留在拉深凹模内,所以一般要设置推件装置,制件通过推板从上模被推出,冲制条料定位采用挡料销。

拉深是指利用模具将平板毛坯冲制成开口空心件或对开口空心件进一步改变形状和尺寸的工艺,如图4-3所示。通过拉深可获得筒形、阶梯形、锥形、球形、抛物线形等轴对称空心件,也可获得矩形、正方形或其他不规则形状的空心件。拉深是冷冲压工艺中一种重要的工艺方法。

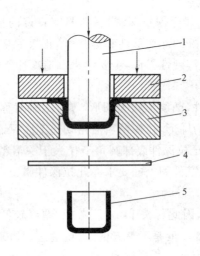

图 4-3　筒形件拉深

1—凸模;2—压料圈;3—凹模;4—坯料;5—拉深件

按毛坯形状,拉深工艺可分为第一次拉深(以平板作为毛坯)和以后各次拉深(以空心件作为毛坯);按壁厚变化,拉深工艺可分为一般拉深(工件壁厚不变)和变薄拉深(工件壁厚变薄)。变薄拉深用于制造薄壁厚底、变壁厚、大高度的筒形件,如易拉罐等。

一、拉深工艺基础

1. 拉深变形的过程、特点及拉深件的种类

（1）拉深变形的过程

图 4-4 所示为圆形平板坯料变为筒形件的拉深变形过程。拉深凸模和凹模与冲裁模不同,它们都有一定的圆角而不是锋利的刃口,其间隙一般稍大于板料厚度。

微课29

拉深工艺基础

为了说明拉深坯料的变形过程,在平板坯料上沿直径方向画出一个局部的扇形区域 oab。当凸模下压时,将坯料拉入凹模,扇形区域 oab 变为以下三部分:筒底部分 oef、筒壁部分 $cdfe$ 和凸缘部分 $a'b'dc$。当凸模继续下压时,筒底部分基本不变,凸缘部分的材料继续转变为筒壁,筒壁部分逐步增高,凸缘部分逐步缩小,直至全部变为筒壁。可见坯料在拉深过程中,变形主要集中在凹模面上的凸缘部分,可以说拉深变形过程就是凸缘部分逐步缩小而转变为筒壁的过程。坯料的凸缘部分是变形区,底部和已形成的筒壁为传力区。

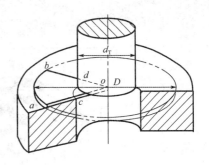

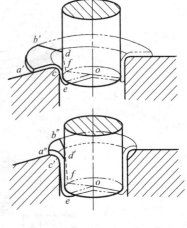

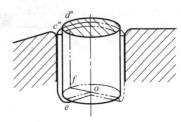

设圆形平板坯料直径为 D,拉深后筒形件的直径为 d,通常用筒形件直径与坯料直径的比值来表示拉深变形程度的大小,即

$$m = \frac{d}{D} \qquad (4\text{-}1)$$

式中,m 称为拉深系数。m 越小,拉深变形程度越大;m 越大,拉深变形程度越小。

为了进一步说明拉深时的金属变形过程,可以进行如下试验:在圆形平板坯料上画若干间距都等于 a 的同心圆和分度相等的射线,由这些同心圆和分度射线组成网格,如图 4-5(a)所示。拉深后网格变化情况如图 4-5(b)所示,筒形件底部的网格基本上保持原来的形状,而筒壁上的网格与坯料凸缘部分(即外径为 D、内径为 d

图 4-4　拉深变形的过程

的环形部分)上的网格相比则发生了很大的变化:原来直径不等的同心圆变为筒壁上直径相等的圆,其间距增大了,越靠近筒形件口部增大越多,即由原来的 a 变为 a_1、a_2、a_3……,且 $a_1 > a_2 > a_3 > \cdots\cdots > a$;原来分度相等的射线变成筒壁上的垂直平行线,其间距缩小了,越靠近筒形件口部缩小越多,即由原来的 $b_1 > b_2 > b_3 > \cdots\cdots > b$ 变为 $b_1 = b_2 = b_3 = \cdots\cdots = b$。如果拿一个小单元来看:在拉深前是扇形(图 4-5(a)),其面积为 A_1;拉深后变为矩形(图 4-5(b)),其面积为 A_2。实践证明,拉深后板料厚度变化很小,因此可以近似认为拉深前、后小单元的面积不变,即 $A_1 = A_2$。

为何拉深前的扇形小单元变成了拉深后的矩形呢?这是由于坯料在模具的作用下金属内产生了内应力,对一个小单元来说(图 4-5(c)),径向受拉应力 σ_1 作用,切向受压应力 σ_3 作用,因而径向产生拉伸变形,切向产生压缩变形,径向尺寸增大,切向尺寸减小,结果形状由扇形变为矩形。当凸缘部分的材料变为筒壁时,外缘尺寸由初始的 πD 逐渐缩短为 πd,而径向尺寸由初始的 $(D-d)/2$ 逐步伸长为高度 $H(H > (D-d)/2)$。

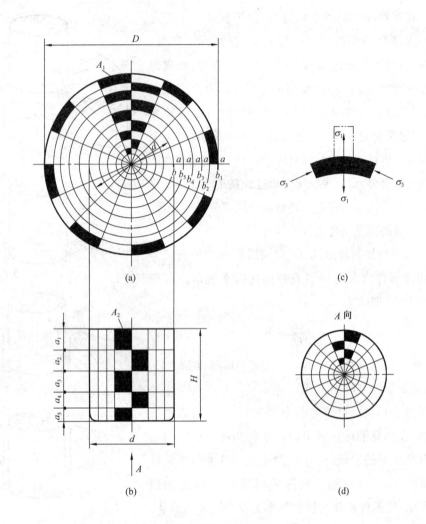

图 4-5　拉深变形的过程分析

综上所述,拉深变形过程可概括如下:在拉深过程中,由于外力的作用,坯料凸缘区内部的各个小单元体之间产生了相互作用的内应力,径向为拉应力 σ_1,切向为压应力 σ_3。在 σ_1 和 σ_3 的共同作用下,凸缘部分的金属材料产生塑性变形,径向伸长,切向压缩,且不断被拉入凹模中变为筒壁,最后得到直径为 d、高度为 H 的薄壁件。

（2）拉深件的种类及变形特点

拉深件的种类很多。由于其几何形状不同,因而其变形区的位置、变形的性质、坯料各部分的应力应变状态和分布规律等都有相当大的差别,有些甚至是本质上的区别。表 4-1 列出了拉深件的种类及变形特点。

表 4-1　　　　　　　　　　　　　　　　　拉深件的种类及变形特点

拉深件名称		拉深件简图	变形特点
直壁类拉深件	轴对称零件	筒形件、带凸缘的筒形件、阶梯形件	(1)拉深过程中变形区是坯料的凸缘部分,其余部分是传力区 (2)坯料变形区在切向压应力和径向拉应力作用下,产生切向压缩与径向伸长的一向受压、一向受拉的变形 (3)极限变形程度主要受坯料传力区承载能力的限制
	非轴对称零件	盒形件、带凸缘的盒形件、其他形状零件	(1)变形性质同前,区别仅在于一向受压、一向受拉的变形在坯料周边上分布不均匀,圆角部分变形大,直径部分变形小 (2)在坯料周边上,变形程度大与变形程度小的部分之间存在着相互影响与作用
		曲面凸缘零件	除具有与前项相同的变形性质外,还具有如下特点: (1)因零件各部分高度不同,故在拉深开始时有严重的不均匀变形 (2)拉深过程中,坯料变形区内还要发生剪切变形
曲面类拉深件	轴对称零件	球面类零件、锥形零件、其他曲面零件	拉深时坯料变形区由两部分组成: (1)坯料外部是一向受压、一向受拉的拉深变形区 (2)坯料中间部分是受两向拉应力的胀形变形区
	非轴对称零件	平面凸缘零件、曲面凸缘零件	(1)拉深时坯料变形区也是由外部的拉深变形区和内部的胀形变形区所组成,但这两种变形在坯料中的分布是不均匀的 (2)曲面凸缘零件拉深时,在坯料外周变形区内还有剪切变形

由表 4-1 可以看出,对于同一类拉深件,尽管其形状和尺寸有一定差别,但它们具有共同的变形特点,生产中所出现的质量问题及其解决方法基本相同。而不同种类的拉深件,在其变形特点和生产中出现的问题及其解决方法上则有很大差别。

2. 拉深过程中材料的应力应变状态

(1)平面凸缘部分(主要变形区,见图 4-6 中的 I 区)

平面凸缘部分是前述的由扇形网格变为矩形的区域,是拉深的主要变形区。如前所述,它受到由凸模经壁部传来的径向拉应力 σ_1 和切向压应力 σ_3 以及在厚度方向受到为防皱而设的压料圈的压应力 σ_2 的作用,产生径向伸长应变 ε_1 和切向压缩应变 ε_3,在厚度方向虽然受压应力,但仍产生伸长应变 ε_2,使壁部增厚。

(2)凹模圆角部分(过渡区,见图 4-6 中的 II 区)

凹模圆角部分是一个由凸缘向筒壁变形的过渡区,该区域中材料的变形比较复杂,除了具有 I 区的变形特点外,由于材料在凹模圆角处产生弯曲,根据平板弯曲的应力应变分析可知,它还在厚度方向受到压应力 σ_2。

(3)筒壁部分(传力区,见图 4-6 中的 III 区)

材料流动到筒壁部分,筒形已形成,材料不再产生大的变形。但该处是拉深力的传力区,因此它承受单向拉应力 σ_1,同时也产生少量的纵向伸长应变 ε_1 和厚向压缩(变薄)应变 ε_2。

(4)凸模圆角部分(过渡区,见图 4-6 中的 IV 区)

凸模圆角部分承受径向和切向拉应力 σ_1、σ_3,厚度方向由于凸模的压力和弯曲作用而受到压应力 σ_2。

(5)筒底部分(小变形区,见图 4-6 中的 V 区)

筒底部分受到拉深力的拉应力 σ_1 和 σ_3,但由于受到凸模的摩擦作用,故这两个拉应力不大,材料变薄很小,一般只有 $1\% \sim 3\%$,可以忽略不计。

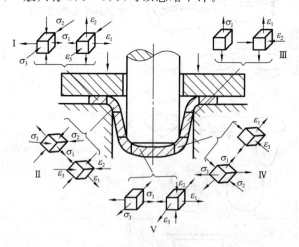

图 4-6　拉深过程中材料的应力应变状态

二、拉深过程中的力学分析

从上述分析可知,拉深时的主要变形区是平面凸缘部分,其应力应变关系比较复杂。在此我们对该区域进行力学分析。

1. 凸缘变形区的应力分析

如图 4-7 所示,在拉深的某个瞬间,在毛坯的凸缘上沿径向切一个圆心角为 φ 的小扇形区,其外径为 R_t,内径为 r,再在小扇形区的半径 R 处切一个宽度为 dR 的扇形微体,微体上作用着径向拉应力 σ_1 和切向压应力 σ_3。凸缘厚度方向受到压料力的作用,产生竖向压应力 σ_2。在一般情况下,σ_1 和 σ_3 的绝对值要比 σ_2 大得多,因此 σ_2 可忽略不计。塑性力学的分析结果表明,径向拉应力 σ_1 和切向压应力 σ_3 与拉深尺寸的关系为

$$\sigma_1 = 1.1\,\bar{\sigma}_s \ln \frac{R_t}{R} \tag{4-2}$$

$$\sigma_3 = 1.1\,\bar{\sigma}_s \left(1 - \ln \frac{R_t}{R}\right) \tag{4-3}$$

式中　$\bar{\sigma}_s$——变形区的平均屈服应力,MPa;

R_t——板料拉深过程中的凸缘半径,mm;

R——板料拉深过程中凸缘区域内任意点的半径,mm。

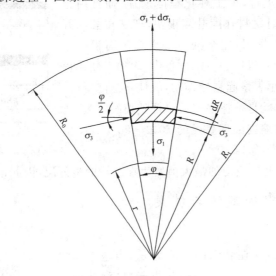

图 4-7　凸缘变形区的应力分析

2. 拉深全过程中 σ_{1max}、σ_{3max} 的变化规律

(1)拉深到某一位置时 σ_1 和 σ_3 的分布

由上述分析可知,拉深过程中处在凸缘每个位置上的材料变形程度是不同的,因此其受到的 σ_1 和 σ_3 也是不同的。式(4-2)和式(4-3)中的 R 即凸缘上的任意半径,因此要计算出 σ_1 和 σ_3 在凸缘上的分布,只要变化 R 值即可。

由式(4-2)可知,在 $R = R_t$ 处:

$$\sigma_1 = 0$$

在 $R = r$ 处:

$$\sigma_1 = \sigma_{1max} = 1.1\bar{\sigma}_s \ln \frac{R_t}{r} \tag{4-4}$$

即 σ_1 在凸缘上按对数曲线分布,凸缘最外处为零并向内逐渐增大,直到内径处取得最大值 σ_{1max}。

由式(4-3)可知,在 $R=R_t$ 处:

$$\sigma_3=\sigma_{3max}=1.1\bar{\sigma}_s$$

在 $R=r$ 处:

$$\sigma_3=1.1\bar{\sigma}_s\left(1-\ln\frac{R_t}{r}\right) \tag{4-5}$$

即 σ_3 在凸缘上也按对数曲线分布,在凸缘最外处取得最大值 σ_{3max},并向内逐渐减小。

(2)拉深全过程中 σ_{1max} 和 σ_{3max} 的变化规律

由前面的分析可知,σ_{1max} 产生在凸缘的最内层,即凹模工作直径处。由于在拉深过程中 R_t 逐渐减小,$\bar{\sigma}_s$ 逐渐增大,因此在拉深过程中 σ_{1max} 不是一个定值。根据计算,随着 R_t 的减小,σ_{1max} 的变化情况如图4-8所示。由图中可以看到,当 $R_t=(0.7\sim0.9)R_0$(即毛坯直径收缩 10%～30%)时,σ_{1max} 出现最大值 σ_{1max}^{max},这是因为在拉深开始时虽然变形区面积缩小,但随着变形的进行,加工硬化程度增加,而且由指数曲线可知,开始变形时材料强度升高很快,即 $\bar{\sigma}_s$ 在拉深开始时的上升因素起主导作用,完全抵消了变形区面积缩小的影响,使 σ_{1max} 上升;而在以后的拉深过程中,因加工硬化程度的增加趋缓,面积缩小因素起主导作用,故使 σ_{1max} 降低。

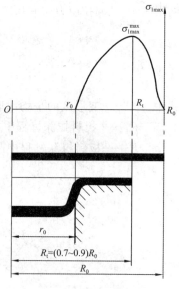

出现 σ_{1max}^{max} 的时刻也就是拉深件容易出现破裂的时刻,所以拉深多在凸缘直径收缩到毛坯直径的 70%～90% 时发生破裂。

图4-8 拉深过程中 σ_{1max} 的变化

由式(4-5)可知,切向压应力的最大值发生在凸缘的最外层,因此该处是最容易起皱的。

三、拉深过程中的起皱与破裂

1.起皱

在拉深时,凸缘材料存在着切向压应力 σ_3,当这个压应力大到一定程度时,板料切向将因失稳而拱起,这种在凸缘四周产生波浪形的连续弯曲称为起皱,如图4-9所示。起皱与 σ_3 大小有关,也与毛坯的相对厚度 t/D 有关,而 σ_3 与拉深变形程度有关。拉深件起皱后,轻则在工件口部附近产生波纹,影响质量,重则由于起皱后凸缘材料不能通过凸模与凹模之间的间隙而使工件被拉破。防止起皱可以通过加压料圈来限制毛坯拱起。当然,减小拉深变形程度、加大毛坯厚度也可以防止起皱。

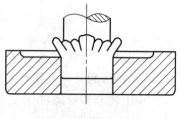

图4-9 拉深件的起皱

2.破裂

起皱并不表示板料变形达到了极限,因为通过加压料圈等措施后变形程度仍然可以提高。随着变形程度的提高,变形力也相应提高,当变形力大于传力区(筒形件的壁部)的承载能力时,拉深件就被拉破。筒形件的破裂都发生在壁部凸模圆角切点稍上一点的位置,如图4-10所示。其原因如下:越靠近毛坯的外缘,多余的金属就越多,即拉深过程中需要转移的金属也越多。转移的金属一部分流向径向,使筒形件高度增加;一部分流向切向,使筒形件壁厚增加。另一方面,由于金属变形量大,产生加工硬化也明显,所以靠近边缘处的工件(即拉深件的口部)厚度大,强度也高。与该处形成鲜明对比的是,在拉深开始时处于凸、凹模间隙中的那个环形金属(拉深后变为凸模圆角稍上的筒壁),由于需要转移的金属极少,因此该处壁厚不但没有增加,反而有所降低,其强度当然也是壁部最低的,如图 4-11 所示。可见该部位的承载能力是最低的,因此破裂最易发生在该处。凸模圆角部位的金属承载能力也很低,但由于凸模的摩擦作用,故一般不会发生破裂。图 4-11 所示为用 1 mm 厚的低碳钢拉深后各部位壁厚的变化情况。

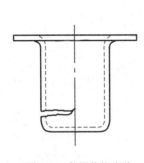 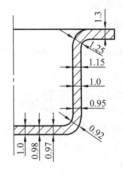

图 4-10　拉深件的破裂　　　　　图 4-11　拉深件壁厚的变化

四、拉深件的工艺性

1. 拉深件的形状要求

(1)在设计拉深件时,应注明必须保证外形尺寸还是内形尺寸,不能同时标注内、外形尺寸。

(2)对于半敞开及非对称的空心件,模具设计时应考虑设计成对称(组合)拉深,拉深成形后再切开分成两个或几个制件。

(3)拉深件的料厚应考虑拉深工艺的变形规律。一般拉深件允许壁厚变化范围为 $(0.6 \sim 1.2)t$,若不允许存在壁厚不均匀现象,则应注明。

微课31

拉深件的工艺性

(4)对于需多次拉深成形的工件 $(h > 0.5d)$,应允许其内、外壁及凸缘表面上存在拉深过程中产生的压痕。

(5)拉深件的口部尺寸公差应适当,因为拉深件的口部允许稍有回弹,同时必须保证整形或切边后能达到断面及高度的尺寸要求。

2. 拉深件的圆角半径要求

(1)凸缘圆角半径 R_d

凸缘圆角半径指壁与凸缘的转角半径。在模具上所对应的是凹模圆角半径,应取 $R_d \geq 2t$。为使拉深能顺利进行,一般取 $R_d = (5 \sim 8)t$。当 $R_d < 0.5$ mm 时,应增加整形工序。

(2)底部圆角半径 R_p

底部圆角半径指壁与底面的转角半径。在模具上所对应的是凸模圆角半径,应取 $R_p \geq t$。为使拉深能顺利进行,一般取 $R_p \geq (3 \sim 5)t$。当 $R_p < t$ 时,应增加整形工序,每整形一次,R_p 可减小 $1/2$。

（3）矩形拉深件壁间圆角半径 R_y

矩形拉深件壁间圆角半径指矩形拉深件四个壁的转角半径，应取 $R_y \geq 3t$。为使拉深工序数较少，应尽量取 $R_y \geq H/5$，以便能一次拉深完成。

3. 拉深件的精度等级要求

拉深件的精度等级主要指其横断面的尺寸精度，一般在 IT11 级以下，高于 IT11 级的应增加整形工序。

4. 拉深件的材料要求

（1）具有较大的硬化指数。

（2）具有较低的径向比例应力 σ_r/σ_b 峰值。

（3）具有较小的屈强比 σ_s/σ_b。

（4）具有较大的厚向异性系数 γ。

五、拉深模的分类及典型结构

1. 拉深模的分类

根据使用的压力机类型不同，拉深模可分为单动压力机用拉深模和双动压力机用拉深模；根据拉深顺序，拉深模可分为首次拉深模和以后各次拉深模；根据工序组合情况不同，拉深模可分为单工序拉深模、复合工序拉深模、级进拉深模；根据有无压料装置，拉深模可分为有压料装置拉深模和无压料装置拉深模。

微课32

拉深模的分类及
典型结构

2. 单动压力机用拉深模

（1）首次拉深模

图 4-12（a）所示为无压料装置的首次拉深模。拉深件直接从凹模底下落下，为了从凸模上卸下零件，在凹模下装有卸件器。当拉深工作行程结束，凸模回程时，卸件器下平面作用于拉深件口部，把零件卸下。为了便于卸件，凸模上钻有直径为 3 mm 以上的通气孔。该模具中的卸件器是环式的，还可以是两个工作部分为圆弧的卸件板对称分布于凸模两边。如果板料较厚，拉深件深度较小，则拉深后有一定的回弹量。回弹引起拉深件口部张大，当凸模回程时，凹模下平面挡住拉深件口部而自然卸下拉深件，此时可以不配备卸件器。

这种拉深模结构简单，适用于拉深板料厚度较大而深度不大的拉深件。

图 4-12（b）所示为有压料装置的正装式首次拉深模。该拉深模的压料装置在上模，由于弹性元件的高度受到模具闭合高度的限制，故这种结构形式的拉深模适用于拉深深度不大的拉深件。

图 4-12（c）所示为倒装式的具有锥形压料装置的拉深模，压料装置的弹性元件在下模底下，工作行程可以较大，用于拉深深度较大的拉深件，应用广泛。

（2）以后各次拉深模

图 4-13（a）所示为无压料装置的以后各次拉深模。该模具的凸模、凹模及定位圈可以更换，以拉深一定尺寸范围内的不同拉深件。

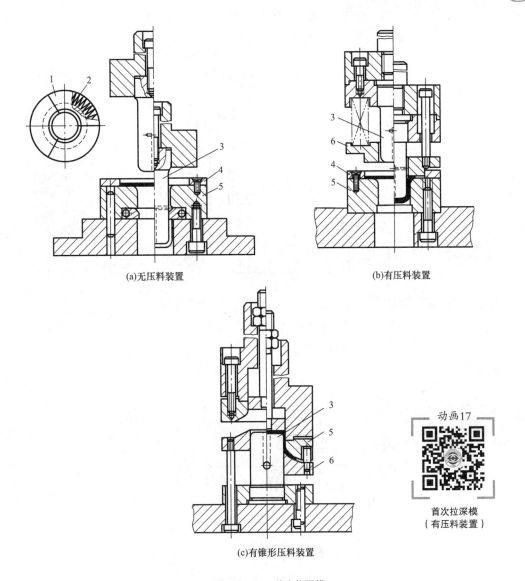

(a)无压料装置　　　　　　　　　(b)有压料装置

(c)有锥形压料装置

图 4-12　首次拉深模

1—卸件器;2—弹簧;3—凸模;4—定位板;5—凹模;6—压料圈

动画17

首次拉深模
（有压料装置）

图 4-13(b)所示为有压料装置的以后各次拉深模,其压料装置带有三个限位柱,压料圈是工序件的内形定位圈。

3. 双动压力机用拉深模

（1）双动压力机用首次拉深模

图 4-14 所示为双动压力机用首次拉深模,下模由凹模、定位板、凹模固定板和下模座组成。上模的压料圈和上模座固定在外滑块上,凸模通过凸模固定杆固定在内滑块上。该模具可用于拉深带凸缘或不带凸缘的拉深件。

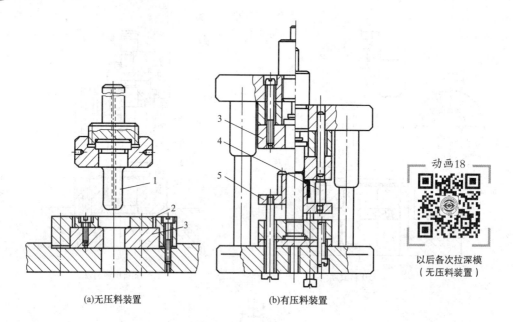

(a)无压料装置　　　　(b)有压料装置

图 4-13　以后各次拉深模

1—凸模;2—定位圈;3—凹模;4—限位柱;5—压料圈

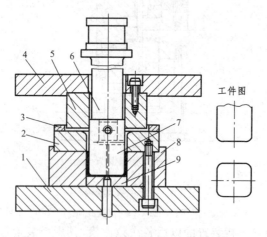

工件图

图 4-14　双动压力机用首次拉深模

1—下模座;2—凹模;3—定位板;4—上模座;5—压料圈;

6—凸模固定杆;7—凸模;8—凹模固定板;9—顶板

（2）双动压力机用以后各次拉深模

图 4-15 所示为双动压力机用以后各次拉深模。该模具与首次拉深模不同的是,所用坯料是拉深后的工序件,定位板较厚,拉深后的零件利用一对卸件板从凸模上被卸下来。该模具适用于拉深不带凸缘的拉深件。

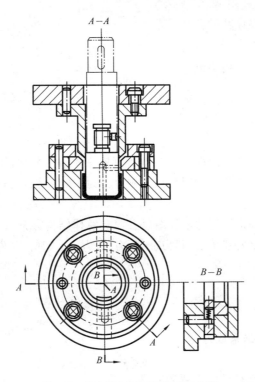

图 4-15　双动压力机用以后各次拉深模

练 习

分析图 4-16 所示拉深件的结构特点和技术要求,并选择合理的冲压成形方案和模具总体结构。

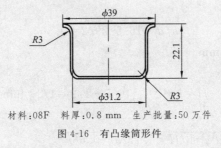

材料:08F　料厚:0.8 mm　生产批量:50 万件

图 4-16　有凸缘筒形件

任务二　冲压工艺计算

学习目标

(1)能计算工作零件的刃口尺寸。

(2)能计算冲压力、压料力、卸料力等。

（3）能设计排样图并计算材料利用率。

（4）能计算压力中心。

（5）能计算弹性元件的相关值。

工作任务

1. 教师演示任务

根据图 4-1 所示的筒形拉深件零件图以及模具总体结构方案，计算所用模具的拉深系数及工序件尺寸、刃口尺寸、冲压力、卸料力、压料力、压力中心、弹性元件尺寸等，并设计排样图。

2. 学生训练任务

根据图 4-2 所示的筒形拉深件零件图以及模具总体结构方案，计算所用模具的拉深系数及工序件尺寸、刃口尺寸、冲压力、卸料力、压料力、压力中心、弹性元件尺寸等，并设计排样图。

相关实践知识

1. 拉深系数

有凸缘筒形件的拉深系数为

$$m = d/D$$

式中　m——有凸缘筒形件的拉深系数；

　　　d——零件筒形部分的直径，mm；

　　　D——坯料直径，mm。

2. 主要工艺参数计算

由图 4-1 可知制件尺寸如下：$t = 0.8$ mm，$d = 29.2$ mm，$h = 16.5$ mm，$r = 4.4$ mm。

（1）切边余量的确定

拉深件的相对高度为

$$h/d = 16.5/29.2 = 0.565$$

查表 4-4 得 $\Delta h = 1.2$ mm。

（2）计算毛坯直径

$$H = h + \Delta h = 16.5 + 1.2 = 17.7 \text{ mm}$$

故

$$
\begin{aligned}
D &= \sqrt{d^2 + 4dH - 1.72rd - 0.56r^2} \\
&= \sqrt{29.2^2 + 4 \times 29.2 \times 17.7 - 1.72 \times 4.4 \times 29.2 - 0.56 \times 4.4^2} \\
&= 51.85 \text{ mm}
\end{aligned}
$$

（3）拉深次数的确定

毛坯相对厚度 $t/D = 0.8/51.85 = 1.54\%$，按表 4-12 查得可不用压料圈，但为了保险起见，拉深仍采用压料圈。查表 4-2 得各次极限拉深系数为 $m_1 = 0.50$，$m_2 = 0.75$，故

$$d_1 = m_1 D = 0.50 \times 51.85 = 25.9 \text{ mm}$$

因 $d_1 < d$，故确定拉深次数为 1。

（4）拉深模圆角半径的确定

凹模圆角半径为

$$r_A = 0.8\sqrt{(D-d)t} = 0.8 \times \sqrt{(51.85 - 29.2) \times 0.8} \approx 4 \text{ mm}$$

凸模圆角半径为

$$r_T = (0.7 \sim 1.0)r_A = 4 \text{ mm}$$

3. 工艺设计

（1）毛坯直径

该毛坯是直径为 51.85 mm 的圆形坯料。

（2）刃口尺寸

冲裁刃口采用配作加工法，即先按尺寸和公差制造出凹模或凸模其中一个（一般落料先加工出凹模，冲孔先加工出凸模），然后以此为基准，按最小合理间隙配作另一件。采用这种方法不仅容易保证冲裁间隙，还可放大基准件的公差，不必检验 $\delta_p + \delta_d \leqslant Z_{max} - Z_{min}$，同时还能大大简化设计模具的绘图工作。设计时，基准件的刃口尺寸及制造公差应详细标注，而另一非基准件上只标注公称尺寸，不标注公差，但应在图样上注明"凸（凹）模刃口尺寸按凹（凸）模实际刃口尺寸配作，保证最小双面合理间隙值 Z_{min}"。

目前，工厂对单件生产的模具或冲制复杂形状零件的模具广泛采用配作加工法来设计与制造。由于复杂形状零件各部分尺寸的性质不同，故凸模和凹模磨损情况也不同。关键是，首先要正确判断出模具刃口各个尺寸在磨损过程中是变大、变小还是不变，然后再对基准件的刃口尺寸分别按照不同的方法进行计算。具体计算方法如下：

对于工件未注公差，可按 IT14 计算。冲裁模刃口双面间隙 $Z_{min} = 0.072$ mm，$Z_{max} = 0.104$ mm。

①落料刃口尺寸计算

制件落料尺寸为 $\phi 51.85_{-0.74}^{0}$ mm（公差按 IT14 查得）。

• 落料凹模磨损后刃口尺寸变大，所以刃口计算公式为

$$D_d = (D_{max} - x\Delta)_0^{+\delta_d} = (51.85 - 0.5 \times 0.74)_0^{+0.185} = 51.48_0^{+0.185} \text{ mm}$$

其中，$x = 0.5$ 由表 1-16 查得，δ_d 取 $\Delta/4$（凹模制造公差）。

• 落料凸模尺寸按凹模实际刃口尺寸配作，保证最小双面合理间隙值为 0.072 mm。

②拉深凸、凹模工作部分尺寸计算

拉深件外形尺寸为 $\phi 30_{-0.52}^{0}$ mm（公差按 IT14 查得）。

• 拉深件直径尺寸标注在外形上，所以以拉深凹模尺寸为计算尺寸，拉深凸、凹模间隙放在拉深凸模上，拉深凹模的尺寸为

$$D_A = (D_{max} - x\Delta)_0^{+\delta_A} = (30 - 0.75 \times 0.52)_0^{+0.05} = 29.61_0^{+0.05} \text{ mm}$$

• 拉深凸模的尺寸为

$$D_T = (D_{max} - x\Delta - 2Z)_{-\delta_T}^{0} = (30 - 0.75 \times 0.52 - 2 \times 0.88)_{-0.03}^{0} = 27.85_{-0.03}^{0} \text{ mm}$$

其中，Z 按 $(1 \sim 1.1)t_{max}$ 选取，δ_A、δ_T 按表 4-18 选取。

4. 压力中心计算

冲压力合力的作用点称为压力中心。为了保证压力机和冲模正常、平稳地工作，必须使冲模的压力中心与压力机滑块中心重合。对于带模柄的中小型冲模，就是要使其压力中心与模柄轴心线重合，否则冲裁过程中压力机滑块和冲模会承受偏心载荷，使滑块导轨和冲模

导向部分产生不正常磨损，合理间隙得不到保证，刃口迅速变钝，从而降低冲压件质量和模具寿命，甚至损坏模具。因此，设计冲模时应正确计算出冲裁时的压力中心，并使压力中心与模柄轴心线重合。若因冲压件的形状特殊，从模具结构方面考虑不宜使压力中心与模柄轴心线重合，则也应注意尽量使压力中心的偏离不超出所选压力机模柄孔投影面积的范围。

压力中心的确定方法有解析法、图解法和实验法。

5. 排样图设计

冲裁件在板料（条料或带料）上的布置方法称为冲裁工作的排样。排样是否合理，直接影响到材料利用率、冲压件质量、生产率、冲模结构与寿命等。

材料利用率是衡量排样经济性的指标。它是指冲裁零件的实际面积 S_a 与冲裁零件所用板料面积 S 的百分比，即

$$\eta = (S_a/S) \times 100\% \tag{4-6}$$

式中　　η——材料利用率；

　　　　S_a——冲裁零件的实际面积；

　　　　S——冲裁此零件所占用的板料面积，包括冲裁零件的实际面积与废料面积。

η 值越大，说明废料越少，材料利用率就越高。

从上式可以看出，若要提高材料利用率，就要减小废料面积。冲裁时产生的废料分为工艺废料与结构废料两种。搭边和余量属于工艺废料，它取决于排样形式及冲压方式；结构废料是由零件本身的形状特点决定的，一般不能改变。

（1）画排样图

制件的最大轮廓为 51.85 mm，批量较大。为了操作方便，采用直排，查表 1-20 得 $a_1 = 1$ mm，$a = 1.2$ mm。

（2）计算材料利用率

毛坯直径为 51.85 mm，故送料步距为

$$S_1 = D_{max} + a_1 = 51.85 + 1 = 52.85 \text{ mm}$$

条料宽度为

$$B_{-\Delta}^{\ 0} = (D_{max} + 2a)_{-\Delta}^{\ 0} = (51.85 + 2 \times 1.2)_{-0.5}^{\ 0} = 54.25_{-0.5}^{\ 0} \text{ mm}$$

导料板间的距离为

$$B_0 = B + C = D_{max} + 2a + 2C = 51.85 + 2 \times 1.2 + 2 \times 0.5 = 55.25 \text{ mm}$$

冲裁件的面积为

$$A = \pi D^2 / 4 = 3.14 \times 51.85^2 / 4 = 2\ 110.4 \text{ mm}^2$$

一个步距的材料利用率为

$$\eta = [A/(BS_1)] \times 100\% = [2\ 110.4/(54.25 \times 52.85)] \times 100\% = 73.6\%$$

6. 弹性元件计算

在冲裁模卸料与出件装置中，常用的弹性元件是弹簧和橡胶，拉深模采用的弹性元件也是弹簧和橡胶。橡胶的计算如下：

（1）确定橡胶的自由高度 H_0

$$H_0 = (3.5 \sim 4)H_\text{工} = 4 \times (r_A + h_0 + H) = 4 \times (4 + 5 + 17.7) = 106.8 \text{ mm}$$

其中，h_0 取的是经验值 5 mm。

（2）确定橡胶的横截面积 A_1

查表 4-13 得 $p=2.5$ MPa，故

$$F_x = Ap = 2\ 110.4 \times 2.5 = 5\ 276\ \text{N}$$

查表 1-38 得 $p_1 = 0.5$ MPa（按橡胶在预压缩量为 $10\% \sim 15\%$ 时的单位压力选取），故

$$A_1 = F_x/p_1 = 5\ 276/0.5 = 10\ 552\ \text{mm}^2$$

（3）确定橡胶的平面尺寸

根据拉深件的形状特点，橡胶应为圆筒件，中间有圆孔作为避让孔。结合拉深件的具体尺寸，橡胶中间的避让孔尺寸为 $\phi 31$ mm，则橡胶的直径为

$$D = \sqrt{4A/\pi} = \sqrt{4 \times 2\ 110.4/3.14} = 51.8\ \text{mm}$$

（4）校核橡胶的自由高度 H_0

$$H_0/D = 106.8/51.8 = 2.06$$

橡胶的自由高度与直径之比超过了 1.5，故应将橡胶分成若干块，在中间垫以钢垫圈。

相关理论知识

一、筒形件的拉深系数

1. 拉深系数概念

拉深系数是指拉深后工件直径与拉深前工件（或毛坯）直径之比，一般用 m 表示。图 4-17 所示为用直径为 D 的毛坯经多次拉深制成直径为 d_n、高度为 h_n 的工件的工艺过程，其各次的拉深系数为：

第 1 次拉深　　　$m_1 = d_1/D$

第 2 次拉深　　　$m_2 = d_2/d_1$

微课33

筒形件的拉深系数

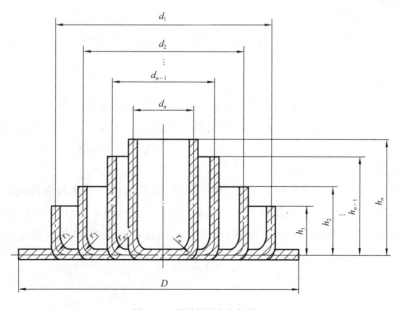

图 4-17　筒形件的多次拉深

第 3 次拉深 $m_3 = d_3/d_2$

第 n 次拉深 $m_n = d_n/d_{n-1}$

工件直径 d_n 与毛坯直径 D 之比称为总拉深系数。

$$m_{总} = \frac{d_n}{D} = \frac{d_1}{D} \cdot \frac{d_2}{d_1} \cdot \cdots \cdot \frac{d_n}{d_{n-1}} = m_1 \cdot m_2 \cdot \cdots \cdot m_n$$

即总拉深系数为各次拉深系数的乘积。

实际生产过程中,有时用 D/d_1、$d_1/d_2 \cdots\cdots d_{n-1}/d_n$ 表示拉深变形程度,称为拉深比,用 k_n 表示,即 $k_n = 1/m_n$。拉深系数是拉深变形程度的标志,拉深系数小,拉深前后工件直径变化就大,即拉深变形程度大;反之,则拉深变形程度小。

拉深系数是拉深工艺中一个非常重要的参数,是拉深工艺计算的基础。在实际生产中采用的拉深系数是否合理,是拉深工艺成败的关键。若采用的拉深系数过大,即拉深变形程度小,材料塑性潜力未被充分利用,拉深次数就会增加,模具数量也就增加,成本随之提高;反之,若拉深系数过小,即拉深变形程度过大,拉深就可能无法进行。因此,实际生产中选用拉深系数时,应在充分利用材料塑性的基础上进行,同时又不使工件拉裂,这个使拉深件不拉裂的最小拉深系数称为极限拉深系数。

2. 影响极限拉深系数的因素

(1)材料的力学性能

材料的屈强比 σ_s/σ_b 小,极限拉深系数就小。因为 σ_s 小说明材料容易变形,凸缘区变形抗力小,而 σ_s 与 σ_b 之间的差值大,这些都有利于提高拉深变形程度,降低极限拉深系数。

(2)材料的厚向异性系数 γ

材料的厚向异性系数对极限拉深系数影响很大。γ 值大说明板料易横向变形,即凸缘切向容易压缩变形,而传力区不易产生厚向变形(即不易产生缩颈),因此材料的 γ 值越大,允许的 m 值越小。

(3)毛坯相对厚度 t/D

t/D 大则毛坯的稳定性好,不易起皱,压料力可以减小,甚至不需压料,从而减小了拉深力,因此允许的 m 值可以小些。

(4)拉深模的几何参数

拉深模的几何参数主要是凸、凹模的圆角半径。凹模圆角半径小,将使弯曲应力增大,极限拉深系数变大;凸模圆角半径的大小对极限拉深系数影响不大,但若凸模圆角半径过小,则该处材料变薄严重,降低了传力区的承载能力,极限拉深系数会变大。

(5)润滑条件

良好的润滑条件可以减小摩擦系数,减小拉深力,从而可以减小极限拉深系数。但凸模与工件之间的摩擦力有利于提高传力区的承载能力,因此凸模与工件之间不必进行润滑。

由于影响极限拉深系数的因素很多,所以各次拉深的极限拉深系数都是在一定拉深条件下用试验方法求得的,见表 4-2、表 4-3。

表 4-2　　　　　　　　　　　　　筒形件带压料圈的极限拉深系数

极限拉深系数	毛坯相对厚度 $t/D(\%)$					
	2.0～1.5	1.5～1.0	1.0～0.6	0.6～0.3	0.3～0.15	0.15～0.08
m_1	0.48～0.50	0.50～0.53	0.53～0.55	0.55～0.58	0.58～0.60	0.60～0.63
m_2	0.73～0.75	0.75～0.76	0.76～0.78	0.78～0.79	0.79～0.80	0.80～0.82
m_3	0.76～0.78	0.78～0.79	0.79～0.80	0.80～0.81	0.81～0.82	0.82～0.84
m_4	0.78～0.80	0.80～0.81	0.81～0.82	0.82～0.83	0.83～0.85	0.85～0.86
m_5	0.80～0.82	0.82～0.84	0.84～0.85	0.85～0.86	0.86～0.87	0.87～0.88

注：①表中的极限拉深系数适用于 08、10、15Mn 等低碳钢及软化的 H62 黄铜。对拉深性能较差的材料,如 20、25、
　　Q215、Q235 钢及硬铝等,可将表中值增大 1.5%～2.0%;对塑性较好的材料,如 05、08、10 钢和软铝等,可将表
　　中值减小 1.5%～2.0%。
②表中值适用于无中间退火的拉深,有中间退火时可将表中值减小 2%～3%。
③表中较小值适用于凹模圆角半径 r_A 为 $(8\sim15)t$ 时,较大值适用于 r_A 为 $(4\sim8)t$ 时。

表 4-3　　　　　　　　　　　　　筒形件不带压料圈的极限拉深系数

极限拉深系数	毛坯相对厚度 $t/D(\%)$				
	1.5	2.0	2.5	3.0	＞3.0
m_1	0.65	0.60	0.55	0.53	0.50
m_2	0.80	0.75	0.75	0.75	0.70
m_3	0.84	0.80	0.80	0.80	0.75
m_4	0.87	0.84	0.84	0.84	0.78
m_5	0.90	0.87	0.87	0.87	0.82
m_6	—	0.90	0.90	0.90	0.85

二、拉深件的工艺性

1. 拉深件的公差等级

一般情况下,拉深件的公差不宜要求过高。其公差按 GB/T 13914—2002 选取,直径公差为 FT1～FT10,相当于 IT11 以下。精度要求高的应增加整形工序,以提高精度。拉深件的口部一般是不整齐的,需要经过切边。

2. 拉深件的结构工艺性

(1)拉深件应尽量简单、对称,并一次拉深成形。

(2)拉深件的壁厚公差或变薄量要求一般不应超出拉深工艺壁厚的变化范围。据统计,不变薄拉深的壁的最大增厚量为 $(0.2\sim0.3)t$,最大变薄量为 $(0.10\sim0.18)t$。

(3)需多次拉深的零件,在保证必要的表面质量的前提下,应允许内、外表面存在拉深过程中可能产生的痕迹。

(4)在保证装配要求的前提下,应允许拉深件侧壁有一定的斜度。

(5)如图 4-18(a)所示,拉深件的底或凸缘上的孔边到侧壁的距离应满足 $a \geqslant R+0.5t$（或 $r_d+0.5t$）。

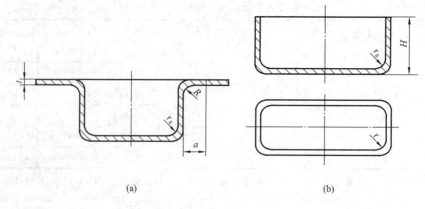

图 4-18　拉深件的圆角半径

（6）如图 4-18 所示，拉深件的底与壁、凸缘与壁、矩形件的四角等的圆角半径应满足：$r_d \geq t, R \geq 2t, r \geq 6.3t$。否则，应增加整形工序。一次整形的，圆角半径可取 $r_d \geq (0.1 \sim 0.3)t, R \geq (0.1 \sim 0.3)t$。

三、旋转体拉深件坯料尺寸的确定

1. 坯料形状和尺寸确定的依据

（1）相似原则

拉深时材料产生很大的塑性流动，但实践证明，拉深所需要的坯料形状与拉深件横截面轮廓形状一般是近似的，比如工件横截面轮廓是圆的、方的、矩形的，则坯料的形状应分别为圆的、近似方的、近似矩形的。坯料周边应光滑过渡，拉深后得到等高侧壁（如果零件要求等高时）或等宽凸缘。

微课34

旋转体拉深件坯料
尺寸的确定

（2）面积不变原则

拉深前、后，拉深件与坯料质量相等、体积不变。对于不变薄拉深，虽然在拉深过程中板料的厚度有增加也有变薄，但实践证明，其平均厚度与原坯料的厚度相差不大，因而可以按坯料面积等于拉深件表面积的原则确定坯料尺寸。

应该指出，用理论计算方法确定坯料尺寸不是绝对准确的，而是近似的，尤其对于变形复杂的拉深件。实际生产中，由于材料性能、模具几何参数、润滑条件、拉深系数以及零件几何形状等多种因素的影响，有时拉深的实际结果与计算值有较大出入，因此应根据具体情况予以修正。对于形状复杂的拉深件，通常是先做好拉深模，用以理论分析方法初步确定的坯料进行试模，反复修正，直至得到的冲压件符合要求时，再将符合要求的坯料形状和尺寸作为制造落料模的依据。

由于金属板料受板平面方向性和模具几何形状等因素的影响，会造成拉深件口部不整齐，尤其是深拉深件，因此在多数情况下采取加大工序件高度或凸缘宽度的办法，拉深后再经过切边工序以保证零件质量。切边余量可参考表 4-4 和表 4-5。

表 4-4　　　　　　　　　　　无凸缘简形拉深件的切边余量 Δh　　　　　　　　　　　mm

工件高度 h	切边余量 Δh				图示
	工件的相对高度 h/d				
	0.5～0.8	0.8～1.6	1.6～2.5	2.5～4	
≤10	1.0	1.2	1.5	2	
10～20	1.2	1.6	2	2.5	
20～50	2	2.5	3.3	4	
50～100	3	3.8	5	6	
100～150	4	5	6.5	8	
150～200	5	6.3	8	10	
200～250	6	7.5	9	11	
>250	7	8.5	10	12	

当工件的相对高度 h/d 很小且高度尺寸要求不高时，也可以不用切边工序。

表 4-5　　　　　　　　　　　有凸缘简形拉深件的切边余量 ΔR　　　　　　　　　　　mm

凸缘直径 d_t	切边余量 ΔR				图示
	凸缘的相对直径 d_t/d				
	<1.5	1.5～2	2～2.5	2.5～3	
≤25	1.6	1.4	1.2	1.0	
25～50	2.5	2.0	1.8	1.6	
50～100	3.5	3.0	2.5	2.2	
100～150	4.3	3.6	3.0	2.5	
150～200	5.0	4.2	3.5	2.7	
200～250	5.5	4.6	3.8	2.8	
>250	6	5	4	3	

2. 简单形状旋转体拉深件坯料尺寸的确定

这类拉深件坯料的形状是圆的。首先将拉深件划分为若干个简单的便于计算的几何体，并分别求出各简单几何体的表面积。把各简单几何体的表面积相加，即为零件总表面积，然后根据面积相等原则求出毛坯直径。

图 4-19 所示为简形拉深件坯料尺寸的计算，按图得：

$$\frac{\pi}{4}D^2 = A_1 + A_2 + A_3 = \sum A_i \tag{4-7}$$

故

$$D = \sqrt{\frac{4}{\pi}\sum A_i} \tag{4-8}$$

$$A_1 = \pi d(H-r) \tag{4-9}$$

$$A_2 = \frac{\pi}{4}\left[2\pi r(d-2r)+8r^2\right] \tag{4-10}$$

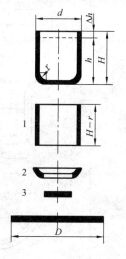

图 4-19　简形拉深件
坯料尺寸的计算

$$A_3 = \frac{\pi}{4}(d-2r)^2 \tag{4-11}$$

把以上各部分的表面积相加后代入式(4-8),整理后可得坯料直径为

$$D = \sqrt{4d(H-r)+2\pi r(d-2r)+8r^2+(d-2r)^2}$$
$$= \sqrt{d^2+4dH-1.72dr-0.56r^2} \tag{4-12}$$

式中　D——毛坯直径,mm;

　　　d、H、r——分别为拉深件的直径、高度和圆角半径,mm。

在计算中,工件尺寸均按厚度中线计算,但当板料厚度小于 1 mm 时,也可以按外形或内形尺寸计算。常用旋转体拉深件毛坯直径的计算公式见表 4-6。

表 4-6　　　　　　　　　　　常用旋转体拉深件毛坯直径的计算公式

序号	零件形状	毛坯直径 D
1		$\sqrt{d_1^2+2l(d_1+d_2)}$
2		$\sqrt{d_1^2+6.28rd_1+8r^2}$
3		$\sqrt{d_1^2+4d_2h+6.28rd_1+8r^2}$ 或 $\sqrt{d_2^2+4d_2H-1.72rd_2-0.56r^2}$
4		当 $r \neq R$ 时: $\sqrt{d_1^2+6.28rd_1+8r^2+4d_2h+6.28Rd_2+4.56R^2+d_4^2-d_3^2}$ 当 $r=R$ 时: $\sqrt{d_4^2+4d_2H-3.44rd_2}$
5		$\sqrt{8rh}$ 或 $\sqrt{s^2+4h^2}$

续表

序号	零件形状	毛坯直径 D
6	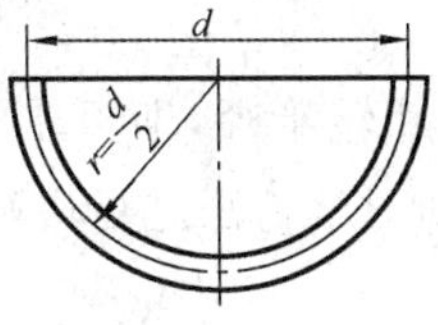	$\sqrt{2d^2}=1.414d$
7	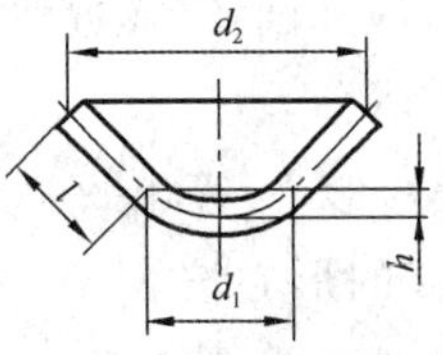	$\sqrt{d_1^2+4h^2+2l(d_1+d_2)}$
8	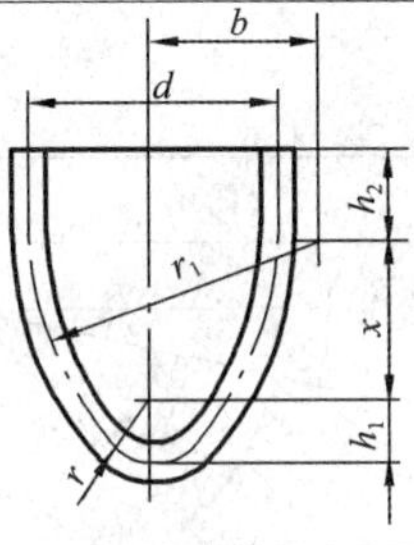	$\sqrt{8r_1\left[x-b\left(\arcsin\dfrac{x}{r_1}\right)\right]+4dh_2+8rh_1}$
9	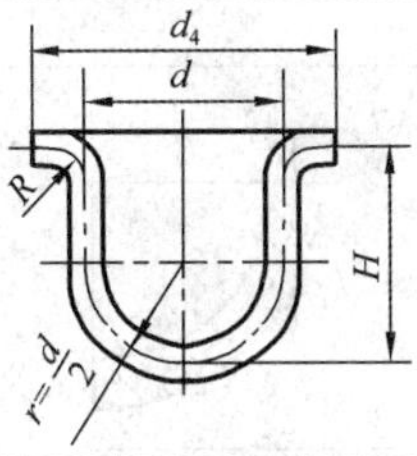	$\sqrt{8r^2+4dH-4dr-1.72dR+0.56R^2+d_4^2-d^2}$
10	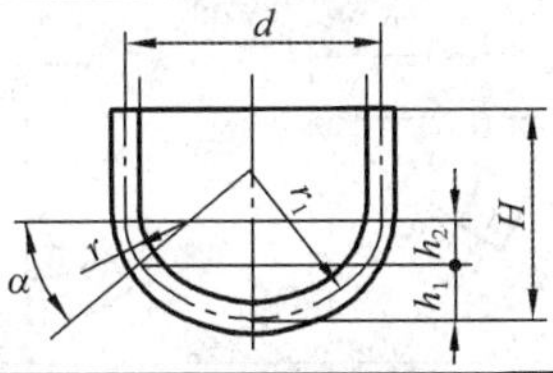	$\sqrt{4h_1(2r_1-d)+(d-2r)(0.069\,6r\alpha-4h_2)+4dH}$ 其中:$\sin\alpha=\dfrac{\sqrt{r_1^2-r(2r_1-d)-0.25d^2}}{r_1-r}$ $h_1=r_1(1-\sin\alpha)$ $h_2=r\sin\alpha$

注:①尺寸按工件材料厚度中心层尺寸计算。

②对于厚度小于 1 mm 的拉深件,可不按工件材料厚度中心层尺寸计算,而根据工件外壁尺寸计算。

③对于部分未考虑工件圆角半径的计算公式,在计算有圆角半径的工件时计算结果要偏大,故在此情况下可不考虑或少考虑修边余量。

3. 复杂形状旋转体拉深件坯料尺寸的确定

复杂形状旋转体拉深件坯料尺寸的计算可采用久里金法则,其原理是:任何形状的母线绕某轴旋转一周所构成的旋转体的表面积,等于该母线的长度与该母线形心绕该轴旋转所得周长的乘积,即

$$A=2\pi R_x l \tag{4-13}$$

根据面积相等原理有

$$\frac{\pi D^2}{4}=2\pi R_x l \tag{4-14}$$

故 $$D = \sqrt{8R_x l} \qquad\qquad (4\text{-}15)$$

式中　R_x——母线形心至旋转轴的距离（旋转半径），mm；

l——母线长度，mm。

由式(4-15)可知，只要知道旋转体母线的长度和其形心的旋转半径，即可求得毛坯直径。求母线长度和形心位置的方法有解析法和作图法两种，下面对解析法进行讲解。

用解析法求坯料尺寸时可按以下步骤进行：

(1)将工件厚度中线的轮廓线（包括切边余量）分为若干段直线和圆弧（或近似直线和圆弧）。

(2)计算出各段直线和圆弧的长度 l_1、l_2……l_n，并找出每段的形心，算出每一形心到旋转轴的距离 R_{x1}、R_{x2}……R_{xn}。直线的形心在直线的中点上，圆弧的形心按表 4-7 中的公式计算。

表 4-7　　　　　　　　　圆弧长度和形心到旋转轴的距离计算公式

序号	情况区分	计算公式	图示
1	中心角 $\alpha < 90°$时的弧长	$l = \pi R \dfrac{\alpha}{180°}$	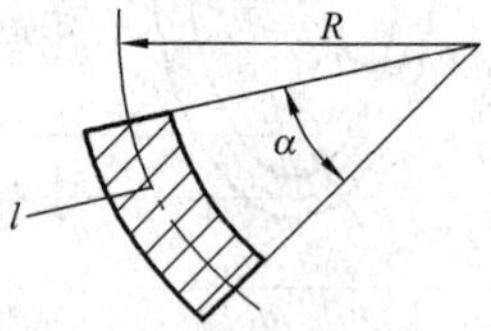
2	中心角 $\alpha = 90°$时的弧长	$l = \dfrac{\pi}{2} R$	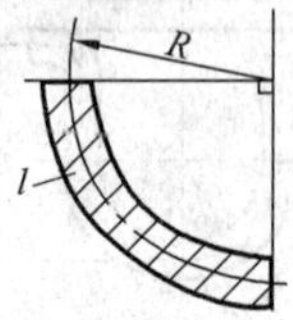
3	中心角 $\alpha < 90°$时圆弧的形心到 YY 轴的距离	$R_x = R \dfrac{180° \sin \alpha}{\pi \alpha}$ $R_x = R \dfrac{180°(1 - \cos \alpha)}{\pi \alpha}$	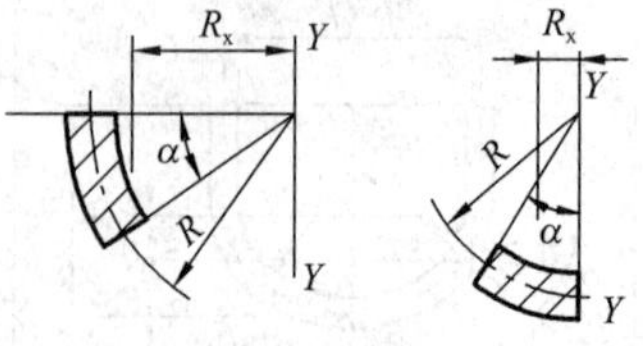
4	中心角 $\alpha = 90°$时圆弧的形心到 YY 轴的距离	$R_x = \dfrac{2}{\pi} R$	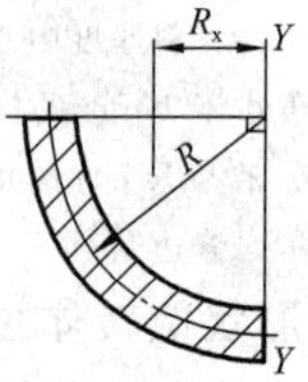

(3)求出各段母线的长度与其旋转半径乘积的代数和：

$$\sum lR = l_1 R_{x1} + l_2 R_{x2} + \cdots + l_n R_{xn}$$

(4)按式(4-15)即可求出毛坯直径：

$$D = \sqrt{8 \sum lR} = \sqrt{8(l_1 R_{x1} + l_2 R_{x2} + \cdots + l_n R_{xn})}$$

四、简形件的拉深次数及工序件尺寸的确定

1. 无凸缘简形件的拉深

（1）拉深次数的确定

拉深次数通常用以下两种方法确定：

①根据工件的相对高度 H/d 的值来确定，该比值可从表4-8中查得。

微课35

简形件的拉深次数及
工序件尺寸的确定（一）

表 4-8　　　　　　　　无凸缘简形件的相对高度 H/d

拉深次数	相对高度 H/d					
	毛坯相对厚度 $t/D(\%)$					
	2.0～1.5	1.5～1.0	1.0～0.6	0.6～0.3	0.3～0.15	0.15～0.08
1	0.94～0.77	0.84～0.65	0.71～0.57	0.62～0.5	0.5～0.45	0.46～0.38
2	1.88～1.54	1.60～1.32	1.36～1.1	1.13～0.94	0.96～0.63	0.9～0.7
3	3.5～2.7	2.8～2.2	2.3～1.8	1.9～1.5	1.6～1.3	1.3～1.1
4	5.6～4.3	4.3～3.5	3.6～2.9	2.9～2.4	2.4～2.0	2.0～1.5
5	8.9～6.6	6.6～5.1	5.2～4.1	4.1～3.3	3.3～2.7	2.7～2.0

注：①大的 H/d 值适用于第一道工序的大凹模圆角（$r_A=(8\sim15)t$）。

②小的 H/d 值适用于第一道工序的小凹模圆角（$r_A=(4\sim8)t$）。

③表中数值适用于材料08F钢、10F钢。

②推算方法。根据已知条件，由表4-2或表4-3查得各次的极限拉深系数，然后依次计算出各次拉深直径，即 $d_1=m_1D,d_2=m_2d_1\cdots\cdots d_n=m_nd_{n-1}$，直到 $d_n\leqslant d$。即当计算所得直径 d_n 不大于零件直径 d 时，计算的次数即拉深次数。

（2）工序件尺寸的确定

①工序件直径的确定

拉深次数确定之后，由表4-2或表4-3查得各次拉深的极限拉深系数，并加以调整（一般是增大），调整的原则是保证 $m_1m_2m_3\cdots m_n=\dfrac{d}{D}$，并使 $m_1<m_2<\cdots<m_n$。其中，d 为零件直径，D 为坯料直径。

最后按调整后的拉深系数计算各次拉深的工序件直径：

$$d_1=m_1D$$
$$d_2=m_2d_1$$
$$\vdots$$
$$d_n=m_nd_{n-1}$$

②工序件圆角半径的确定

工序件圆角半径的确定方法将在后面详细讨论。

③工序件高度的确定

根据无凸缘简形件坯料尺寸的计算公式推导出各次拉深工序件高度的计算公式为

$$h_1=0.25\left(\frac{D^2}{d_1}-d_1\right)+0.43\frac{r_1}{d_1}(d_1+0.32r_1)$$

$$h_2=0.25\left(\frac{D^2}{d_2}-d_2\right)+0.43\frac{r_2}{d_2}(d_2+0.32r_2)$$

(4-16)

$$\vdots$$

$$h_n = 0.25\left(\frac{D^2}{d_n} - d_n\right) + 0.43\frac{r_n}{d_n}(d_n + 0.32r_n)$$

式中　h_1、$h_2 \cdots h_n$——各次拉深的工序件高度,mm;

　　　d_1、$d_2 \cdots d_n$——各次拉深的工序件直径,mm;

　　　r_1、$r_2 \cdots r_n$——各次拉深的工序件底部圆角半径,mm;

　　　D——毛坯直径,mm。

例 4-1

　　求图 4-20 所示筒形件的坯料尺寸及各次拉深的工序件尺寸。已知材料为 10 钢,板料厚度 $t=2$ mm。

　　解:因板料厚度 $t>1$ mm,故按板厚中线尺寸计算。

　　(1)计算坯料直径

　　根据零件尺寸,其相对高度为

$$\frac{h}{d} = \frac{76}{30-2} = 2.7$$

　　查表 4-4 得切边余量 $\Delta h = 6$ mm,且由图知 $d=28$ mm,$r=4$ mm,$H=75$ mm,则毛坯直径为

$$D = \sqrt{d^2 + 4d(H+\Delta h) - 1.72dr - 0.56r^2}$$
$$= \sqrt{28^2 + 4\times28\times(75+6) - 1.72\times28\times4 - 0.56\times4^2}$$
$$= 98.3 \text{ mm}$$

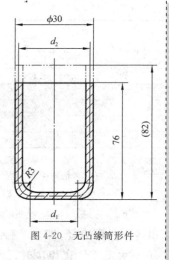

图 4-20　无凸缘筒形件

　　(2)确定拉深次数

　　毛坯相对厚度为

$$\frac{t}{D} = \frac{2}{98.3} \times 100\% = 2.03\% > 2\%$$

　　按表 4-12 不用压料圈,但为了保险起见,首次拉深仍采用压料圈。采用压料圈后,首次拉深的拉深系数较小,减少了拉深次数。

　　根据 $t/D = 2.03\%$,查表 4-2 得各次极限拉深系数 $m_1 = 0.50$,$m_2 = 0.75$,$m_3 = 0.78$,$m_4 = 0.80\cdots\cdots$

　　故

$$d_1 = m_1 D = 0.50 \times 98.3 = 49.2 \text{ mm}$$
$$d_2 = m_2 d_1 = 0.75 \times 49.2 = 36.9 \text{ mm}$$
$$d_3 = m_3 d_2 = 0.78 \times 36.9 = 28.8 \text{ mm}$$
$$d_4 = m_4 d_3 = 0.80 \times 28.8 = 23 \text{ mm}$$

　　因 $d_4 < d$,所以应该用 4 次拉深成形。

　　(3)各次拉深工序件尺寸的确定

　　调整后的各次拉深系数如下:$m_1 = 0.52$,$m_2 = 0.78$,$m_3 = 0.83$,$m_4 = 0.846$。各次拉深的工序件直径为

$$d_1 = m_1 D = 0.52 \times 98.3 = 51.1 \text{ mm}$$

$$d_2 = m_2 d_1 = 0.78 \times 51.1 = 39.9 \text{ mm}$$

$$d_3 = m_3 d_2 = 0.83 \times 39.9 = 33.1 \text{ mm}$$

$$d_4 = m_4 d_3 = 0.846 \times 33.1 = 28 \text{ mm}$$

各次拉深的工序件底部圆角半径取 $r_1 = 8$ mm，$r_2 = 5$ mm，$r_3 = 4$ mm，$r_4 = 4$ mm。

把各次拉深工序件的直径和底部圆角半径代入式(4-16)，得

$$h_1 = 0.25 \times \left(\frac{98.3^2}{51.1} - 51.1 \right) + 0.43 \times \frac{8}{51.1} (51.1 + 0.32 \times 8) = 38.1 \text{ mm}$$

$$h_2 = 0.25 \times \left(\frac{98.3^2}{39.9} - 39.9 \right) + 0.43 \times \frac{5}{39.9} (39.9 + 0.32 \times 5) = 52.8 \text{ mm}$$

$$h_3 = 0.25 \times \left(\frac{98.3^2}{33.1} - 33.1 \right) + 0.43 \times \frac{4}{33.1} (33.1 + 0.32 \times 4) = 66.5 \text{ mm}$$

$$h_4 = 81 \text{ mm}$$

以上计算所得工序件的有关尺寸都是中线尺寸，换算成工序件的外径和总高度如图 4-21 所示。

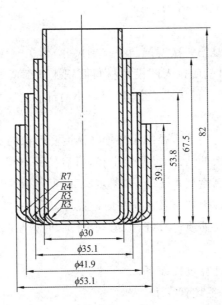

图 4-21　拉深工序件的尺寸

2. 带凸缘筒形件的拉深

凸缘件有窄凸缘和宽凸缘之分，$d_t/d \leqslant 1.1 \sim 1.4$ 的凸缘件称为窄凸缘件，$d_t/d > 1.4$ 的凸缘件称为宽凸缘件，如图 4-22 所示。

（1）窄凸缘件的拉深

窄凸缘件的拉深可按筒形件拉深处理，只在最后一两次拉深时加工出锥形凸缘，然后校平，工艺过程如图 4-23 所示。

微课36

筒形件的拉深次数及
工序件尺寸的确定(二)

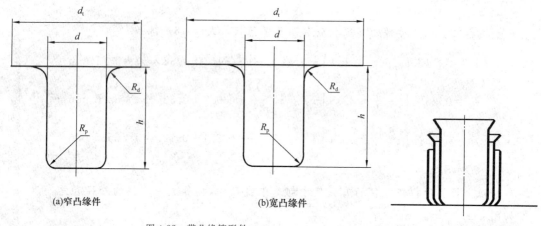

图 4-22 带凸缘筒形件

图 4-23 窄凸缘件的拉深方法

（2）宽凸缘件的拉深

宽凸缘件的拉深一般是第一次就把凸缘拉到尺寸，为了避免在以后拉深过程中凸缘受拉变形，通常第一次拉深时就使拉入凹模的材料面积比筒部所需的材料面积大 3%～5%。而在以后各次拉深中，凸缘直径保持不变，仅仅减小筒部直径。实际生产中，宽凸缘件多次拉深的工艺方法通常有两种：

①凸、凹模圆角半径不变，靠直径缩小来增加高度和凸缘的宽度，如图 4-24(a)所示。

②第一次拉深时采用大的凸、凹模圆角半径，以后拉深时可减小凸、凹模圆角半径和工件直径，加大凸缘宽度，而高度基本不变，如图 4-24(b)所示。

第一种方法容易在工件上留下各次拉深时的痕迹，所以一般需要增加一道整形工序；采用第二种方法获得的工件表面质量较好，但第一次拉深时容易起皱，故只适用于相对厚度较大的毛坯。

宽凸缘件拉深的工艺计算过程如下：

①确定修边余量，计算毛坯直径 D。

②根据毛坯相对厚度和凸缘相对直径查表 4-9，求出允许的第一次拉深的极限相对高度 h_1/d_1，与工件的相对高度 h/d 相比较，决定拉深次数。如果 $h/d < h_1d_1$，则可以一次拉深完成，工序尺寸计算即告结束；若 $h/d > h_1/d_1$，则不能一次拉深完成，需多次拉深。

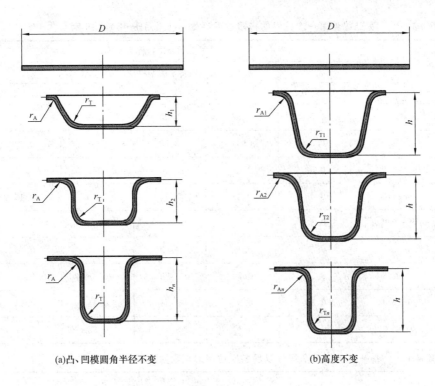

(a)凸、凹模圆角半径不变 (b)高度不变

图 4-24 宽凸缘件的拉深方法

表 4-9 　　宽凸缘件第一次拉深的极限相对高度 h_1/d_1（适用于 08 钢、10 钢）

| 凸缘相对直径 d_t/d | 第一次拉深的极限相对高度 h_1/d_1 | | | | |
| | 毛坯相对厚度 $t/D(\%)$ | | | | |
	$0.06\sim0.2$	$0.2\sim0.5$	$0.5\sim1$	$1\sim1.5$	>1.5
<1.1	$0.45\sim0.52$	$0.50\sim0.62$	$0.57\sim0.70$	$0.60\sim0.80$	$0.75\sim0.90$
$1.1\sim1.3$	$0.40\sim0.47$	$0.45\sim0.53$	$0.50\sim0.60$	$0.56\sim0.72$	$0.65\sim0.80$
$1.3\sim1.5$	$0.35\sim0.42$	$0.40\sim0.48$	$0.45\sim0.53$	$0.50\sim0.63$	$0.52\sim0.70$
$1.5\sim1.8$	$0.29\sim0.35$	$0.34\sim0.39$	$0.37\sim0.44$	$0.42\sim0.53$	$0.48\sim0.58$
$1.8\sim2.0$	$0.25\sim0.30$	$0.29\sim0.34$	$0.32\sim0.38$	$0.36\sim0.46$	$0.42\sim0.51$
$2.0\sim2.2$	$0.22\sim0.26$	$0.25\sim0.29$	$0.27\sim0.33$	$0.31\sim0.40$	$0.35\sim0.45$
$2.2\sim2.5$	$0.17\sim0.21$	$0.20\sim0.23$	$0.22\sim0.27$	$0.25\sim0.32$	$0.28\sim0.35$
$2.5\sim2.8$	$0.16\sim0.18$	$0.15\sim0.18$	$0.17\sim0.21$	$0.19\sim0.24$	$0.22\sim0.27$
$2.8\sim3.0$	$0.10\sim0.13$	$0.12\sim0.15$	$0.14\sim0.17$	$0.16\sim0.20$	$0.18\sim0.22$

注：圆角半径大时，r_A、$r_T=(10\sim20)t$ 取较大值，r_A、$r_T=(4\sim8)t$ 取较小值。

③查表 4-10 得出第一次拉深的极限拉深系数 m_1，查表 4-11 得出以后各次拉深的极限拉深系数 m_2、m_3……，并计算各次拉深的筒部直径 d_1、d_2、d_3……，从而得到拉深次数。

表 4-10   宽凸缘件第一次拉深的极限拉深系数 m_1（适用于 08 钢、10 钢）

凸缘相对直径 d_t/d	第一次拉深的极限拉深系数 m_1				
	毛坯相对厚度 t/D(%)				
	0.06~0.2	0.2~0.5	0.5~1	1~1.5	>1.5
<1.1	0.59	0.57	0.55	0.53	0.50
1.1~1.3	0.55	0.54	0.53	0.51	0.49
1.3~1.5	0.52	0.51	0.50	0.49	0.47
1.5~1.8	0.48	0.48	0.47	0.46	0.45
1.8~2.0	0.45	0.45	0.44	0.43	0.42
2.0~2.2	0.42	0.42	0.42	0.41	0.40
2.2~2.5	0.38	0.38	0.38	0.38	0.37
2.5~2.8	0.35	0.35	0.34	0.34	0.33
2.8~3.0	0.33	0.33	0.32	0.32	0.31

表 4-11   宽凸缘件以后各次拉深的极限拉深系数

极限拉深系数	毛坯相对厚度 t/D(%)				
	2~1.5	1.5~1.0	1.0~0.6	0.6~0.3	0.3~0.15
m_2	0.73	0.75	0.76	0.78	0.80
m_3	0.75	0.78	0.79	0.80	0.82
m_4	0.78	0.80	0.82	0.83	0.84
m_5	0.80	0.82	0.84	0.85	0.86

④确定圆角半径，可参考筒形件的方法。

⑤计算拉深件的高度 h：

$$h_1 = \frac{0.25}{d_1}(D^2 - d_t^2) + 0.43(r_{T1} + r_{A1}) + \frac{0.14}{d_1}(r_{T1}^2 - r_{A1}^2)$$

$$h_n = \frac{0.25}{d_n}(D^2 - d_t^2) + 0.43(r_{Tn} + r_{An}) + \frac{0.14}{d_n}(r_{Tn}^2 - r_{An}^2)$$

式中 D——毛坯直径，mm；

d_t——零件的凸缘直径，mm；

h_1、h_n——各次拉深凸缘件的高度（以中线计），mm；

d_1、d_n——各次拉深的筒部直径，mm；

r_{T1}、r_{Tn}——各次拉深的凸模圆角半径，mm；

r_{A1}、r_{An}——各次拉深的凹模圆角半径，mm。

五、阶梯形件的拉深

阶梯形件拉深的变形特点与筒形件拉深的变形特点相同,可以认为筒形件以后各次拉深时不拉到底就得到阶梯形件。但是,阶梯形件的拉深次数及拉深方法等与筒形件是有区别的。

1. 判断能否一次拉深成形

判断所给阶梯形件能否一次拉深成形的方法是,先求出零件的高度 h 与最小直径之比(图 4-25(a)),然后再根据毛坯相对厚度查表 4-8。如果拉深次数为 1,则可一次拉深成形,否则就要多次拉深成形。

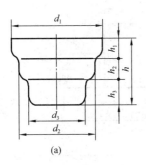
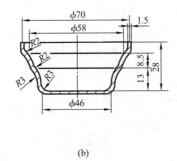

图 4-25　阶梯形件

例4-2

如图 4-25(b)所示的阶梯形件,材料为 08 钢,厚度为 1.5 mm。试判断该阶梯形件能否一次拉深成形?

解:按图中尺寸求得毛坯直径 $D = 107$ mm,则 $t/D = 1.4\%$,$h/d = \dfrac{28}{46} = 0.6$。

查表 4-8 可知,该零件可以一次拉深成形。

2. 阶梯形件多次拉深的方法

(1)当任意相邻两阶梯的直径之比 d_n/d_{n-1} 都不小于相应筒形件的极限拉深系数时,其拉深方法为:由大阶梯到小阶梯依次拉出,这时拉深次数等于阶梯数目与最大阶梯成形之前的拉深次数之和,如图 4-26 所示,1、2、3、4 为拉深顺序。

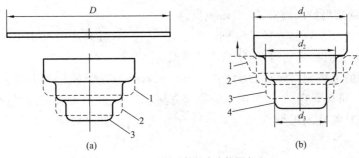

图 4-26　阶梯形件的多次拉深方法

例4-3

如图 4-27(a)所示的阶梯形件,材料为 H62,厚度为 1 mm。试确定该阶梯形件的拉深方法及拉深顺序。

解:按图求得毛坯直径 $D=106$ mm,则 $t/D=1.0\%$,$d_1/d_2=24/48=0.5$。经查表 4-8 可知,拉深系数显然小于极限拉深系数,但由于小阶梯高度很小,故实际生产中仍采用从大阶梯到小阶梯依次拉出的方法。其拉深次数为 3,拉深顺序如图 4-27(b)所示。其中工序件 3 是由整形工序得到的。

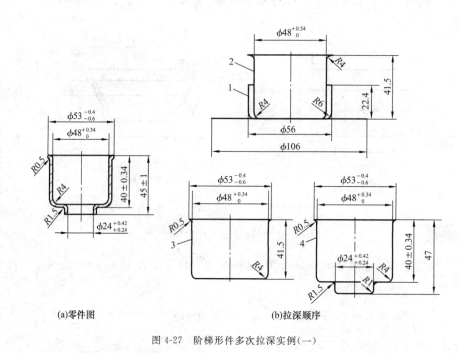

(a)零件图　　　　　　　　　(b)拉深顺序

图 4-27　阶梯形件多次拉深实例(一)

(2)如果某相邻两阶梯的直径之比 d_n/d_{n-1} 小于相应筒形件的极限拉深系数,则由直径 d_{n-1} 到 d_n 按凸缘件的拉深方法进行拉深,如图 4-26(b)所示。因 d_2/d_1 小于相应的极限拉深系数,故用凸缘件的拉深方法拉出 d_2;d_3/d_2 不小于相应的极限拉深系数,故可直接从 d_2 拉到 d_3,最后拉出 d_1。例如图 4-28 所示的阶梯形件,材料为 H62,厚度为 0.5 mm,$d_2/d_1=16.5/34.5=0.48$,该值显然小于相应的极限拉深系数,故采用凸缘件的拉深方法拉出直径 16.5 mm,然后再拉出直径 34.5 mm。

当阶梯形件的最小阶梯直径 d_n 很小,即 d_n/d_{n-1} 过小,其高度 h 又不大时,最小阶梯可用胀形的方法得到,但材料变薄,会影响零件质量。

当阶梯形件的毛坯相对厚度较大($t/D \geqslant 1.0\%$),且每个阶梯的高度不大,相邻阶梯直径相差又不大时,可以采用图 4-28 所示的拉深方法,即首先拉成带大圆角半径的筒形件,然后用校形方法得到零件的形状和尺寸。用这种方法成形,材料可能会局部变薄,影响零件质量。

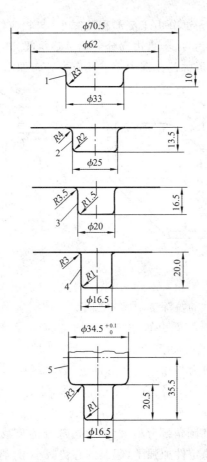

图 4-28　阶梯形件多次拉深实例(二)

六、盒形件的拉深变形特点及工艺计算

1. 盒形件的拉深变形特点

盒形件是非旋转体零件,与旋转体零件的拉深变形相比,其拉深变形要复杂些。盒形件的几何形状由 4 个圆角部分和 4 条直边组成,拉深变形时,圆角部分相当于筒形件拉深,而直边部分相当于弯曲变形。但是,由于直边部分和圆角部分是连在一起的整体,因而在变形过程中相互牵制,圆角部分的变形与筒形件拉深不完全一样,直边部分的变形也有别于简单弯曲。

假设在盒形件毛坯上画上方格网,其纵向间距为 a,横向间距为 b,且 $a=b$。拉深后方格网的形状和尺寸发生变化(图 4-29):横向间距缩小,而且越靠近角部,缩小越多,即 $b>b_1>b_2>b_3$;纵向间距增大,而且越向上,间距增大越多,即 $a_1>a_2>a_3>a$。这说明,直边部分不是单纯的弯曲,因为圆角部分的材料要向直边部分流动,故使直边部分还受到挤压。同样,圆角部分的变形也不完全与筒形件拉深相同,由于直边部分的存在,圆角部分的材料可以向直边部分流动,这就减小了圆角部分材料的变形程度(与相同圆角半径的筒形件相比)。

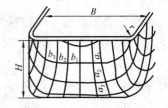

图 4-29　盒形件拉深时的金属流动

按照拉深力的观点看,由于直边部分和圆角部分的内在联系,故直边部分除承受弯曲应

力外，还承受挤压应力；而圆角部分由于变形程度减小（与相应筒形件相比），故需要克服的变形抗力也就减小。可以认为，由于直边部分分担了圆角部分的拉深变形抗力，而使圆角部分所承担的拉深力较相应筒形件的拉深力小。其应力分布如图 4-30 所示。

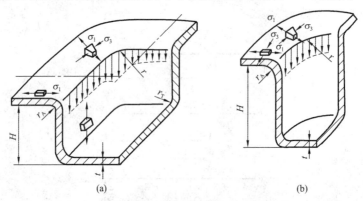

图 4-30 盒形件拉深时的应力分布

由以上分析可知，盒形件的拉深变形特点如下：

（1）径向拉应力 σ_1 沿盒形件周边的分布是不均匀的，圆角部分最大，直边部分最小，而切向压应力 σ_3 的分布也是一样。如图 4-30 所示，盒形件拉深时沿坯料周边上的应力和应变分布是不均匀的，其平均拉应力与相应的筒形件（后者的拉应力是平均分布的）相比要小得多。因此，就危险断面处的载荷来说，盒形件要小得多，故对于相同材料，盒形件的拉深系数可取小些。

（2）由于切向压应力 σ_3 在圆角部分最大，向直边部分逐步减小，因此与相同圆角半径的筒形件相比，盒形件的材料稳定性加强了，起皱的趋势减小了，直边部分很少起皱。

（3）直边部分与圆角部分变形的相互影响程度取决于相对圆角半径 r/B 和相对高度 H/B（B 为盒宽）。r/B 越小，直边部分对圆角部分的变形影响越显著。如果 $r/B = 0.5$，则盒形件成为筒形件，也就不存在直边部分与圆角部分变形的相互影响了。H/B 越大，直边部分与圆角部分变形的相互影响也越显著。因此，对于 r/B 和 H/B 不同的盒形件，在坯料尺寸和工艺计算上都有较大不同。

2. 盒形件的工艺计算

正确地确定盒形件拉深时坯料和工序件的形状与尺寸十分重要，它关系到节约原材料和拉深时材料的变形与零件的质量。若形状及尺寸不合适，则难以保证拉深变形的顺利进行，且会影响零件质量。

由于盒形件变形的相对圆角半径 r/B 和相对高度 H/B 有较大差异，所以盒形件的工艺计算视 r/B 和 H/B 而有不同的方法和计算公式，详见相关设计手册。

需要指出的是，由于盒形件变形复杂，故其工艺计算结果仅仅是初步结果，其准确性往往依赖于设计人员的经验，并通过试模来最终确定。

练 习

　　根据图 4-16 所示的拉深件以及已确定的模具总体结构方案,设计模具的拉深系数、工序件尺寸、刃口尺寸等。

任务三　冲压设备的选用

学习目标

　　(1)能计算总冲压力。
　　(2)能合理选择冲压设备。

工作任务

1.教师演示任务

　　根据图 4-1 所示的拉深件零件图以及已确定的模具总体结构方案和工艺计算,设计本模具并合理选择冲压设备。

2.学生训练任务

　　根据图 4-2 所示的拉深件零件图以及已确定的模具总体结构方案和工艺计算,设计本模具并合理选择冲压设备。

相关实践知识

1.计算总冲压力

　　冲压力是使材料在冲裁工序中完成其分离所必需的作用力和其他附加力的总称,它包括冲裁力、卸料力、推件力和顶件力。计算冲压力的目的是合理地选用压力机和为设计模具提供重要依据。

　　本模具为落料拉深复合模,动作顺序是先落料后拉深,应分别计算冲压力 $F_{冲}$、拉深力 $F_{拉}$ 和压料力 F_y,然后总体相加,据此选择压力机的吨位大小和型号。

　　(1)计算冲压力 $F_{冲}$

$$F_{落} = KLt\tau_0 = 1.3 \times 3.14 \times 51.85 \times 0.8 \times 333 = 56.38 \text{ kN}$$

　　查表 1-25 得 $K_x = 0.05$,$K_t = 0.055$,且 $n = h/t$,故

$$F_x = K_x F_{落} = 0.05 \times 56.38 = 2.82 \text{ kN}$$

$$F_t = nK_t F_{落} = (3/0.8) \times 0.055 \times 56.38 = 11.63 \text{ kN}$$

故拉深件毛坯的冲压力为

$$F_{冲}=F_{落}+F_{x}+F_{t}=56.38+2.82+11.63=70.83 \text{ kN}$$

（2）计算拉深力 $F_{拉}$

查表 4-15 得 $k_1=0.93$，查相关材料手册得 $\sigma_b=410$ MPa，故

$$F_{拉}=\pi d_1 t\sigma_b k_1=3.14\times29.2\times0.8\times410\times0.93=27.97 \text{ kN}$$

（3）计算压料力

查表 4-13 得 $p=2.5$ MPa，故

$$F_y=Ap=2\,110.4\times2.5=5.28 \text{ kN}$$

总冲压力为

$$F_z=F_{冲}+F_{拉}+F_y=70.83+27.97+5.28=104 \text{ kN}$$

2.初选压力机

根据总冲压力初选压力机型号为 JH23-25。

相关理论知识

1.拉深时的起皱与防皱措施

在拉深过程中，如果凸缘区起皱严重，则拉深材料不可能通过凸、凹模之间的间隙进入凹模，导致坯料断裂（图 4-31(a)）；如果凸缘区轻微起皱，则可能勉强通过凸、凹模之间的间隙，但会在拉深件的侧壁留下起皱的痕迹，影响拉深件的质量（图 4-31(b)）。

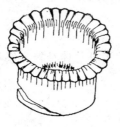 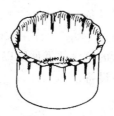

(a)严重起皱导致破裂　　　　　(b)轻微起皱影响拉深件质量

图 4-31　拉深过程中坯料的起皱

影响坯料起皱的主要因素有：

（1）毛坯相对厚度 t/D

毛坯相对厚度越小，拉深变形区抗失稳能力越差，越容易起皱。相反，毛坯相对厚度越大，越不容易起皱。

（2）拉深系数

从凸缘变形区的应力分析可知，拉深系数越小，切向压应力越大，凸缘变形区的宽度越大，抗失稳能力越小。这两个因素都会促使坯料起皱倾向增大。相反，拉深系数越大，起皱倾向越小。

（3）拉深模工作部分的几何形状与参数

若凸、凹模圆角及凸、凹模之间的间隙过大，则容易起皱。用锥形凹模拉深与用平端面凹模拉深相比，前者不容易起皱，如图 4-32 所示。其原因是在拉深过程中它形成的曲面过渡形状（图 4-32(b)）与平端面凹模拉深时平面形状的变形区相比，具有较大的抗失稳能力。

而且,锥形凹模圆角处对坯料造成的摩擦阻力和弯曲变形阻力减小到最低限度,凹模锥面对坯料变形区的作用力也有助于它产生切向压缩变形,因此,其拉深力比平端面凹模拉深力小得多,拉深系数可以大为减小。

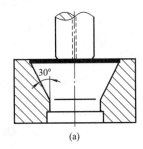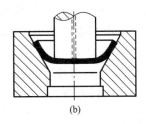

图 4-32 锥形凹模的拉深

在生产中,防止筒形件拉深产生起皱的方法通常是在拉深模上设置压料圈,并采用适当的压料力。但若变形程度较小,毛坯相对厚度较大,则不会起皱,就可不必采用压料圈。是否采用压料圈可按表 4-12 确定。

表 4-12 是否采用压料圈的条件

拉深方法	第一次拉深		以后各次拉深	
	$t/D(\%)$	m_1	$t/d_{n-1}(\%)$	m_n
用压料圈	<1.5	<0.6	<1	<0.8
可用可不用	1.5~2.0	0.6	1~1.5	0.8
不用压料圈	>2.0	>0.6	>1.5	>0.8

2. 压料力的确定

压料力 F_y 值应适当。F_y 值太小,防皱效果不好;F_y 值太大,会增大传力区危险断面上的拉应力,从而引起严重变薄甚至拉裂。压料力对拉深力的影响可从图 4-33 中看出。因此,应在保证变形区不起皱的前提下尽量选用小的压料力。

拉深过程中所需最小压料力的大小与影响坯料起皱的因素有关,如图 4-34 所示。由图可以看出,随着拉深系数的减小,所需最小压料力是增大的。同时可以看出,在拉深过程中,所需最小压料力是变化的,一般起皱可能性最大的时刻所需最小压料力最大。图 4-34 中的 R_t 为拉深过程中的凸缘外缘半径,R 为毛坯半径。

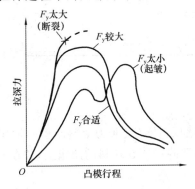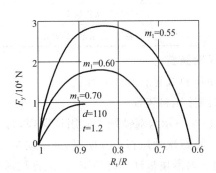

图 4-33 拉深力与压料力的关系　　　　　图 4-34 拉深过程中所需最小压料力的实验曲线

应该指出,压料力的大小应允许在一定范围内调节,如图 4-35 所示。由图可以看出,随着拉深系数的减小,压料力许可调节范围减小,这对拉深是不利的,因为当压料力稍大些时就会产生断裂,压料力稍小些时会产生起皱,即拉深工艺稳定性不好。相反,拉深系数增大,压料力可调节范围增大,工艺稳定性较好。

在进行模具设计时,压料力可按下式计算:

任何形状的拉深件的压料力为

$$F_y = Ap \tag{4-17}$$

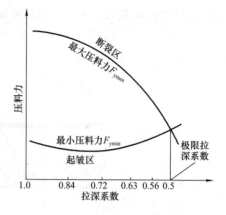

图 4-35 压料力调节范围与拉深系数的关系

筒形件首次拉深的压料力为

$$F_y = \frac{\pi}{4} \left[D^2 - (d_1 + 2r_{A1})^2 \right] p \tag{4-18}$$

筒形件以后各次拉深的压料力为

$$F_y = \frac{\pi}{4} \left[d_{i-1}^2 - (d_i + 2r_{Ai})^2 \right] p \qquad (i = 2, 3 \cdots n) \tag{4-19}$$

式中　A——压料圈下坯料的投影面积,mm^2;

　　　p——单位面积的压料力,MPa,可查表 4-13;

　　　D——毛坯直径,mm;

　　　$d_1, d_2 \cdots d_i$——各次拉深的工序件直径,mm;

　　　$r_{A1}, r_{A2} \cdots r_{Ai}$——各次拉深的凹模圆角半径,mm。

表 4-13 单位面积的压料力 p

材料名称		p/MPa
铝		0.8~1.2
纯铜、硬铝(已退火)		1.2~1.8
黄铜		1.5~2.0
软钢	$t \leqslant 0.5\ mm$	2.5~3.0
	$t > 0.5\ mm$	2.0~2.5
镀锡钢板		2.5~3.0
耐热钢(软化状态)		2.8~3.5
高合金钢、高锰钢、不锈钢		3.0~4.5

3. 压料装置

常用压料装置有刚性和弹性两类。

(1)刚性压料装置

图 4-36 所示为双动压力机用拉深模,件 4 为刚性压料圈(又兼为落料凸模),固定在外滑块上。在每次冲压行程开始时,外滑块带动压料圈下降而压在坯料的凸缘上,并在此停止不动,随后内滑块带动凸模下降,并进行拉深变形。

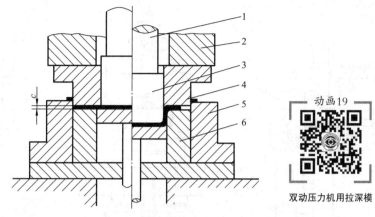

图 4-36 双动压力机用拉深模

1—凸模固定杆；2—外滑块；3—拉深凸模；4—落料凸模兼压料圈；5—落料凹模；6—拉深凹模

刚性压料装置的压料作用是通过调整压料圈与凹模平面之间的间隙获得的，而此间隙则靠调节压力机外滑块得到。考虑到拉深过程中坯料凸缘部分有增厚现象，所以这一间隙应略大于板料厚度。

图 4-37 所示为锥形刚性压料圈，这种压料圈使坯料凸缘部分在拉深前变为锥形，并压紧在凹模锥面上，这在一定程度上相当于完成了一次拉深成形。所以采用这种结构的压料圈时，极限拉深系数可以减小很多。使用时，α 角应根据坯料相对厚度确定，表 4-14 给出了 α 角与坯料相对厚度以及可能达到的极限拉深系数的关系。

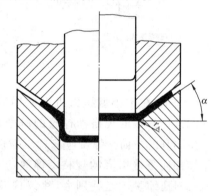

图 4-37 锥形刚性压料圈

表 4-14 锥形刚性压料圈的角度、极限拉深系数及坯料相对厚度的关系

t/D	0.20	0.15	0.01	0.008	0.005	0.003	0.0015
m	0.35	0.36	0.38	0.40	0.43	0.50	0.60
α	60°	45°	30°	23°	17°	13°	10°

刚性压料装置的特点是压料力不随拉深的工作行程而变化，压料效果较好，模具结构简单。

（2）弹性压料装置

图 4-38 所示为单动压力机用弹性压料装置。这类压料装置分三种：

①弹簧式压料装置，如图 4-38（a）所示；

②橡胶式压料装置，如图 4-38（b）所示；

③气垫式压料装置，即以压缩空气或空气液压联动作用防止起皱，如图 4-38（c）所示。

以上三种压料装置的压料力曲线如图 4-39 所示。由图可以看出，弹簧式和橡胶式压料装置的压料力是随着工作行程（拉深深度）的增加而增大的，其中橡胶式压料装置在这一点上表现得更为突出。这样的压料力变化特性会使拉深过程中的拉深力不断增大，从而增大断裂的危险性。因此，弹簧式和橡胶式压料装置通常只用于浅拉深。但是，这两种压料装置

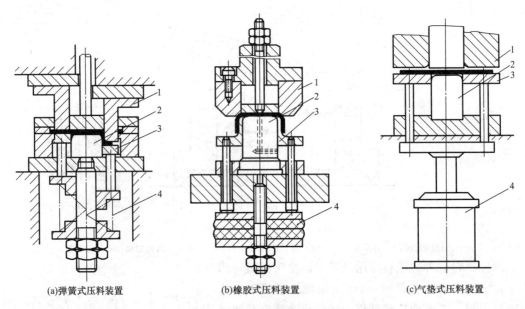

(a)弹簧式压料装置　　　　(b)橡胶式压料装置　　　　(c)气垫式压料装置

图 4-38　单动压力机用弹性压料装置

1—凹模；2—凸模；3—压料圈；4—弹性元件

结构简单,在中小型压力机上使用较为方便。只要正确地选择弹簧的规格和橡胶的牌号及尺寸,就能避免产生不利的一面。弹簧应选总压缩量大且压力随压缩量增加而缓慢增大的规格。橡胶应选用软橡胶,并保证相对压缩量不是特别大,建议橡胶总厚度不小于拉深工作行程的 5 倍。

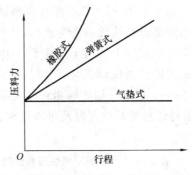

气垫式压料装置的压料效果较好,压料力基本上不随工作行程而变化(压料力的变化可控制在 10％～15％范围内),但气垫装置结构复杂。

图 4-39　各种弹性压料装置的压料力曲线

压料圈是压料装置的关键零件,其结构形式除了上述的锥形外,一般拉深模采用的是平面压料圈(图 4-40(a))。当坯料相对厚度较小,拉深件凸缘小且圆角半径较大时,采用带弧形的压料圈(图 4-40(b))。

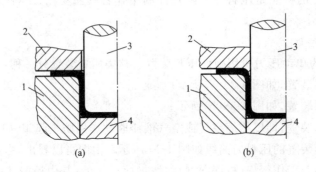

(a)　　　　　　　(b)

图 4-40　平面压料圈与弧形压料圈

1—凹模；2—压料圈；3—凸模；4—顶板

为保持整个拉深过程中压料力均衡并防止将坯料夹得过紧,特别是拉深板料较薄、凸缘较宽的拉深件时,可采用带限位装置的压料圈(图4-41),压料圈和凹模之间始终保持一定的距离 s。对于有凸缘零件的拉深,$s=t+(0.05\sim0.1)$;对于铝合金的拉深,$s=1.1t$;对于钢板的拉深,$s=1.2t$(t 为板料厚度)。对于凸缘小或球形件和抛物线形件的拉深,为了防皱,采用带拉深筋的压料圈。

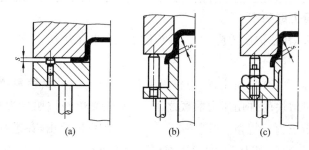

(a)　　　　　　(b)　　　　　　(c)

图4-41　带限位装置的压料圈

总之,拉深时的起皱和防皱问题比较复杂,防皱的压料与防断裂又有矛盾,目前常用的压料装置产生的压料力还不能符合理想的压料力曲线,因此,探索较理想的压料装置是拉深工作的一个重要课题。

4. 拉深力的计算

式(4-20)是拉深力的理论计算公式。在生产中常用以下经验公式进行计算:

采用压料圈拉深时:

首次拉深的拉深力为

$$F_{拉}=\pi d_1 t\sigma_b k_1 \tag{4-20}$$

以后各次拉深的拉深力为

$$F_{拉}=\pi d_i t\sigma_b k_2 \quad (i=2,3\cdots n) \tag{4-21}$$

不采用压料圈拉深时:

首次拉深的拉深力为

$$F_{拉}=1.25\pi(D-d_1)t\sigma_b \tag{4-22}$$

以后各次拉深的拉深力为

$$F_{拉}=1.3\pi(d_{i-1}-d_i)t\sigma_b \quad (i=2,3\cdots n) \tag{4-23}$$

式中　t——板料厚度,mm;

　　　D——毛坯直径,mm;

　　　$d_1\cdots d_n$——各次拉深后的工序件直径,mm;

　　　σ_b——拉深件材料的抗拉强度,MPa;

　　　k_1、k_2——修正系数,其值见表4-15。

表 4-15 修正系数 k_1、k_2 值

m_1	0.55	0.57	0.60	0.62	0.65	0.67	0.70	0.72	0.75	0.77	0.80	—	—	—
k_1	1.0	0.93	0.86	0.79	0.72	0.66	0.60	0.55	0.50	0.45	0.40	—	—	—
m_2、m_3…m_n	—	—	—	—	—	—	0.70	0.72	0.75	0.77	0.80	0.85	0.90	0.95
k_2	—	—	—	—	—	—	1.0	0.95	0.90	0.85	0.80	0.70	0.60	0.50

5. 压力机公称压力的确定

对于单动压力机，其公称压力应大于总冲压力。总冲压力为

$$F_z = F_拉 + F_y \tag{4-24}$$

选择压力机公称压力时必须注意，当拉深工作行程较大，尤其落料拉深复合时，应使冲压力曲线位于压力机滑块的许用压力曲线之下，而不能简单地按照压力机公称压力大于总冲压力的原则去确定压力机规格，如图 4-42 所示。由图可以看出，在进行落料（曲线 1）或弯曲（曲线 2）时，选用公称压力为 F_{ga} 的压力机，完全可以保证在全部行程内的变形力都低于压力机的许用压力，所以是合理的。虽然公称压力 F_{ga} 大于拉深变形（曲线 3）所需的最大力，但在全部行程中，压力机的许用压力曲线不能都高于拉深工艺变形力曲线，所以在这种情况下必须选用公称压力为 F_{gb} 的压力机。由图 4-42 可以看出，若选用公称压力为 F_{ga} 的压力机并采用落料拉深复合工序，因为这时光落料力（曲线 4）就已经超过了压力机许用压力曲线，再加上拉深力则超过更多，所以落料拉深复合时不能选用公称压力为 F_{ga} 的压力机，而需要选择更大公称压力的压力机。

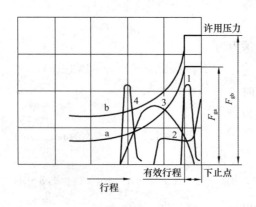

图 4-42　曲轴压力机的许用压力-行程曲线

1、4—落料工艺变形力曲线；2—弯曲工艺变形力曲线；3—拉深工艺变形力曲线

在实际生产中可以按下式来确定压力机的公称压力：

浅拉深时的公称压力为

$$F_g = (1.6 \sim 1.8) F_z \tag{4-25}$$

深拉深时的公称压力为

$$F_g \geqslant (1.8 \sim 2.0) F_z \tag{4-26}$$

6. 拉深功的计算

拉深功按下式计算：

$$W = \frac{CF_{\max}h}{1\,000}\tag{4-27}$$

式中　W——拉深功，J；

C——系数，与拉深力曲线有关，其值可取 0.6～0.8；

$F_{\max}$——最大拉深力（包含压料力），N；

h——凸模工作行程，mm。

压力机的电动机功率可按下式计算：

$$P = \frac{KWn}{60 \times 1\,000 \times \eta_1\eta_2}\tag{4-28}$$

式中　P——电动机功率，kW；

K——不均衡系数，一般取 1.2～1.4；

n——压力机每分钟行程数；

η_1——压力机效率，一般取 0.6～0.8；

η_2——电动机效率，一般取 0.9～0.95。

若所选压力机的电动机功率小于计算值，则应另选更大的压力机。

练　习

根据图 4-16 所示的拉深件以及已确定的模具总体结构方案，选择合适的冲压设备。

任务四　模具零部件（非标准件）设计

学习目标

（1）能合理地设计模具工作零件。

（2）能合理地设计模具定位零件。

（3）能合理地设计模具压、卸料零件。

（4）掌握模具选材的相关知识。

微课37

工作零件的设计

工作任务

1. 教师演示任务

根据图 4-1 所示的拉深件零件图以及模具总体结构方案,合理地设计模具的工作零件、定位零件及压、卸料零件。

2. 学生训练任务

根据图 4-2 所示的拉深件零件图以及模具总体结构方案,合理地设计模具的工作零件、定位零件及压、卸料零件。

相关实践知识

无压料圈的拉深模,其单边间隙按下式计算:

$$Z=(1\sim1.1)t_{max} \tag{4-29}$$

式中　Z——拉深模单边间隙,mm;

　　　t_{max}——板料厚度的最大极限尺寸,mm。

有压料圈的拉深模单边间隙可按表 4-17 取值。

对于精度要求高的零件,为了减少拉深后的回弹,常采用负间隙拉深模。

拉深模凸、凹模工作部分尺寸及其公差应按零件的要求来确定,当零件尺寸标注在外形时,以凹模尺寸为主,间隙放在凸模上;当零件尺寸标注在内形时,以凸模尺寸为主,间隙放在凹模上。凸、凹模的制造公差可从表 4-18 中查取。

1. 设计工作零件尺寸

略。

2. 计算凸、凹模工作部分尺寸

略。

3. 计算工件未注公差

对于工件的未注公差,可按 IT14 计算。

4. 确定冲裁模刃口双面间隙

由表 1-14 选取 $Z_{min}=0.072$ mm,$Z_{max}=0.104$ mm。

5. 计算落料刃口尺寸

详见本项目的任务二。

6. 计算拉深凸、凹模工作部分尺寸

详见本项目的任务二。

7. 确定凹模、凸凹模各孔位置尺寸

在该制件中,这类尺寸较多,其公称尺寸可按排样图确定,其制造公差按相关表查得,冲裁件精度为 IT9 级。送料方向上的尺寸按 IT7 级制造,其他位置尺寸按 IT8～IT9 级制造。

8. 确定凸模固定板各孔尺寸

凸模固定板与凸凹模通常按 H7/n6 或 H7/m6 进行配合。

相关理论知识

1. 确定凸、凹模圆角半径

(1)凹模圆角半径的确定

首次(包括只有一次)拉深的凹模圆角半径可按下式计算:

$$r_{A1} = 0.8 \sqrt{(D-d)t} \qquad (4\text{-}30)$$

或

$$r_{A1} = c_1 c_2 t$$

式中　D——坯料直径,mm;

　　　d——凹模内径,mm;

　　　t——板料厚度,mm;

　　　c_1——考虑材料力学性能的系数,软钢、硬铝取 1,纯铜、铝取 0.8;

　　　c_2——考虑板料厚度与拉深系数的系数,见表 4-16。

表 4-16　　　　　　　　　　　　拉深凹模圆角半径系数 c_2

板料厚度 t/mm	拉深件直径 d/mm	拉深系数 m_1		
		$0.48\sim0.55$	$0.55\sim0.6$	>0.6
<0.5	<50	$7\sim9.5$	$6\sim7.5$	$5\sim6$
	50~200	$8.5\sim10$	$7\sim8.5$	$6\sim7.5$
	>200	$9\sim10$	$8\sim10$	$7\sim9$
0.5~1.5	<50	$6\sim8$	$5\sim6.5$	$4\sim5.5$
	50~200	$7\sim9$	$6\sim7.5$	$5\sim6.5$
	>200	$8\sim10$	$7\sim9$	$6\sim8$
1.5~3	<50	$5\sim6.5$	$4.5\sim5.5$	$4\sim5$
	50~200	$6\sim7.5$	$5\sim6.5$	$4.5\sim5.5$
	>200	$7\sim8.5$	$6\sim7.5$	$5\sim6.5$

以后各次拉深的凹模圆角半径应逐渐减小,一般按下式计算:

$$r_{Ai} = (0.6\sim0.8)r_{Ai-1} \qquad (i=2,3\cdots n) \qquad (4\text{-}31)$$

盒形件拉深模的凹模圆角半径按下式计算:

$$r_A = (4\sim8)t \qquad (4\text{-}32)$$

式中,t 为板料厚度。

以上计算所得凹模圆角半径一般应符合 $r_A \geqslant 2t$ 的要求。

(2)凸模圆角半径的确定

首次拉深可取:

$$r_{T1} = (0.7\sim1.0)r_{A1} \qquad (4\text{-}33)$$

最后一次拉深的凸模圆角半径 r_{Tn} 即等于零件圆角半径 r。若零件圆角半径小于拉深工艺性要求的值,则凸模圆角半径应按工艺性要求(即 $r_T \geqslant t$)确定,然后通过整形工序得到所要求的圆角半径。

中间各次拉深工序的凸模圆角半径可按下式计算:

$$r_{\mathrm{T}i-1}=\frac{d_{i-1}-d_i-2t}{2} \qquad (i=3,4\cdots n) \tag{4-34}$$

式中，d_{i-1}、d_i 为各工序件的外径。

2. 确定拉深模间隙

拉深模间隙对拉深力、零件质量、模具寿命等都有影响。间隙小，拉深力大，模具磨损大，但冲压件回弹量小，精度高。间隙过小，会使冲压件严重变薄，甚至被拉裂；间隙过大，坯料容易起皱，冲压件锥度大，精度差。因此，应根据板料厚度及其公差、拉深过程中板料的增厚情况、拉深次数、零件的形状及精度要求等确定拉深模间隙。

(1) 无压料圈的拉深模单边间隙按式 (4-29) 计算。对于系数 1~1.1，小值用于末次拉深或精密零件的拉深；大值用于首次拉深和中间各次拉深，或精度要求不高的零件的拉深。

(2) 有压料圈的拉深模单边间隙可按表 4-17 确定。

表 4-17　　　　　　　　　有压料圈的拉深模单边间隙　　　　　　　　mm

总拉深次数	拉深工序	单边间隙 Z	总拉深次数	拉深工序	单边间隙 Z
1	一次拉深	$(1\sim1.1)t$	4	第一、二次拉深	$1.2t$
2	第一次拉深	$1.1t$		第三次拉深	$1.1t$
	第二次拉深	$(1\sim1.05)t$		第四次拉深	$(1\sim1.05)t$
3	第一次拉深	$1.2t$	5	第一~三次拉深	$1.2t$
	第二次拉深	$1.1t$		第四次拉深	$1.1t$
	第三次拉深	$(1\sim1.05)t$		第五次拉深	$(1\sim1.05)t$

注：① t 为板料厚度，取材料允许偏差的中间值；

　　② 当拉深精密零件时，末次拉深单边间隙取 $Z=t$。

对于精度要求高的零件，为了减小拉深后的回弹量，常采用负间隙拉深模，其单边间隙值为

$$Z=(0.9\sim0.95)t \tag{4-35}$$

(3) 盒形件的拉深模间隙可根据零件尺寸精度确定。当盒形件尺寸精度要求高时，$Z=(0.9\sim1.05)t$；当盒形件尺寸精度要求不高时，$Z=(1.1\sim1.3)t$。末次拉深取较小值。

末次拉深的拉深模间隙在直边部分和圆角部分是不同的，圆角部分的间隙比直边部分的大 $0.1t$。圆角部分的间隙确定方法如图 4-43 所示。

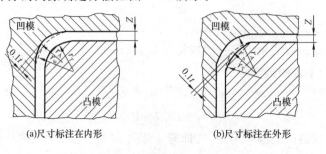

(a) 尺寸标注在内形　　　　　　　(b) 尺寸标注在外形

图 4-43　盒形件拉深模圆角部分间隙的确定方法

当零件尺寸标注在内形时，凹模平面转角的圆角半径为

$$r_A = \frac{0.414r_w - 0.1t}{0.414} \tag{4-36}$$

当零件尺寸标注在外形时,凸模平面转角的圆角半径为

$$r_T = \frac{0.414r_n + 0.1t}{0.414} \tag{4-37}$$

式中,$r_w = r_T + Z$,$r_n = r_A - Z$,t 为板料厚度。

3.设计凸、凹模结构

常见凸、凹模结构形式如下:

(1)无压料的拉深模

图 4-44 所示为无压料一次拉深成形的凹模结构。锥形凹模和等切面曲线形状凹模对抗失稳、起皱有利。

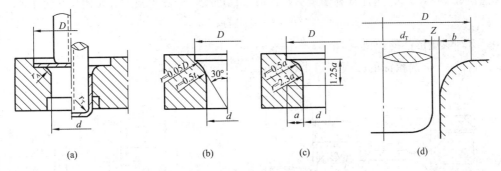

图 4-44　无压料一次拉深成形的凹模结构

图 4-45 所示为无压料多次拉深成形的凸、凹模结构,其中尺寸 $a = 5 \sim 10$ mm,$b = 2 \sim 5$ mm。

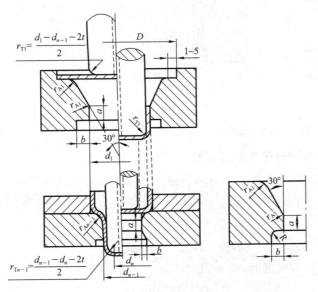

图 4-45　无压料多次拉深成形的凸、凹模结构

(2)有压料的拉深模

图 4-46 所示为有压料多次拉深成形的凸、凹模结构。其中图 4-46(a)用于直径小于

100 mm 的拉深件,图 4-46(b)用于直径大于 100 mm 的拉深件。这种结构除了具有锥形凹模的特点外,还能减轻坯料的反复弯曲变形,提高拉深件侧壁质量。凸、凹模的锥角 α 大,对拉深有利。但坯料相对厚度较小时,α 过大容易起皱。料厚为 0.5~1 mm 时,α 取 30°~40°;料厚为 1~2 mm 时,α 取 40°~50°。

设计拉深凸、凹模结构时,必须十分注意前后两道工序的凸、凹模形状和尺寸的正确关系,使前道工序所得的工序件形状和尺寸有利于后道工序的成形,而后道工序的凸、凹模及压料圈的形状与前道工序所得工序件吻合,尽量避免坯料在成形过程中的反复弯曲。

对于最后一道拉深工序,为了保证成品零件底部平整,应按图 4-47 所示确定凸模圆角半径。对于盒形件,$n-1$ 次拉深所得的工序件形状对最后一次拉深成形影响很大。因此,$n-1$ 次拉深的凸模形状应该设计成底部为与拉深件底部相似的矩形(或正方形),然后以 45° 斜角向壁部过渡(图 4-47(c)),这样有利于最后拉深时金属的变形。图中斜度开始的尺寸为

$$b = B - 1.11 r_{\mathrm{T}n} \qquad (4\text{-}38)$$

式中　B——盒形件的长或宽,mm;

　　　$r_{\mathrm{T}n}$——末次拉深的凸模圆角半径,mm。

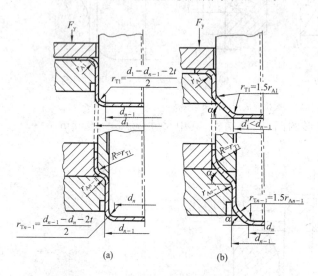

图 4-46　有压料多次拉深成形的凸、凹模结构

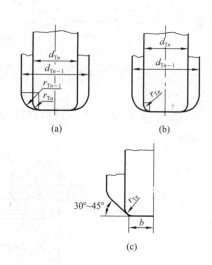

图 4-47　末次拉深凸模底部的设计

4. 确定凹模工作部分尺寸及其公差

对于最后一道工序的拉深模,其凸、凹模尺寸及其公差应按零件的要求来确定。

当零件尺寸标注在外形时(图 4-48(a)):

$$D_{\mathrm{A}} = (D_{\max} - 0.75\Delta)^{+\delta_{\mathrm{A}}}_{0} \qquad (4\text{-}39)$$

$$D_{\mathrm{T}} = (D_{\max} - 0.75\Delta - 2Z)^{0}_{-\delta_{\mathrm{T}}} \qquad (4\text{-}40)$$

当零件尺寸标注在内形时(图 4-48(b)):

$$d_{\mathrm{T}} = (d_{\min} + 0.4\Delta)^{0}_{-\delta_{\mathrm{T}}} \qquad (4\text{-}41)$$

$$d_{\mathrm{A}} = (d_{\min} + 0.4\Delta + 2Z)^{+\delta_{\mathrm{A}}}_{0} \qquad (4\text{-}42)$$

式中　D_{A}、d_{A}——凹模尺寸,mm;

图 4-48　拉深凸、凹模尺寸的确定

D_T、d_T——凸模尺寸,mm;

D_{max}、d_{min}——拉深件外径的最大极限尺寸和内径的最小极限尺寸,mm;

Δ——零件的公差,mm;

δ_A、δ_T——凹、凸模制造公差,mm,见表 4-18;

Z——拉深模单边间隙,mm。

表 4-18　　　　　　　　　凹模制造公差 δ_A 与凸模制造公差 δ_T　　　　　　　　　mm

板料厚度 t	拉深件直径 d					
	<20		20~100		>100	
	δ_A	δ_T	δ_A	δ_T	δ_A	δ_T
<0.5	0.02	0.01	0.03	0.02	—	—
0.5~1.5	0.04	0.02	0.05	0.03	0.08	0.05
>1.5	0.06	0.04	0.08	0.05	0.10	0.06

注:凸模制造公差在必要时可提高至 IT6~IT8 级。若零件公差在 IT13 级以下,则制造公差可以采用 IT10 级。

对于多次拉深,工序件尺寸无须严格要求,所以中间各工序的凹、凸模尺寸可按下式计算:

$$D_A = D^{+\delta_A}_{\ 0} \qquad (4\text{-}43)$$

$$D_T = (D+2Z)^{\ 0}_{-\delta_T} \qquad (4\text{-}44)$$

式中,D 为各工序件的公称尺寸。

练　习

根据图 4-16 所示的拉深件以及模具总体结构方案,设计模具的主要工作零件。

任务五　模架及标准件的选择

学习目标

(1)能根据已确定的模具基本结构形式正确确定模架的形式、规格及标准代号。

(2)能合理地选用标准模架和标准件。

1. 教师演示任务

根据已初步设计好的图 4-1 所示拉深件的模具基本结构完成以下任务：

(1)确定模架的具体形式、规格及标准代号并进行验算。

(2)选用具体的标准件。

2. 学生训练任务

根据已初步设计好的图 4-2 所示拉深件的模具基本结构完成以下任务：

(1)确定模架的具体形式、规格及标准代号并进行验算。

(2)选用具体的标准件。

相关实践知识

一、模架的选择

冲模模架已经标准化。标准冲模模架主要有两大类：一类是由上、下模座和导柱、导套组成的导柱模模架；另一类是由弹压导板、下模座和导柱、导套组成的导板模模架。导柱模模架按其导向结构形式分为滑动导向模架和滚动导向模架两种。滑动导向模架中导柱与导套通过小间隙或无间隙滑动配合，因导柱、导套结构简单，加工与装配方便，故应用最广泛；滚动导向模架中导柱通过滚珠与导套实现有微量过盈的无间隙配合（一般过盈量为 0.01～0.02 mm），导向精度高，使用寿命长，但结构较复杂，制造成本高，主要用于精密冲裁模、硬质合金冲裁模、高速冲裁模及其他精密冲裁模上。

根据导柱、导套在模架中的安装位置不同，滑动导向模架有对角导柱模架、后侧导柱模架、后侧导柱窄形模架、中间导柱模架、中间导柱圆形模架和四导柱模架这六种结构形式。滚动导向模架有对角导柱模架、中间导柱模架、四导柱模架和后侧导柱模架这四种结构形式。对角导柱模架、中间导柱模架和四导柱模架的共同特点是导向零件均安装在模具的对称线上，滑动平稳，导向准确、可靠。不同的是，对角导柱模架工作面的横向（左右方向）尺寸一般大于纵向（前后方向）尺寸，故常用于横向送料的级进模、纵向送料的复合模或单工序模；中间导柱模架只能纵向送料，一般用于复合模或单工序模；四导柱模架常用于精度要求较高或尺寸较大的零件的冲压以及大批量生产用的自动模。后侧导柱模架的特点是导向装置在后侧，横向和纵向送料都比较方便，但如有偏心载荷，压力机导向又不精确，就会造成上模偏斜，导向零件和凸、凹模都易磨损，从而影响模具寿命，一般用于较小的冲模。

根据落料拉伸复合模的结构特点和冲制直排形式，采用对角导柱模架，模架标记为"滑动导向模架　对角导柱圆形　100×(140～165)　Ⅰ　GB/T 2851—2008"，模架凹模周界尺寸为 $\phi100$ mm，选用滑动导柱、导套导向，模柄采用旋入式。

二、校核压力机

本模具的闭合高度为 165 mm，模具外形尺寸为 $\phi160$ mm。所选取的压力机装模高度为175～220 mm,需要在模具下面加一块厚度为 50 mm 的垫板,工作台尺寸为 450 mm×300 mm,所以本模具所选压力机完全满足使用要求。

三、选用标准件

1. 螺钉

分别用 4 个 M8 内六角圆柱头螺钉将凸凹模固定板、上垫板与上模座以及凹模与下模座连接。

2. 圆柱销

分别用 2 个 $\phi8$ mm 圆柱销对凸凹模固定板、上垫板与上模座以及凹模与下模座进行正确定位。

3. 导柱和导套

本模具采用 2 个导柱对称布置。导柱和导套直径均为 20 mm,按 H7/f7 间隙配合。导柱和导套工作部分的表面粗糙度 Ra 值为 0.4 μm。

相关理论知识

具体内容参见项目一。

练 习

根据图 4-16 所示的拉深件以及模具总体结构方案,确定模架的具体形式、规格及标准代号并选用具体的标准件。

任务六　模具装配图及零件图的绘制

学习目标

(1)掌握模具装配图及零件图的绘制步骤和方法。

(2)能正确绘制模具装配图及零件图。

微课38

模具装配图及
零件图的绘制

工作任务

1. 教师演示任务

根据已设计好的图 4-1 所示拉深件的模具结构,绘制模具装配图、工作零件图及各板料零件图。

2.学生训练任务

根据已设计好的图4-2所示拉深件的模具结构,绘制模具装配图、工作零件图及各板料零件图。

一、绘制模具装配图

模具装配图的设计过程一般有以下几个阶段:

1.初步绘制模具结构草图

这是设计模具装配图的第一阶段,主要是根据冲压件所用材料的种类以及冲压件的尺寸大小、复杂程度、精度高低、批量大小来确定模具的结构形式,随后开始绘制草图。

模具装配图通常用2个视图并辅以必要的局部视图来表达。绘制装配图时,应先根据冲压件的外形和凹模周界尺寸进行计算。首先计算凹模厚度尺寸,再根据凹模厚度确定凹模周界尺寸,然后根据冲模典型组合尺寸的有关标准确定凹模的外形尺寸,这样其他板料的外形尺寸也就确定了。选择模架形式,再确定其他零件,这样就可以大体上确定模具的外形尺寸。

合理布置2个主要视图,同时还要考虑标题栏、明细栏、技术要求、尺寸标注等需要的图面位置。

2.绘制模具装配草图

(1)在模具结构草图的基础上画出拉深凸模、凸凹模、落料凹模及压料圈等零件,同时画出顶出机构和打料机构。

(2)根据各零件的装配关系调整各视图的剖切位置,增加一个全剖左视图,删除一些不必要的线段,标出视图的剖切位置。

3.完成模具装配图的绘制

完整的模具装配图应包括表达模具结构的各个视图、主要尺寸和配合、技术要求、零件编号、明细栏和标题栏等。

本阶段应完成的工作有标注尺寸、编写技术要求、零件编号、编写明细栏和标题栏、绘制零件简图以及检查装配图。最终绘制好的装配图如图4-49所示。

动画20

落料拉深复合模

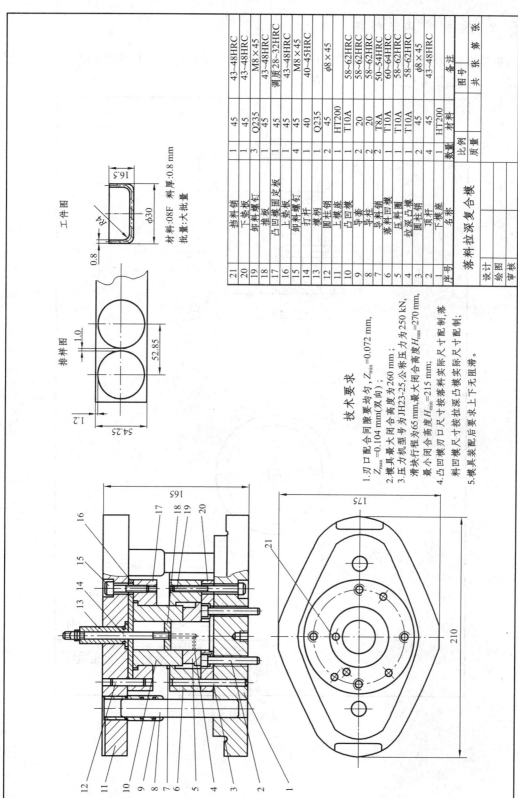

序号	名称	数量	材料	备注
21	挡料销	1	45	43~48HRC
20	下垫板	1	45	43~48HRC
19	卸料螺钉	3	Q235	M8×45
18	推板	1	45	43~48HRC
17	凸凹模固定板	1	45	调质28~32HRC
16	上垫板	1	45	43~48HRC
15	卸料螺钉	4	45	M8×45
14	打杆	1	40	40~45HRC
13	模柄	1	Q235	
12	圆柱销	2	45	φ8×45
11	上模座	1	HT200	
10	凸凹模	1	T10A	58~62HRC
9	导套	2	20	58~62HRC
8	导柱	2	20	58~62HRC
7	卸料凹模	2	T8A	50~54HRC
6	落料凹模	1	T10A	60~64HRC
5	压料圈	1	T10A	58~62HRC
4	拉深凸模	1	T10A	58~62HRC
3	圆柱销	2	45	φ8×45
2	顶杆	4	45	43~48HRC
1	下模座	1	HT200	

落料拉深复合模

	比例		质量		图号		共　张　第　张
设计							
绘图							
审核							

工件图

材料:08F　料厚:0.8 mm
批量:大批量

排样图

技术要求

1. 刃口配合间隙要均匀, $Z_{min}=0.072$ mm, $Z_{max}=0.104$ mm(双向);
2. 模具最大闭合高度为260 mm, 公称压力为250 kN, 落料拉深复合模所选压力机型号为JH23-25, 最大闭合高度 $H_{max}=270$ mm, 滑块行程为65 mm, 最小闭合高度 $H_{min}=215$ mm;
3. 压力机最大闭合高度为260 mm;
4. 凸凹模刃口尺寸按落料实际尺寸配制, 落料凹模尺寸按拉深凸模实际尺寸配制;
5. 模具装配后要求上下无阻滞。

图4-49　落料拉深复合模装配图

二、绘制模具零件图

根据落料拉深复合模的装配图,用 CAD 软件完成模具主要工作零件图及板料零件图的设计,完成后的零件图如图 4-50～图 4-55 所示。

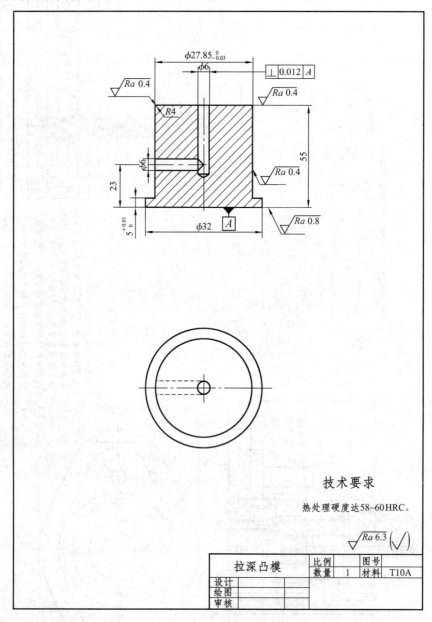

技术要求

热处理硬度达58～60HRC。

$\sqrt{Ra\,6.3}(\sqrt{})$

拉深凸模	比例		图号	
	数量	1	材料	T10A
设计				
绘图				
审核				

图 4-50　拉深凸模零件图

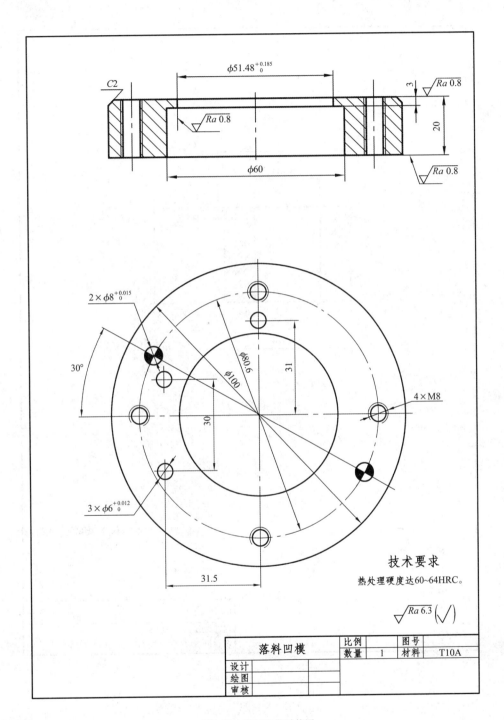

图 4-51 落料凹模零件图

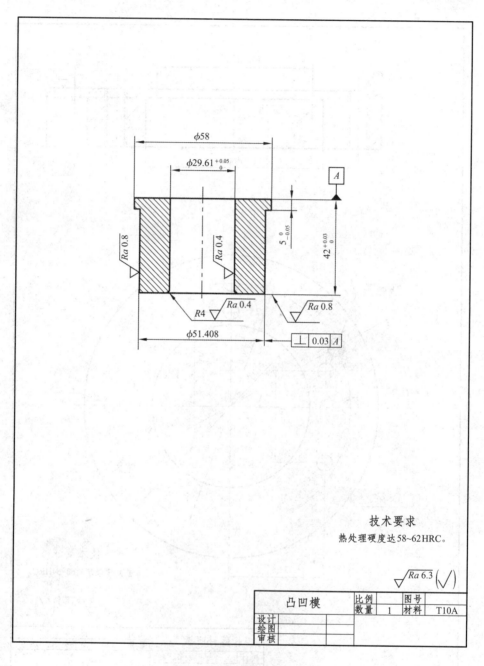

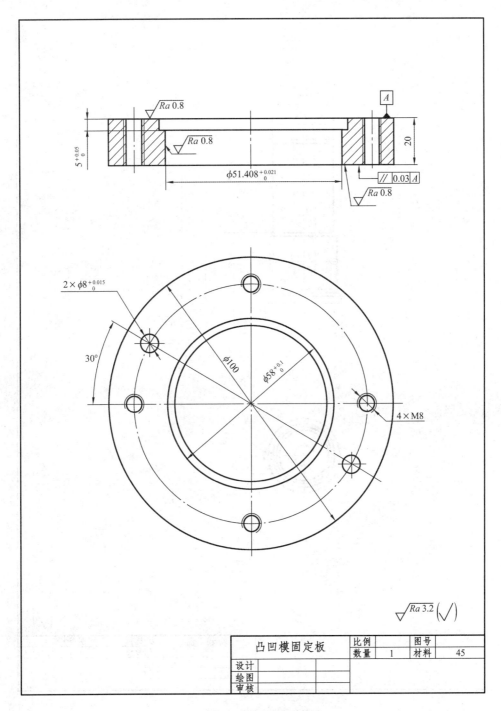

图 4-53　凸凹模固定板零件图

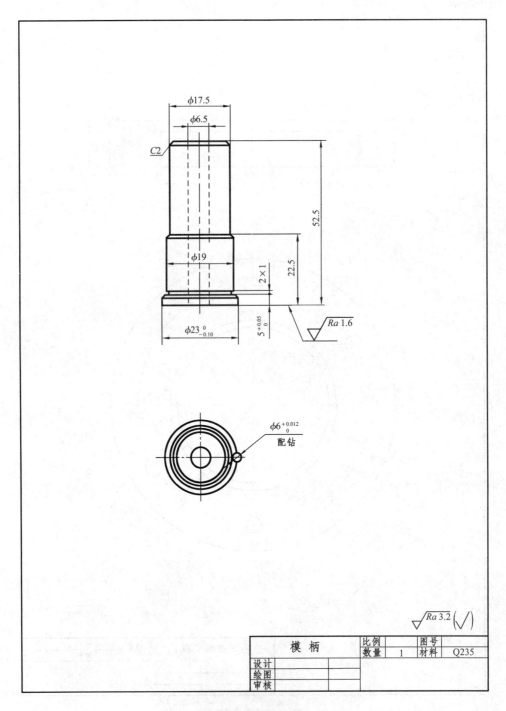

图 4-54 模柄零件图

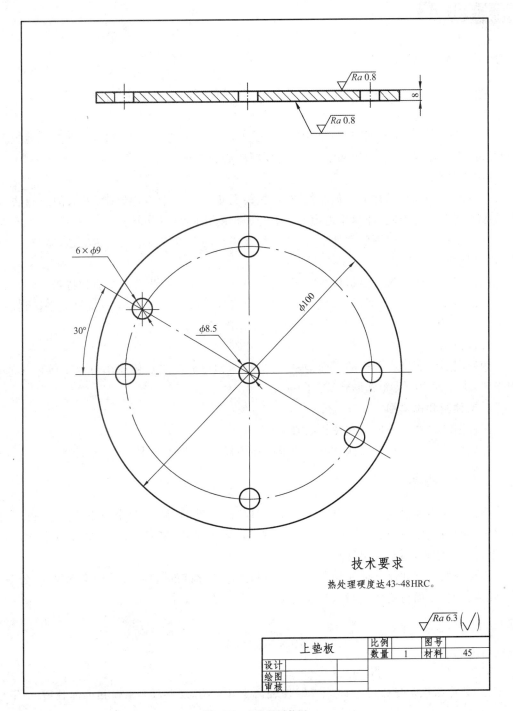

技术要求

热处理硬度达43~48HRC。

上垫板		比例		图号	
		数量	1	材料	45
设计					
绘图					
审核					

图 4-55 上垫板零件图

相关理论知识

一、模具装配图

模具装配图用来表明模具结构、工作原理、组成模具的全部零件及其相互位置关系和装配关系。

一般情况下,模具装配图用主视图和俯视图表达,当不能表达清楚时,再增加其他视图。模具装配图一般按1∶1的比例绘制,图上要标明必要的尺寸和技术要求。

1. 主视图

主视图一般放在图样上面偏左的位置,按模具正对操作者方向绘制,采取剖视画法,一般按模具闭合状态绘制,冲模压力中心一般与凹模的几何中心重合。

主视图是模具装配图的主体部分,应尽量在主视图上将模具结构表达清楚,力求将工作零件的形状画完整。

剖视图的画法一般按照机械制图国家标准执行,但也有一些行业习惯和特殊画法,如为减少局部视图,在不影响剖视图表达的情况下,可以将剖面线以外的部分旋转或平移到剖视图上,螺钉和销钉可各画一半等,但不能与国家标准发生矛盾。

2. 俯视图

俯视图通常布置在图样的下面偏左,与主视图相对应。通过俯视图可以了解模具的平面布置、排样方式以及轮廓形状等。

3. 工件图和排样图

工件图和排样图一般画在图样的右上角。

标题栏、明细栏、尺寸标注和技术要求的注写规定与前面项目相同,此处略。

二、模具零件图

模具零件主要包括:工作零件,如凸模、凹模、凸凹模等;结构零件,如凹模固定板、凸模固定板、卸料板、定位板、上垫板、下垫板、压料圈、导向零件、打料零件等;紧固标准件,如螺钉、销钉等。另外,还有模架、弹簧等。

零件图的绘制和尺寸标注均应符合机械制图国家标准的规定,要注明全部尺寸、公差配合、几何公差、表面粗糙度、材料、热处理要求及其他技术要求。

练习

针对已设计好的图 4-16 所示拉深件的模具结构,绘制模具装配图和零件图。

参考文献

[1] 肖景容.冲压工艺学[M].北京:机械工业出版社,2018.

[2] 徐政坤.冲压模具设计与制造[M].2版.北京:化学工业出版社,2009.

[3] 史铁梁.模具设计指导[M].北京:机械工业出版社,2017.

[4] 丁松聚.冷冲模设计[M].北京:机械工业出版社,2017.

[5] 翁其金.冷冲压技术[M].2版.北京:机械工业出版社,2015.

[6] 刘建超.冲压模具设计与制造[M].2版.北京:高等教育出版社,2016.

[7] 张荣清等.模具设计与制造[M].3版.北京:高等教育出版社,2015.

[8] 王嘉.冷冲模设计与制造实例[M].北京:机械工业出版社,2018.